非可換幾何学入門

Alain Connes
非可換幾何学入門

A. コンヌ——著
丸山文綱——訳

岩波書店

GÉOMÉTRIE NON COMMUTATIVE
by Alain Connes
Copyright © 1990 by InterEditions, Paris

First published 1990 by InterEditions, Paris.

This Japanese edition published 1999
by Iwanami Shoten, Publishers, Tokyo
by arrangement with InterEditions, Paris.

はじめに

代数幾何学によって，幾何学的な空間と可換環論との関係はあきらかになった．この本の目的は実解析学の範疇で可換を越えたところでの幾何学的な空間と関数解析との同じような対応を示すことである．

この理論を支えるのは本質的な三本の柱である．

1. 自然に現れて，古典的な解析学の手法を適用することはできないが，非常に自然に非可換代数を対応させることができる数多くの例．たとえば，ペンローズの宇宙の空間，葉層多様体の葉全体の空間，離散群の既約表現全体の空間など．

2. 測度論，位相，微分演算，計量などの古典的な解析学の手法の，代数やヒルベルト空間を用いた再定式化．その場合，自然な状況には非可換が対応していて，その中でとくに可換な場合が，この一般論の中では孤立していることもなければ，また閉じていることもないようにできるということ．

3. 物理学者が考察する空間の多くが非可換として捉えられるという意味での物理学との関係．まず，ハイゼンベルクによって行列力学という形で発見された量子力学(第1章)は，古典力学の相空間上の関数全体の可換環を非可換なものに置き換えた．その代数は単純な系の場合には行列全体の作る環だが，量子統計力学的な系の場合には非自明な C^* 環になる．次にベリサールの固体物理学における仕事(第4章)によって，そのエネルギーと運動量の空間は，(その上で定義された関数全体のなす環が非可換なものによって置き換えられるという意味で)非可換なものとなった．最後に(第5章)，ワインバーグ－サラムモデルによる素粒子物理学は時空間を支配する幾何学をあきらかにしたが，その幾何学は非常に微妙なものであって，われわれがそこに(4次元の多様体上の)非可換幾何学を考える余地を残している．それは微分形式の概念や時空間の二重化を考えることによって，標準模型のヒッグスボソンに対する概念的な根元を**純ゲージボソン**として理解

するということに関係する.

各章は互いに独立に読むことができる.第1章は一般的な序論である.第2章では量子空間の,位相,K-理論,微分演算,K-ホモロジーと関係した非可換幾何学の諸結果を概観している.本来の意味での幾何学,いいかえれば量子空間の距離に関連するものは第5章で素粒子物理学との関係で扱う.

第3章は非可換測度論,つまりフォンノイマン環とその上の荷重の理論の概観である.

本文中ではなるべく独断を避け,研究上重要な未解決部分は具体的な問題の形で提示するように努めた.

目 次

はじめに v

第1章 序論 ———————————————— 1

1.1 ハイゼンベルクと微視的な系に付随する
    量子の非可換環 1
1.2 巨視的な系の統計力学的な状態と量子統計力学 8
1.3 モジュラ理論と因子環の分類 11
1.4 幾何学における作用素環論の役割 14

第2章 非可換幾何学入門 ———————————— 21

2.1 量子空間の一つの例:ペンローズタイリングが定義
    する集合 30
2.2 葉層構造と横断的測度を持つ場合の指数定理 42
2.3 III型因子環,巡回コホモロジーと
    ゴドビヨン-ベイの不変量 45
2.4 量子空間の巡回コホモロジーと K-理論 52
2.5 量子空間の K-ホモロジーと楕円型作用素の理論 .. 62
付録1 ペンローズタイリング 76
付録2 巡回コホモロジーの詳細 79
付録3 量子空間と集合論 84

第3章 作用素環 —————————————— 93

- 3.1 マレーとフォンノイマンの論文 · · · · · · · · · · · · · · · · · 94
- 3.2 C^* 環表現 · 107
- 3.3 非可換積分の代数的枠組みと荷重の理論 · · · · · · · · 111
- 3.4 パワーズ因子環,荒木‐ウッズ因子環,クリーガー因子環 · 115
- 3.5 ラドン‐ニコディムの定理と III_λ 型因子環 · · · · · · 120
- 3.6 非可換エルゴード理論 · 128
- 3.7 アメナブルフォンノイマン環 · · · · · · · · · · · · · · · · · 145
- 3.8 アメナブル因子環の分類 · 151
- 3.9 II_1 型因子環の部分因子環 · 156
- 3.10 未解決問題 · 162

第4章 量子ホール効果 —————————————— 165

- 4.1 ガウス‐ボンネの定理 · 165
- 4.2 量子ホール効果 · 169
- 4.3 理論的な解釈 · 172

第5章 素粒子物理学と非可換幾何学 —————— 181

- 5.1 ゲージ群,スピノルとディラック作用素 · · · · · · · · 185
- 5.2 ディクスミエのトレースと対数的発散 · · · · · · · · · 189
- 5.3 K-サイクルのコホモロジー次元と対数的発散の必要性 · 194
- 5.4 巡回コホモロジー理論における正値性とヤン‐ミルズの作用 · 200
- 5.5 モデルの議論 · 209

5.6　量子空間，量子群を弁護する ………………… *223*

参考文献 ……………………………………… *227*
出典と謝辞 …………………………………… *242*
訳者あとがき ………………………………… *243*
索　引 ………………………………………… *247*

第1章

序　論

　この章ではまず最初に，ハイゼンベルク(Heisenberg)による行列力学(あるいは量子力学)の発見が，理論発展のどの段階で分光学の実験結果に導かれたかを示す．この力学での相空間の「非可換の」空間による置き換え，より正確にいえば相空間上の関数の環を行列環に置き換えることは，もっとも重要な概念的第一歩であった．この点は強調しすぎることはない．次に，量子統計力学によってもたらされた理論物理と純粋数学の，作用素環論という領域中の相互作用について明らかにし，この相互作用がどのように後に概説する因子環の分類の起源となったかを解説する．さらに，葉層多様体の葉全体の空間や離散群の既約表現全体の空間などの数学の中で出会う「非可換」の空間のために，作用素環論がどのように通常の測度論を置き換えたかを説明する．最後に非可換幾何学の概要を述べることにする．それは測度論をはるかに越えたところで，上のような空間を解析することを約束する．

1.1　ハイゼンベルクと微視的な系に付随する量子の非可換環

　メンデレーフ(Mendelöf)の周期律表による単体の分類は，19世紀の化学における最大級の成果であり，シュレディンガー(Schrödinger)方程式とパウリ(Pauli)の排他律によるこの分類の理論的な説明は20世紀の物理学，より正確には量子力学における，同様に特筆すべき成功である．この理論は多くの異なる視点から考察することができる．プランク(Planck)の理論によれば，この理論はその起源を熱力学に持っており，振動子のエネルギーレベルが離散化することを主

張する．ボーア(Bohr)の理論は，この理論が角運動量の離散化であると説明する．またド・ブロイ(de Broglie)とシュレディンガーの理論では，この理論は物質波という側面から理解される．これらの観点はすべて，ハイゼンベルクの理論，**物理量全体の作る非可換環**の系となっている．最初の目標は，この最後の視点がどれだけ実験事実に近いものかを示すことである．

19世紀終わり頃には，多くの実験によって，単体を構成する原子の放射スペクトル線を正確に決定しようとしていた．今，水素ガスを封じ込めたガイスラー管を考えてみる．ここから放射される光は(単純な場合はプリズムだけといったような)分光計によって調べられ，波長によって分類された何本かの線が得られる．こうして得られたスペクトル配列は，原子の構造に関する離散的情報の源で，今問題にしている単体について多くの情報を持っている．この配列は考えている単体自身，その特性にだけ依存するものである．これは単体の配列の中に現れる規則性，すなわち**原子スペクトル**の考察にとって本質的なことである．メンデレーフの周期律表に符合するもののうち，水素がもっとも単純なスペクトルを持っている．

スペクトル線 H_α, H_β, H_γ, $\cdots$ の数値による具体的な規則性はバルマー(Balmer)によって1885年に次の形で得られた．

$$H_\alpha = 9/5L, \quad H_\beta = 16/12L, \quad H_\gamma = 25/21L, \quad H_\delta = 36/32L$$

ここで長さ L は約 3645.6×10^{-8} cm である．これを別の形で表現すると，図1の中のスペクトル線の波長は次の形をしている．

$$\lambda = \frac{n^2}{n^2 - 4}L$$

ここで n は整数 3,4,5,6 である．

1890年頃リュドベリー(Rydberg)は，複雑な原子についてスペクトル線はそれぞれ，n と m を整数，m の方を固定して

$$1/\lambda = R/m^2 - R/n^2$$

の形をしていることを示した．

ここで，$R = 4/L$ はリュドベリーの定数と呼ばれている．この実験的な発見からわれわれはまず，スペクトル線を順序付けるには，振動数 $\nu = c/\lambda$ のほうが波長 λ よりも自然であると結論することができる．またそのスペクトルは差

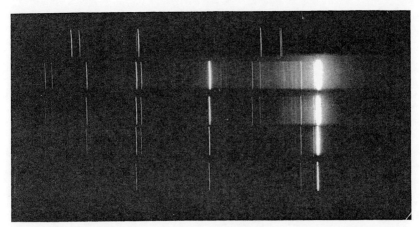

a)

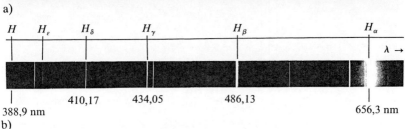

b)

図1　水素原子のスペクトルの可視光の部分．©CNRS.
　　　写真はパリの観測所 L. Pamia による．

の集合であるという結論もでる．つまりある振動数の集合 I があり，スペクトルは集合 I の二つの元の差の形 $\nu_{i,j} = \nu_i - \nu_j$ をしたものの全体からなる集合だということである．この性質は，二つの振動数 $\nu_{i,j}$ と $\nu_{j,k}$ とを組み合わせて，三つ目の振動数 $\nu_{i,k}$ を得ることができることを示している．

　この重要な系がリッツ−リュドベリー (Ritz-Rydberg) の合成の原理である．すなわち，ある組み合わせのスペクトルの振動数の和は再びスペクトルになるという，部分的に定義された合成則にしたがってスペクトルが自然に得られる（図2）．

　これらの実験結果は，ニュートン力学とマックスウェルの電磁気学に基づく19世紀の理論物理学の枠の中では説明できるものではなかった．もし実際に古典力学の概念を微視的な系に適用すると，原子は数学的には相空間とハミルト

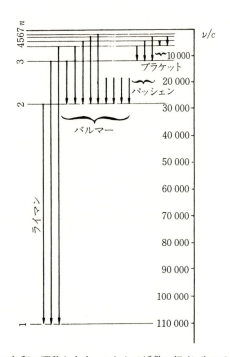

図2 垂直方向の矢印は遷移を表す．これらは添数の組 (i,j) によって整理される．

ニアンによって記述される．これから，この理論では振動数の集合が実数 $\mathbb{R}$ の部分集合 Γ と予言されることを見ていく．

　まず相空間から始めよう．古典力学のモデルでは，ある時刻の粒子の軌道を決定するためには，その粒子の初期位置と初速度を同時に知らねばならない．初期条件の全体は六つの変数の作るある集合を規定するが，この六つとは位置に関する三つの座標と，速度すなわち運動量 $p = mv$ に関する三つの座標である．n 個の粒子について知りたければ，それぞれの位置と運動量について知る必要がある．この場合は $6n$ 個の変数を持つ集合を扱うことになるが，これを考えている力学系の相空間と呼ぶ．古典力学では，この相空間上のハミルトニアンと呼ばれる系のエネルギーを測る関数から出発して微分方程式系を定め，この方程式系が与えられた初期条件下での粒子の軌道を決定する．相空間の自然な構造はシンプレクティック多様体の構造で，この多様体の点は考えている物理系の「状態」に対応している．ハミルトニアン H は相空間 X 上の関数で，相空

間 X はすべての観測可能な物理量の時間発展の特定に関与する．すなわち X 上の任意の関数 f に対して方程式

$$\dot{f} = \{H, f\}$$

が関数 f の時間発展を記述する．ただし，$\{\ \}$ はポアソン括弧であり，$\dot{f}$ は f の時間微分 $\dot{f} = \dfrac{\mathrm{d}}{\mathrm{d}t} f$ を表す．

水素原子の惑星モデルのような簡単な場合には，得られる力学系は完全積分可能である．このことは「運動の保存量」が十分に存在していること，したがってそれらの保存量を特殊化することで，その系が概周期的な運動に帰着されることを意味する．そのような系の記述はたいへん簡単である．実際，一方では観測可能量の作る環は概周期的級数

$$q(t) = \sum q_{n_1 \cdots n_k} \exp(2\pi i \langle n, \nu \rangle t)$$

の作る可換環で，ここに n_i は整数，ν_i は基本振動数と呼ばれる正の実数であり，$\langle n, \nu \rangle = \sum n_i \nu_i$ である．その一方で系の時間発展は変数 t の変化によって与えられる．

古典的原子と電磁場の間の相互作用はマックスウェルの理論によって記述される．そのような原子は電磁波を放出するが，その放射の部分は添字を $n = (n_1, \cdots, n_k)$ とする平面波 W_n を重ね合わせることにより計算され，振動数は $\langle n, \nu \rangle = \sum n_i \nu_i$ になる．また振幅と偏極は，双極子モーメントと呼ばれる基本観測可能量から単純に計算される．

双極子モーメント Q は三つの要素 Q_x, Q_y, Q_z からなり，それぞれは観測可能量であって，たとえば Q_x は

$$Q_x(t) = \sum q_{x,n} \exp(2\pi i \langle n, \nu \rangle t)$$

と表わされる．振動数 $\langle n, \nu \rangle$ を持つ放射の強度は，c を光の速度として次の式で与えられる．

$$I = \frac{\mathrm{d}E}{\mathrm{d}t} = \frac{2}{3c^3} (2\pi \langle \nu, n \rangle)^4 (|q_{x,n}|^2 + |q_{y,n}|^2 + |q_{z,n}|^2)$$

結果として，とくに放射の振動数の集合は，実数全体の集合の加法的な部分群 $\Gamma \subset \mathbb{R}$ になることがわかる．このように，放出される各振動数に対しその整数倍，調和全体が付随することになる．

分光学の多くの実験結果はこの最後の結論が事実と矛盾していることを示し

ている．実際のところ，ある原子によって放射される放射の振動数の集合は群にはなっていない．任意の二つのスペクトル振動数の和は必ずしもスペクトルの振動数にはならず，実験結果から得られるのは，リッツ-リュドベリーの合成則である．この法則により，添数集合 I の元の組 (i,j) の集合 Δ でスペクトル線に名前を付けることができる．ボーアの理論では，電子の角運動量を人工的に離散化することによって水素原子から射出される放射の振動数は予測できたものの，それらの強度と偏極とを予測することはできなかった．古典力学の基本的な動機を考えに入れることで，ハイゼンベルクはこの目的を達成し，さらに先人よりも先に進むことができた．ここでいう古典力学の動機とはほぼ次の通りである．古典的モデルでは，観測可能な物理量の作る環は放射の振動数よりなる群 Γ から直接に見てとることができて，この環はこれらの振動数からなる群の畳み込み代数である．Γ が可換群であるから，この環は可換環になる．ところが実際に問題にしているのはこの振動数からなる群ではなく，リッツ-リュドベリーの合成則から，$(i,j)\cdot(j,k)=(i,k)$ という合成則を持つ亜群 $\Delta=\{(i,j);\ i,j\in I\}$ なのである．群から亜群に移行しても畳み込み代数は意味を持っていて，この場合の亜群 Δ 上の畳み込みの代数は行列全体の作る環にほかならない．その畳み込み積は

$$(a\cdot b)_{(i,k)}=\sum_j a_{i,j}b_{j,k}$$

と書けて，これは行列の積構造とまったく同じである．

実験が指し示すように，群 Γ 上の可換な畳み込み代数を亜群 Δ 上の非可換な畳み込み代数に置き換えることによって，ハイゼンベルクは観測可能量が相互に交換する古典力学を，位置や運動量のような重要な観測可能量が交換しない行列力学によって置き換えた[1]．ハイゼンベルクの行列力学では，物理的観測可能量は亜群 Δ によって添数付けられた係数 $q(i,j)$ によって与えられる．観測

---

[1] ハイゼンベルクによる代数的な計算の規則は分光実験の結果から課せられた．しかしハイゼンベルクは，彼の代数がすでに数学者に知られている行列環と呼ばれるものであることをすぐには理解しなかった．このことに気づいたのはジョルダン(Jordan)とボルン(Born)であった．実際にジョルダンは，ハイゼンベルクの定式化においてはボーア-ゾンマーフェルト(Bohr-Sommerfeld)の量子化条件は，行列 $[p,q]$ の対角要素が $-i\hbar$ と等しいということであると注意している．

可能量の時間発展は，Δ から $\mathbb{R}$ へのそれぞれのスペクトル線に対してその振動数を対応させる準同型 $(i,j) \in \Delta \mapsto \nu_{ij} \in \mathbb{R}$ によって与えられる．このとき次が成立する．

(*) $$q_{(i,j)}(t) = q_{(i,j)} \exp(2\pi i \nu_{ij} t)$$

この公式は次の古典的な公式の類似である．

$$q_{n_1 \cdots n_k}(t) = q_{n_1 \cdots n_k} \exp(2\pi i \langle n, \nu \rangle t)$$

ハミルトン（Hamilton）の時間発展則

$$\frac{d}{dt} q = \{H, q\}$$

の類似を得るために，古典的なエネルギーの役割を果たす特別な物理量 H を定義する．H は次の条件を満たす係数 $H_{(i,j)}$ $(i,j \in I)$ によって与えられる．

$$H_{(i,i)} = h\nu_i \text{ であって，もし } i \neq j \text{ ならば } H_{(i,j)} = 0$$

ただし任意の $i,j \in I$ に対し $\nu_i - \nu_j = \nu_{ij}$ である．ここで h はプランク定数で，振動数をエネルギーに置き換える係数である．この H は恒等行列の定数倍を加える不定性を除き，一意的に定義される．さらに上の式 (*) は次の方程式と同値になる．

(**) $$\frac{d}{dt} q = \frac{2\pi i}{h}(Hq - qH)$$

この方程式はポアソン括弧を用いるハミルトンの方程式と似ているが，観測可能量の積，厳密には，ハミルトン力学におけるポアソン括弧と同様の役割を果たす交換子 $[A,B] = AB - BA$ しか使用せず，より単純である．古典力学との類似によれば位置 q と運動量 p の二つの観測可能量は $[p,q] = i\hbar$ という関係式を満たすことになる．ここで $\hbar = h/2\pi$ である．p と q の関数としての古典的エネルギーの単純な代数的表式は，集合 $\{\nu_i; i \in I\}$ または H のスペクトルを決定するためのシュレディンガー方程式を与える．

このように記述された量子系は，その古典的な対応物と比べて，はるかに単純かつ堅固である．古典力学の可換性を捨て去ったことで，大きな代償が得られた．あまり直感的に感じられることではないが，量子力学はその単純性と分

光学との関わりによって，より直接的に理解されるものなのである．

実際，∗-積の理論の帰結によれば，相空間のような多様体上のシンプレクティック構造は，その上の関数全体の作る環の，一つのパラメータ(ここではh)による非可換環への変形が存在することを示している．この理論については[5][20][21][74][81][155][202][239] を参照していただきたい．

1.2　巨視的な系の統計力学的な状態と量子統計力学

1 立方センチメートルの水には絶え間ない運動によって振動している水の分子が $N = 10^{23}$ という大きなオーダーで含まれている．巨視的な観測結果を決定するためには，個々の分子の運動の詳細な記述は系の微視的な状態についての細かい知識同様に，必要とされない．古典統計力学においては点描像を持つ N 個の分子からなる系の微視的な状態は，$6N$ 次元の相空間の点によって表される．統計力学的な状態はこの相空間の点によって記述されるのではなく，この空間上のある測度 μ によって記述される．この測度というのは各観測可能量 f に対してその平均値

$$\int f \, \mathrm{d}\mu$$

を対応させるものである．

サーモスタットにより温度を一定に維持された系に対しては，この測度 μ はギブス(Gibbs)の正準的集合(あるいはカノニカルアンサンブルなど)と呼ばれ，その系のハミルトニアン H とその相空間のシンプレクティック構造から導かれるリウヴィル(Liouville)測度を用いた公式により与えられる．

$$(***)\qquad \mathrm{d}\mu = \frac{1}{Z} e^{-\beta H} \times リウヴィル測度$$

ただし $\beta = 1/kT$，T は絶対温度，k はボルツマン(Boltzmann)の定数でその値は約 1.38×10^{-23} ジュール/ケルビン度であり，Z は規格化因子環である．

エントロピーや自由エネルギーのような熱力学的な量は，β やハミルトニアン H を与える公式の中に導入された少数の巨視的パラメータの関数として計算される．有限系においては自由エネルギーはこれらのパラメータの解析関数

であるが，無限系においては不連続性が現れて，相転移という現象に対応する．ハミルトニアン H の数学的な定式化から出発してこのような不連続性の存在や不存在を厳密に証明することは，解析学の難しい一分野である [207].

しかしながらこれまで見てきたように，量子力学を使わずに物質の微視的な記述を行うことはできない．このことをはっきりさせるために，結晶格子 $\mathbb{Z}^3$ の各点に一つずつ原子を持つ固体を考えてみよう．各原子 $x = (x_1, x_2, x_3)$ に付随した物理的観測可能量の作る環は行列環 Q_x で，簡単のためこれらの原子が同じ性質を持っていて有限個 n の量子状態しか占有することができないと仮定すれば，各 x に対して $Q_x = M_n(\mathbb{C})$ になる．ここで Λ をこの格子のある有限部分集合とする．Λ に含まれている原子全体によって作られる物理的観測可能量のなす環 Q_Λ はテンソル積 $Q_\Lambda = \bigotimes_{x \in \Lambda} Q_x$ で与えられる．

この有限系のハミルトニアン H_Λ は自己共役な行列で，次の形が典型的である．

$$H_\Lambda = \sum_{x \in \Lambda} H_x + \lambda H_{\mathrm{int}}$$

ただし初項は異なる原子間に相互作用がない場合に対応したもので，また λ はある結合定数で原子間の相互作用を支配する．有限系 Λ の統計的な状態は，各観測可能量 $A \in Q_\Lambda$ に対しその平均値 $\varphi(A)$ を対応させる線型汎関数 φ によって与えられる．この線型汎関数は，確率測度 μ と同様の正値性と規格化条件とを満たす．

1. 正値性：$\varphi(A^*A) \geq 0 \quad \forall A \in Q_\Lambda$
2. 規格化条件：$\varphi(1) = 1$

この系が定められた温度 T に維持されている場合には，その平衡状態は式 (***) の量子類似

$$(****) \qquad \varphi_\Lambda(A) = \frac{1}{Z} \mathrm{Trace}(e^{-\beta H_\Lambda} A) \qquad \forall A \in Q_\Lambda$$

で与えられる．ここでは環 Q_Λ 上の唯一のトレースがリウヴィル測度を置き換えている．

古典統計力学の場合同様，興味深い現象は熱力学的極限 $\Lambda \to \mathbb{Z}^3$ をとる場合に現れる．無限系のある状態は Λ によって区別される有限系への制限の族 (φ_Λ)

によって与えられ，次の条件を満たす，すべての族を同様に得ることができる．
1) すべての Λ に対して，φ_Λ は Q_Λ 上の状態である．
2) $\Lambda_1 \subset \Lambda_2$ となっている場合は，φ_{Λ_2} を Q_{Λ_1} に制限したものは φ_{Λ_1} と等しい．

一般に，上で $\exp(-\beta H_\Lambda)$ によって定義された族 φ_Λ は条件 2) を満たさないので，無限系の状態という概念をより深く理解することが必要になる．ここで C^* 環の登場である．実際，有限次元 C^* 環 Q_Λ の帰納極限 Q をとると，次のような性質を持つ C^* 環を得る．

Q 上の任意の状態 φ は上の条件 1) と 2) を満たす族 (φ_Λ) によって与えられる．

このようにして条件 1) と 2) を満たす族 (φ_Λ)，つまり無限系の状態は，その C^* 環 Q の状態と自然に一対一に対応する．さらに，族 (H_Λ) はその C^* 環 Q 上に 1 径数自己同型群 (α_t) を次の方程式によって一意に定める．

$$\frac{d}{dt}\alpha_t(A) = \lim_{\Lambda \to \mathbb{Z}^3} \frac{2\pi i}{h}[H_\Lambda, A]$$

この 1 径数自己同型群は Q の元 A によって与えられる無限系の物理的な観測可能量の時間発展を与えるが，群そのものは極限移行によってハイゼンベルクの公式から計算できる．温度を T に保たれた有限系においてはこの公式は H_Λ の関数として一意に平衡状態を与える．しかしながら熱力学的な極限においては，その系のハミルトニアンあるいは時間発展を記述する群と，その系の平衡状態との間に単純な対応を得ることはできない．実際には相転移の際に異なった状態が共存しうるわけで，そのことが群 (α_t) の関数としての平衡状態の一意性を排除する．1 径数自己同型群 (α_t) の関数として平衡状態を一意に記述する単純な公式を与えることは不可能である．その代わり，Q 上の状態 φ と 1 径数自己同型群 (α_t) とのあいだの関係は存在する．これは (α_t) を知って φ をつねに一意に特定するものではないが，公式（****）の類似である．これは**久保‐マーチン‐シュウィンガー**（Kubo-Martin-Schwinger）**の条件**（KMS 条件）である [153][162]．すなわち与えられた T のもとで Q 上の状態 φ と Q の 1 径数自己同型群 (α_t) が KMS 条件を満たすとは，すべての Q の元の組 A, B に対して帯状領域 $\{z \in \mathbb{C};\ \mathrm{Im}\, z \in [0, \hbar\beta]\}$ で解析的なある関数 $F(z)$ が存在して次を満たすということである（図 3 参照）．

$$F(t) = \varphi(A\alpha_t(B)), \qquad F(t + i\hbar\beta) = \varphi(\alpha_t(B)A) \qquad \forall t \in \mathbb{R}$$

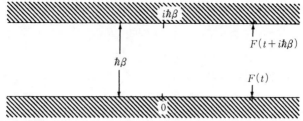

図3 関数 F は斜線のついていない帯の中で正則で $\varphi(A\alpha_t(B))$ と $\varphi(\alpha_t(B)A)$ とを繋ぐ.

ここで t は時間パラメータであり,また $\hbar\beta = \hbar/kT$ も時間を表すが,$T = 1000$ K では約 10^{-8} s である.

この条件によって,量子統計力学において温度 T が与えられたときの異なる相の共存の問題,すなわち与えられた (α_t) と β に対する φ の一意性の問題を数学的に定式化できる.この同じ条件は作用素環のモジュラ理論において本質的な役割を果たし,あきらかに理論物理学と純粋数学との橋渡しをしている.

1.3 モジュラ理論と因子環の分類

1957 年から 1967 年にかけて日本人数学者冨田稔は,ユニモジュラではない局所コンパクト群の調和解析を研究していて,フォンノイマン環の理論にとって大変重要な定理を証明した.この環に関する技術的な定義を与える前に,可換フォンノイマン環の理論はルベーグ測度の理論や自己共役作用素に対するスペクトル理論と同じものであることを注意しておかなければならない.非可換の理論は,量子力学を一つのきっかけとしてマレー (Murray) とフォンノイマン (von Neumann) によって着手され,精巧に作り上げられた.この非可換理論は,モジュラ理論への応用のためにだけ完成されたわけではなく,非可換空間の解析のために欠くことのできない道具を構成する.フォンノイマン環 (あるいはフォンノイマン代数) とは,あるヒルベルト空間 $\mathfrak{H}$ 上の作用素全体の作る環の対合的な部分環であって,それ自身がその可換子環の可換子環 $(M')' = M$ となっているようなものである.

この性質は M が作用素の対合的な環であって弱 (作用素) 位相で閉じているということと同値である.等式 $(M')' = M$ の直感的な意味を見るためには,

この性質があるユニタリ作用素の作る群，すなわち可換子環 M' のユニタリ元の作る群で不変であるようなヒルベルト空間上の作用素のなす環を特徴づけることをいえば十分である．一般的な非可換の場合には，古典的な確率測度の概念は状態という概念に置き換えられる．環 M 上の典型的な状態は線形汎関数 $\varphi(A) = \langle A\xi, \xi \rangle$ によって与えられる．ただし ξ はヒルベルト空間の中の単位ベクトルである．擬ヒルベルト環の概念 [76] を先祖とする冨田の理論は，ヒルベルト空間 $\mathfrak{H}$ 上に与えられたフォンノイマン環 M とベクトル $\xi \in \mathfrak{H}$ で $M\xi$ と $M'\xi$ が $\mathfrak{H}$ で稠密なものに対して，次のような非有界作用素 S

$$S x \xi = x^* \xi \quad \forall x \in M$$

を解析することを含む．

これは $\mathfrak{H}$ の中に稠密な定義域を持つ作用素で反線形であり，理論の帰結は次のようなものである．
1. S は可閉な作用素であって，自分自身の逆作用素と一致する．
2. S の相作用素 $J = S|S|^{-1}$ は $JMJ = M'$ を満たす．
3. S の絶対値の二乗 $\Delta = |S|^2 = S^* S$ は任意の $t \in \mathbb{R}$ に対して $\Delta^{it} M \Delta^{-it} = M$ を満たす．

このようにして，すべての M 上の状態 φ に対し，M の 1 径数自己同型群 σ_t^φ が付随する．これを φ の**モジュラ自己同型群**という．まさにこの点で理論物理学と純粋数学との間に相互作用が生じたのである．実際，竹崎正道とウィンニンク(M. Winnink)が状態 φ と冨田の定理の 1 径数群 σ_t^φ がちょうど $\hbar\beta = 1$ としたときの KMS 条件を満たすことを同時に証明した．

この結果はパワーズ(R. T. Powers)の仕事 [193] と，相互作用を持たない量子統計力学系からくる無限テンソル積による因子環に関する荒木不二洋とウッズ(E. J. Woods)の仕事 [3] 同様，因子環の分類の研究を始めるにあたって大変重要なものであることが明らかになった．

因子環の分類に関して，荒木-ウッズの不変量と冨田理論のあいだにある関係の発見が，私の仕事の出発点となった．その証明のために，冨田理論により状態に付随する発展の群は環 M の性質を内包しているのであるが，それが状態 φ の選択によらないことを示す必要があった．

フォンノイマン環 M にある状態 φ は，一つだけではない．だから M にとっ

て σ_t^φ の性質の中で φ の選択によらないものだけが,重要であるということがわかる.私の因子環分類の進展にとって決定的だったのは,次のラドン-ニコディム(Radon-Nikodým)の定理 [37] である.

> M の状態の任意の組 φ, ψ に対して,M のユニタリ元に値をとる標準的な 1-コサイクル $t \mapsto u_t$ が存在して $\sigma_t^\psi(x) = u_t \sigma_t^\varphi(x) u_t^*$ ($\forall x \in M$, $\forall t \in \mathbb{R}$) である.

さらに $\sqrt{-1}\left(\dfrac{\mathrm{d}}{\mathrm{d}t} u_t\right)_{t=0}$ は次と一致する.
1. 可換の場合にはラドン-ニコディム微分 $\dfrac{\mathrm{d}\psi}{\mathrm{d}\varphi}$ の対数.
2. 統計力学的な場合には対応する二つの平衡状態のハミルトニアンの差,または荒木の相対ハミルトニアン.

このことから,与えられたフォンノイマン環 M に対して φ のとりかたによらない σ_t^φ のクラスをとることによって $\mathbb{R}$ から群 $\mathrm{Out}\, M = \mathrm{Aut}\, M/\mathrm{Int}\, M$ (自己同型群を内部自己同型群からなる正規部分群で割ったもの)への標準的な準同型 δ が存在する.すると $\mathrm{Ker}\, \delta = T(M)$ は M の不変量となり,同様に $\mathrm{Sp}\, \delta = S(M) = \bigcap \mathrm{Sp}\, \Delta_\varphi$ になる.

このようにしてフォンノイマン環は**力学的な**対象となり,$\mathbb{R}$ によってパラメータ付けされる自己同型群のクラスを持つ.完全に標準的なこの群は環 M の非可換性の表れである.可換の場合には対応するものがなく,非可換測度論の独自性の証拠になる.

冨田の定理の 20 年後,かなりの研究(第 3 章参照)の後に,すべての超有限型フォンノイマン環の完全な分類を得ることができた.このクラスの正確な定義のかわりに次の条件を述べておこう.
1. G が連結なリー群であって $\pi \in \mathrm{Rep}\, G$ が G のあるユニタリ表現であれば,その可換子環 $\pi(G)'$ は超有限型である.
2. Γ がアメナブルな離散群であって $\pi \in \mathrm{Rep}\, \Gamma$ であれば $\pi(\Gamma)'$ は超有限型である.
3. ある C^* 環 A が有限次元環の帰納極限であって $\pi \in \mathrm{Rep}\, A$ であれば $\pi(A)''$ は超有限型である.

さらに超有限型フォンノイマン環のこの分類は超有限型因子環の分類に帰着

される．すなわち $M = \int M_t \, d\mu(t)$ という分解において各 M_t は因子環であって，それは中心が $\mathbb{C}$ と等しいものである．結論として超有限型因子環のリストは次のようなものである．

- I_n $M = M_n(\mathbb{C})$
- I_∞ $M = \mathcal{L}(\mathcal{H})$，無限次元ヒルベルト空間上の作用素全体の作る環
- II_1 $R = \mathrm{Cliff}(E)$，無限次元ユークリッド空間のクリフォード環
- II_∞ $R_{0,1} = R \otimes I_\infty$
- III_λ $R_\lambda =$ パワーズ因子環
- III_1 $R_\infty = R_{\lambda_1} \otimes R_{\lambda_2}$ $\forall \lambda_1, \lambda_2,\ \lambda_1/\lambda_2 \notin \mathbb{Q}$，荒木‐ウッズ因子環
- III_0 R_W，エルゴード流 W に付随したクリーガー因子環

私自身の仕事の後，III_1 の場合だけが証明すべきものとして残された．ハーゲラップ (U. Haagerup) がその後，すべての超有限型 III_1 因子環が同型であることを証明した．

1.4 幾何学における作用素環論の役割

フォンノイマン環の理論を非常に簡単な**可換環**の場合に特殊化すると，ルベーグの意味での測度論になる．より正確には，(可分な) ヒルベルト空間 $\mathfrak{H}$ 上のすべての可換フォンノイマン環 M は自己共役作用素 H により生成され，M は H の二重可換子環となっている．すなわち

$$M = \{H\}'' = \{T \in \mathcal{L}(\mathfrak{H});\ UTU^{-1} = T,\quad \forall U \in \mathcal{L}(\mathfrak{H}),$$
$$U^*U = UU^* = 1,\ UHU^{-1} = H\}$$

である．

さらに，すべての $X = Sp(H) \subset \mathbb{R}$ 上の有界ボレル関数 f に対し，作用素 $f(H)$ はある多項式関数 $p(H)$ の弱極限として意味を持つ．$f(H)$ が恒等的に 0 になるのは H の**スペクトル測度**に対し，f がほとんどいたるところ 0 である場合に限る．このようにして M と，H のスペクトル測度に対して本質的に有界な可測関数の環の間に同型対応を得る．フォンノイマン環の一般論はルベーグ

の理論の非可換類似物である．

　ある意味でフォンノイマン環の理論は，幾何学的例が一般理論に先んじたルベーグの理論とは逆に，適用されるべき幾何学的対象の認識に先立つものであった．フォンノイマン環の一般論の数学的重要性は，ルベーグの理論が適用できずに病的とみなされてしまう，自然な空間が存在するという点にある．フォンノイマン環の理論によってこういった空間の敵討ちができる．満足のいく方法で測度論を扱うことができるのである．

　そういった空間の原形はある種の微分方程式の解，あるいは葉層の葉のなす空間である．はっきりさせるために，トーラス $\mathbb{T}$ 上のクロネッカー葉層 $dy = \theta dx$ を例として考えよう．葉層の葉の空間 X を，通常空間の測度論の視点から解析しようとすると，病的結果が得られる．X 上の，すべての実数値あるいは複素数値可測関数 f は，ほとんどいたるところ定数になる．よって $L^\infty(X)$ も $L^p(X)$ も $\mathbb{C}$ となり，X は一点からなる空間と区別できない．実際，X には中心が $\mathbb{C}$ になる自明でないフォンノイマン環が対応する．つまり，ほとんどいたるところ定数というわけではない可測関数 $f : X \to \mathbb{C}$ を構成することは不可能だが，各点 $x \in X$ で次の条件を満たす，葉層上の L^2 空間の作用素 q_x を対応させる写像 q を構成することはやさしい．

a) 可測

b) ほとんどいたるところ定数ではない

代数的に明白な次の規則を使って，フォンノイマン環が得られる．

$$(pq)_x = p_x q_x \quad \forall x \in X$$
$$(p^*)_x = (p_x)^* \quad \forall x \in X$$

さらに，ノルムは $\|p\| = \underset{x \in X}{\mathrm{ess\,sup}} \|p_x\|$ である．先の例では，フォンノイマン環は $\theta \notin \mathbb{Q}$ の場合，超有限因子環 $R_{0,1}$ になる．III$_1$ 型の因子環 R_∞ は，種数が 2 以上のリーマン面に付随したアノソフ葉層の例に登場する．マレー–フォンノイマンの次元定理によって(フォンノイマン環が II 型の場合に)正の実数によって葉層の葉に沿って楕円型である偏微分方程式の L^2 解の空間の次元を測ることができる．整数(たとえば，コンパクト多様体上の有理型関数の極の数から零

点の数を引いたもの)は,実数である密度に置き換えられる.とくに,たとえばハウスドルフ次元とは異なる,マレー‐フォンノイマンの**連続次元の次元の密度**という真の意味がわかる.

しかし,実際に葉層の葉の空間のような空間は測度論により決まる構造よりも,はるかに豊かで強い構造を持っている.古典的空間を解析するために使える方法の階層では,測度論はもっとも根本的な位置を占めている.通常の空間は連結性,無限小線形性,幾何学性といった性質を,次の各理論によって獲得している(第2章参照).

1) 位相
2) 可微分多様体
3) リーマン幾何

この三つの道具をわれわれが関心を持っている空間に対して有効に活用するために,単純で,非自明で,十分に一般性のある例で,1),2),3)の非可換類似であるものを準備することが必要である.葉層の葉の空間の他に,このような例としては,多様体上の離散群あるいはリー群(コンパクトおよび,そうでない場合)の作用がある.

(離散)群 Γ がI型である場合には,古典的,集合論的な意味での空間について Γ の既約表現の言葉で述べておくことは無意味なことではない.つまり群 Γ を有限型としたときに,Γ が指数有限の正規可換部分群しか持たない場合である.群 Γ が可換である場合,Γ の双対空間 X は位相が完全に記述されるコンパクト空間で,その記述はゲルファント(Gel'fand)の定理により,X 上の複素数値連続関数のなす C^* 環 $C(X)$ によってなされる.この C^* 環は畳み込み代数の C^* 環 $C^*(\Gamma)$ に等しい.Γ がI型でなければ,位相の古典的概念を適用すると,空間 X は病的なものになる.たとえば,離散群 Γ が $\mathbb{Z}^2$ の $\mathbb{Z}$ による半直積で行列 $\alpha = \begin{bmatrix} 1 & 1 \\ 1 & 2 \end{bmatrix}$ による自己同型が作用している場合 Γ はI型ではなく,この群の既約表現の空間は部分空間として,上の行列による変換 α のトーラス $\mathbb{T}^2$ 上の軌道の空間 Y を含む.

この場合,群 Γ の C^* 環は上の変換 α の懸垂で得られる葉層の C^* 環と同一視できる.しかし一般には離散群の C^* 環は葉層の C^* 環として表すことはで

きない．

単連結ではない多様体のホモトピー論での C^* 環 $C^*(\Gamma)$ の K-理論の役割は，ロシア人数学者ミシチェンコ（A. S. Mishchenko）とカスパロフ（G. G. Kasparov）によってあきらかにされた．基本群を Γ とする多様体 M の Γ-不変な符号数は M のホモトピー不変量である $K_0(C^*(\Gamma))$ の要素である．ミシチェンコーカスパロフは，Γ がリー群の離散部分群である場合にノビコフ（Novikov）予想を証明することに成功した．ここでいうノビコフ予想とは M を空間 $K(\Gamma, 1)$ とし，$f : Y \to M$ を連続写像としたとき，すべてのサイクル $N \subset M$ に対して
$$\sigma = \text{signature} f^{-1}(N)$$
は，(Y, f) をホモトープな組 (Y', f') で置き換える操作によって不変である，というものである．

葉層に付随した C^* 環の K-理論は，例えば，ピムスナー－ヴォイクレスク（Pimsner-Voiculescu）[188] の結果によって（$PSL(2, \mathbb{Z})$ を法として）θ の異なる値に対するクロネッカー葉層を区別するために使える．葉に沿った楕円型作用素の指数定理において，この理論は決定的な役割を果す．簡単な例では，葉層の位相構造は見事に説明される．このとき，ホモトピーの商の K-ホモロジーから C^* 環の K-理論への射 μ が有効である．（μ はバウム（P. Baum），スカンダリス（G. Skandalis）と私との共同作業 [17][44][66] によって構成された．）この射は，現在までに計算されたすべての例で同型になっている．

こうして，非可換空間の位相的研究においては，K-理論（実際はカスパロフの二重変形 K-理論）が中心的役割を果す．微分幾何学に関していえば，われわれは（ド・ラーム（de Rham）の）**カレント**[2]および**コホモロジー**の概念の非可換類似物を得ることができる．そのために私は巡回コホモロジーを用意した．とくにこの道具は，横断的に向き付けされた葉層の葉の空間の基本サイクルを定める．ゴドビヨン－ベイ（Godbillon-Vey）の不変量のような二次的な特性類が（葉層の環の巡回コホモロジーに）出てくるが，これは葉の空間の基本類の，葉層の

---

2 訳注：わざわざド・ラームの名前を出すのは，物理でよく使われるネーター（Noether）のカレントではなく，多様体の外微分によるものであることを示している．以下この本ではカレントというとこのド・ラームのカレントのことを示す．

フォンノイマン環の時間発展による相対的な不安定性によるもので，非可換性の結果である．葉の空間の基本サイクル C は一般に，環のモジュラ自己同型群 (σ_t^φ) による不変量ではないが，余次元 1 の場合 2 階微分は 0 になる．

$$\frac{\mathrm{d}}{\mathrm{d}t}C \neq 0, \qquad \frac{\mathrm{d}^2}{\mathrm{d}t^2}C = 0$$

ゴドビヨン-ベイの不変量はしたがって次のようにサイクルの形で現れる．

$$GV = i_H\left(\frac{\mathrm{d}}{\mathrm{d}t}C\right)$$

つまりモジュラ自己同型群の生成元 H による第 1 微分 $\frac{\mathrm{d}}{\mathrm{d}t}C$ の縮約である．

すぐわかる応用は，$GV \neq 0$ ならば付随するフォンノイマン環は非自明な III 型因子環を持つということである．この結果はハーダー(S. Hurder)とカトック(A. Katok)[123] により別な方法を使って得られていたが，巡回コホモロジーでは，より精密な結果が得られる(第 2 章 3 節定理 1 参照)．

これは，ルベーグの空間がすべて同型であるために不変量のない古典的測度論とは逆に，非可換測度論が微分幾何と濃密な関係があることを表している．巡回コホモロジーは微分幾何を，すくなくとも微分形式とカレントの概念について非可換の場合に適合させるが，微分幾何での無限小線形化の外観を知るために本質的な特性の一つを支える．しかしこの特性は「空間」のレベルでは現われず，対応する「場」のレベル，つまり考えている空間上の関数の環 $\mathcal{A}$ のレベルで現われる．例えばロデー-キレン(J. L. Loday-D. Quillen)[157] とツィガン(B. L. Tsigan)[236] の結果によれば，巡回コホモロジーは問題にしている環 $\mathcal{A}$ の群 $GL\mathcal{A}$ のリー環のコホモロジーの分離することのできない部分である．環 $\mathcal{A}$ からそのリー環への道は，まさに代数構造の「無限小線形化」である．

もしリー環や群 $GL\mathcal{A}$ を越えて先に進みたいのであれば，巡回コホモロジーを代数的 K-理論に置き換えなければならない．カルビ(Max Karoubi)と私は [60] で K-ホモロジーの n 次元要素すべてに対し，$K_{n+1}^{\mathrm{alg}}(\mathcal{A})$ から $\mathbb{C}^*$ への射を構成した．非常に単純な，$\mathcal{A} = C^\infty(S^1)$ で，K-ホモロジーの要素がテプリッツ(Toeplitz)の拡張である場合，たとえばセガール(G. Segal)とウィルソン(G. Wilson)の仕事 [217] に現れる，組みひも群の中心拡大を得る．ディラック(Dirac)作用素に付随するフレドホルム(Fredholm)加群に対するこの射をあ

きらかにする過程で，偶然にもスピノル場の第二量子化に出会うこととなった．場の理論でのスピノルの第二量子化の操作は，数学的意味合いとして，行列のリー環に関係する加法の理論から群 $GL\mathcal{A}$ に関係する乗法の理論への移行であることを示しているように見える．しかし，K_3 以降について代数的 K-理論を扱うことが困難であるため，1 次元，2 次元についての理解にとどまっている．

残るのは，真に幾何学の問題，リーマン幾何を知ることである．最後の章で，ディラック作用素について強調することでこの問題への接近を試みる．この作用素は一般相対論において，特殊相対論でポアンカレ群の表現が果たしたのと同じ役割を果たす．さらに，K-理論の双対理論である K-ホモロジーが，ホモロジー同値を除き，生成作用素としてのディラック作用素の構成を解き明かす．あとはこの生成作用素を，作用汎関数を最小化するように詳しく特定することである．これはディクスミエ (J. Dixmier) が 1966 年に導入したトレースによって可能となり，これにより場の理論の摂動による対数発散の役割がよりよく理解できるようになった．詳しくは第 5 章で議論する．

最終章の終わりに，このアイデアと，通常の時空（ユークリッド空間の枠組み，つまり時間を複素にとる）の像を修正することで電弱相互作用を統一するワインバーグ – サラム (Weinberg-Salam) モデルとを照合してみる．その結果，ディクスミエトレースを出発点として一般的な方法で定義された作用汎関数が，まさにワインバーグ – サラムモデルを再導出する．成果は次の通りである．ユークリッド時空 M はコンパクトリーマン面であるが，これを計量空間 $X = M \cup M$ によって置き換えなければならない．この計量はグロモフ (M. Gromov) の意味で許容である，つまり，M の二つの複製上に誘導されたリーマン計量で，片方の複製のすべての点 x は，もう一つの複製の対応する点の非常に近く ($10^{-16}\,\mathrm{cm}$) にある．

この新しい時空はもっとも単純な「カルーツァ – クライン (Kaluza-Klein)」モデルになる．空間の各点上の「ファイバー」は**二点**で構成される．この二点の空間を扱うためには非可換幾何学を準備しなければならない．事実，対応する環は可換でも，通常の微分幾何学はこの空間に対し，何ら有用なものをもたらさない．作用素論的データのために局所座標での計算を捨て去ると，空間の二点 $\{a, b\}$ における非自明な扱いが完全にできるようになる．このときある関

数 f の「微分」は，ℓ を点 a と b の距離として，有限の差分 $(f(b)-f(a))/\ell$ によって与えられる．この差分は線形形式の非可換な両側加群に値をとる微分に他ならない．このモデルにクォークを付け加えることは，ロト（J. Lott）と私の共同作業 [62] でなされている．

この本の結論として，私は次の問題に思弁的方法で近づく．「時空間を非可換空間に取り替えることによって，場の理論の発散についてどのような進展が見られるか？」私はこの答えの一端として，通常空間，つまり可換なものから量子空間への変形によりホッホシルト（Hochschild）次元が下がることを示す．この次元が発散を統制しているのである．純ゲージ理論の漸近的な自由度を使って，時空の非可換性にとって自然な「カット・オフ」の存在のために妥当と思われる脚本を提供しよう．

第2章

非可換幾何学入門

この章の目標は実解析学における，集合 X および，X と実数直線 $\mathbb{R}$ との関係から始めた，古典的な空間の概念の定式化の限界をいくつかの実例によって示すことである．空間 X と $\mathbb{R}$ との関係は，以下の四つの質的に異なる場合に区別できる．

0) 可測空間
1) 位相空間
2) 可微分多様体
3) 距離空間とリーマン多様体

非可換幾何学によって，古典的観点からは特異に見える空間 X を解析することができるようになる．一般に，そういう空間 X から $\mathbb{R}$（あるいは $\mathbb{C}$）への面白い写像は存在しない．非可換幾何学の出発点は，そういった空間に，X 上の複素数値関数のなす可換環の代わりになる（$\mathbb{C}$ 上の）非可換環が付随するという可能性にある．

そういう特異な空間に話を進める前に，上記の 0)，1)，2) という古典的概念を簡単に復習すること，および，それら X 上の関数環によって代数的に定式化されていたものが，どのように非可換環に拡張されるのかを述べておくのは無駄ではない．リーマン幾何学に対する議論は第5章にとっておく．

実変数 x の（有界）関数の積分 $\int_a^b f(x)\mathrm{d}x$ を，f に厳しい制限条件をつけることなく定義することに最初に成功したのはルベーグ（H. Lebesgue）であった．定義が意味あるものになるために，技術的な理由から関数 f が可測であることは要請される．しかしながら，この可測性の条件は制限が小さく，逆に非可測関数の存在を証明するためには非可算選択公理を使わねばならない．実際，実軸上の

順序の「存在」について当時(1905年)たいへん教育的な論議が，一方ではボレル(Borel)，ベール(Baire)，ルベーグ，もう一方はアダマール(Hadamard)(およびツェルメロ(Zermelo))の間で交わされた(付録3のルベーグの手紙を見よ)．より最近の，論理学者ソロヴェイ(Solovay)の結果は(複数の非可算濃度の存在を法として)非可測関数は可算選択公理だけでは構成できないことを示している[222]．この点に関する詳細にはあとで戻ってくる(付録3)．

測度論はわれわれが思っているより輪郭がはっきりしていない．というのは，すべての関数 $f: X \to \mathbb{R}$ を考えることができるからである．とくに，図4に示したような，ジグソーパズルのようにピースをバラバラにしてしまう変換 T でも，測度空間 X を変えることはできない．この変換によって形はみな崩れてしまう．しかし X の部分集合 A はどれも，たとえ分割されてバラバラになっても測度的には変わらない．

X に可能な変換がこのように豊富であることは，考慮すべき空間が同型を除き一意に存在することに関連している．その空間とはルベーグ測度を持つ区間である．ガウス分布を測度に持つ分布の空間のように見かけは複雑に見える空間でも，実際は区間に同型である．とくに，次元の概念は測度理論においてはなんら内在する意味を持たない．この理論の鍵になる道具は，正値性と，X 上の二乗可積分関数 f (つまり $\int |f|^2 d\mu < \infty$) のなすヒルベルト空間 $L^2(X, \mu)$ の完備性である．決定的な結果はラドン－ニコディムの定理で，これによってある測度の他の測度による微分 $d\mu/d\nu$ を X 上の関数として定義することができる．さらに議論を進めるためには，ヒルベルト空間上の自己共役作用素のスペクトル理論の解析から，自然な手法で，この理論がどのように現れるか，そして，いかに**線形代数**の無限次元への自然な拡張であるフォンノイマン環の理論(第3章)の特別な(可換の)場合になるかを知る必要がある．

コンパクト距離付け可能空間 X の位相には，測度理論との注目すべき両立性がある．実際，X 上の有限ボレル測度は，X 上の連続関数のなす，ノルムが $\|f\| = \sup_{x \in X} |f(x)|$ であるバナッハ空間 $C(X)$ 上の連続線形形式と正確に対応する．正値測度は正線形形式，つまり，線形形式 φ ですべての $f \in C(X)$ に対し $\varphi(\bar{f}, f) \geq 0$ になるものに対応している．

さらに，X が位相多様体，つまり，局所的にユークリッド空間の開集合に同型な場合，オクストビー(J. Oxtoby)とウラム(S. Ulam)の定理 [181] から次が示せる．μ_1, μ_2 を X 上の二つの正値測度で，$\mu_1(X) = \mu_2(X)$ となるものとし，さらに μ_1, μ_2 が**拡散**していて，X に台を持つとき，つまり

a) $\mu_j(\{x\}) = 0 \quad \forall x \in X$

b) X の空でないすべての開集合 V に対し $\mu_j(V) > 0$

が成立するとき，同型写像 $\varphi: X \to X$ で $\varphi\mu_1 = \mu_2$ となるものが存在する．

したがって，可微分多様体上のルベーグ測度は a) と b) 以外の位相的互換性はない．

X 上の一般の連続関数 $f \in C(X)$ は具体的に与えることが困難である．このことは，たとえば，$[0,1]$ から $\mathbb{R}^n$ への連続写像で，像が n 次元単位立方体であるものや，さらには(n 次元測度として)ルベーグ測度が 0 ではないジョルダン曲線を含むものが存在することからもわかる．しかし，f を正確に与えることはできなくても，固定した $\varepsilon > 0$ に対し，球

$$B(f, \varepsilon) = \{g \in C(X); \|g - f\| < \varepsilon\}$$

の要素には，一般に非常に簡単に到達できる．たとえば，X が区間 $[0,1]$ ならば，ストーン-ワイエルシュトラス(Stone-Weierstrass)の定理から $B(f,\varepsilon)$ は多項式 $p(x)$ をつねに含んでいる．X が微分可能多様体ならば，$B(f,\varepsilon)$ は C^∞ 級の関数 $g \in C^\infty$ をつねに含んでいる．こうして ε の誤差では f を制御できる．

コンパクト集合 X に対してもっとも簡単に定義できるコホモロジー理論は K-理論 $K(X)$ である．この関手 K は，コンパクト集合の圏から $\mathbb{Z}/2$ 次数付けされた可換群上の連続写像の圏への反変関手である．群 $K^1(X)$ は，$GL_n(A)$ の増大列の和集合の群 $GL_\infty = \bigcup_{n \geq 1} GL_n(A)$ の連結成分の群 $\pi_0(GL_\infty)$ として得られる．ここで $GL_n(A)$ は環 $A = C(X)$ を成分とする $n \times n$ 行列の環 $M_n(A) = M_n(C(X))$ の可逆元のなす群であり，GL_n から GL_{n+1} への包含写像は $g \mapsto \begin{bmatrix} g & 0 \\ 0 & 1 \end{bmatrix}$ で与えられる．これは(可換非可換を問わずバナッハ環 A の一般的性質として) $GL_n(A)$ が $M_n(A)$ の**開集合**であるため，群 $K^1(X) = \pi_0(GL_\infty)$ は可算で，微分位相の手法を使って計算可能である．実際 X が C^∞ 級多様体の場合には $\pi_0(GL_\infty)$ を変化させることなく，環 A を C^∞ 級関数の環 $\mathcal{A} = C^\infty(X)$ に置き換えること

図4a

図 4b

ができる.

この理論の基本的な道具はボット(Bott)の周期性定理で,この定理は非可換でないバナッハ環 A に対しても成立する [246]. ホモトピー群は周期 2 の周期性 $\pi_k(GL_\infty) \cong \pi_{k+2}(GL_\infty)$ を持つことがいえるが,なによりこの周期性は系として,すべての閉集合 $Y \subset X$ に対して成立する関手 K の短完全系列の存在を示している.

$$(*) \quad \begin{array}{ccccc} K^0(X\backslash Y) & \to & K^0(X) & \to & K^0(Y) \\ \uparrow & & & & \downarrow \\ K^1(Y) & \leftarrow & K^1(X) & \leftarrow & K^1(X\backslash Y) \end{array}$$

群 $K^0(X)$ は,環 $A = C(X)$ として基本群 $\pi_1(GL_\infty(A))$ である.群 K^j をたとえば $Z = X\backslash Y$ 局所コンパクト空間に対して制限 $K^i(\tilde{Z}) \to K^i(\{\infty\})$ の核と定義する.ただし,$\tilde{Z} = Z \cup \{\infty\}$ は Z のアレクサンドロフ(Alexandroff)コンパクト化である.

群 $K^0(X)$ は,E 上の局所自明な有限次元複素ベクトル束により,たいへん簡明に記述される.E 上のこのようなベクトル束 A は $K^0(X)$ のある元 $[E]$ に対応する.この元は E の安定な同型の類にのみ依存する.ここで E_1 と E_2 が安定な同型であるとは,$E_1 \oplus F$ と $E_2 \oplus F$ が同型となる F が存在することをいう.さらにクラス $[E]$ は $K^0(X)$ を生成し,$[E_1 \oplus E_2] = [E_1] + [E_2]$ という関係によって表現が得られる.

このようにして,位相的 K-理論を簡明に定義,計算するためのコホモロジー理論が得られる.

すでに見てきたようなコンパクト空間の位相の扱いはすべて,X 上の複素数値連続関数の環 $C(X)$ を可換とは限らない C^* 環に置き換えた非可換の場合にも,非常にうまく適用できる.A 上の正値線形形式との関係で測度論の非可換類似を構成することは第 3 章に譲る.K-理論に関していうと,K^i は $K_i(A) = \pi_{2k+i+1}(GL_\infty(A))$ の形で不変で,ボットの周期性定理も不変である.完全系列 $(*)$ は A の閉両側イデアル J に対して次の形で有効である.

$$(*')\quad \begin{array}{ccccc} K_0(J) & \to & K_0(A) & \to & K_0(B) \\ & & \uparrow & & \downarrow \\ K_1(B) & \leftarrow & K_1(A) & \leftarrow & K_1(J) \end{array}$$

さらにベクトル束の言葉で K^0 を記述することは，環 A の**有限型射影加群**の言葉で記述することである．$\mathcal{E}$ をそのような A 上の（右）加群とすると，$e^2 = e$ となる射影子，あるいはベキ等元 $e \in M_n(A)$，および $\mathcal{E}$ と A^n の e による像である加群 eA^n とのあいだの同型が存在する．$A = C(X)$ に対し，局所自明な有限次元複素ベクトル束 E には，X 上の連続切断の加群 $\mathcal{E} = C(X, E)$ が対応する．

可換 ($A = C(X)$) の場合，K-理論においてチャーン（Chern）指標

$$\mathrm{Ch} : K^*(X) \to H^*(X, \mathbb{Q})$$

という K-理論と X のコホモロジーを繋ぐ，大変重要な道具を使うことができる．X が**可微分多様体**であるとチャーン指標は，微分型式，カレント，接続，曲率により具体的に書きあらわすことができる [166]．詳しくいうと，まず，$\mathcal{A} = C^\infty(X)$，$A = C(X)$ として，$K_0(\mathcal{A}) \cong K_0(A)$ が得られ，これにより，X 上の C^∞ 級ファイバー E だけを考えればよいことがわかる．あるいは同じことであるが，環 $\mathcal{A} = C^\infty(X)$ 上の有限型射影加群 $\mathcal{E} = C^\infty(X, E) = e\mathcal{A}^q$ だけを考えればよい．さらにそのようなファイバーのチャーン指標 $\mathrm{ch}(E)$ の値は，有理コホモロジーのこの類と，X 上の任意の閉カレント C のホモロジー類とのカップリング $\langle E, C \rangle$ により一意に決まる．このカップリングは次のとても単純な公式で与えられる．

$$\langle E, C \rangle = \frac{1}{(2\pi i)^m} \frac{1}{m!} \tau(e, \cdots, e)$$

ただし，$e \in M_q(\mathcal{A})$ は E に付随した射影子，τ は $M_q(\mathcal{A})$ 上の多重線形形式で，次の等式によって $2m$ 次元のカレント C に付随したものである．$\mu^0, \cdots, \mu^{2m} \in M_q(\mathcal{A})$，$f^0, \cdots, f^{2m} \in \mathcal{A} = C^\infty(X)$ に対して

$$\tau(\mu^0 \otimes f^0, \cdots, \mu^{2m} \otimes f^{2m}) = \mathrm{Trace}(\mu^0 \cdots \mu^{2m}) \langle C, f^0 \mathrm{d}f^1 \wedge \cdots \wedge \mathrm{d}f^{2m} \rangle$$

この公式では k 次元カレントの，k 次の微分形式の空間上の連続線形形式としての定義を使っている．

汎関数 τ は環 $\mathcal{A}$ 上の($2m$ 次元の)**巡回コサイクル**の典型的な例である．環 $\mathcal{A}$ 上の k 次元のこのような巡回コサイクルは定義より，次を満たす $\mathcal{A}$ 上の $(k+1)$-線形形式である．

α) $\tau(a^1, \cdots, a^k, a^0) = (-1)^k \tau(a^0, \cdots, a^k) \quad \forall a^j \in \mathcal{A}$

β) $\sum_{j=0}^{k} (-1)^j \tau(a^0, \cdots, a^j a^{j+1}, \cdots, a^k) + (-1)^{k+1} \tau(a^{k+1} a^0, \cdots, a^k) = 0$
$\quad \forall a^j \in \mathcal{A}$

この道具は非可換の場合にも完全に適応する．また，環 $\mathcal{A}$ の巡回コホモロジーは $\mathcal{A}$ の K-理論と組になり，チャーン指標の構成をさらに複雑な場合に拡張する(付録2参照)．

巡回コホモロジーは同時に単純な理論である．というのは，ホモロジー代数(付録2定理9参照)の手法で計算可能であり，非常に柔軟であるために効果的だからである．可微分多様体の場合には $A = C^\infty(X)$ であり，X 上のカレントのド・ラーム複体を，(典型的な可換の概念である外積代数を使うことなく) $\mathcal{A}$ 上の，$\mathcal{A}^*$ 係数のホッホシルトコホモロジー $H^k(\mathcal{A}, \mathcal{A}^*)$ と，巡回コホモロジーの作用素 $I \circ B$(付録2参照)から始めて，再発見する．実際，上に書いた写像 $C \to \tau_C$ は X 上の k 次元ド・ラームカレントとホッホシルトコサイクル $\tau \in H^k(\mathcal{A}, \mathcal{A}^*)$ の間の同型を確立する．さらに，bC はこの同型で $(I \circ B)\tau_C$ に対応する．しかしここで注意すべきは，可微分多様体の場合においても，巡回コホモロジーの概念は，ド・ラームカレントの概念より柔軟だということである．そのために例を一つ挙げておこう．S^1 から X への写像 φ で，一般のルベーグ測度 0 のジョルダン曲線のように，連続だが微分可能でないものとする．φ が α 階ヘルダー(Hölder)連続，つまり，d を X 上のリーマン距離として

$$d(\varphi(x), \varphi(y)) \leq \lambda |x-y|^\alpha \quad \forall x, y \in S^1$$

が成立しているものと仮定する．同様に f を X 上の C^∞ 関数とすると，関数 $g = f \circ \varphi = \varphi^* f$ は一般には有界変動ではなく，たかだか α 階のヘルダー連続つまり，$|g(x) - g(y)| \leq \lambda |x-y|^\alpha$ ($\forall x, y \in S^1$)となる．結果として S^1 上のド・ラームカレント C の φ による順像は，S^1 上の基本サイクルにはなっているが，ソボレフ空間 $H^{1/2}$ にはいっていない関数 f^0 と f^1 に対する式 $\int_{S^1} f^0 df^1$ より意味があるというわけではない．にもかかわらず，$k > 1/2\alpha$ として公式 (**) に

よって意味を与えられる巡回コサイクル τ_k の順像は下の式で，$C^\infty(X)$ 上の巡回コサイクルになり，φ 正則化による C の像と同じド・ラームコホモロジー類を持つ．

(**)
$$\tau_k(f^0, f^1, \cdots, f^{2k+1})$$
$$= \int f^0(x^0) \frac{f^1(x^1) - f^1(x^0)}{x^1 - x^0} \frac{f^2(x^2) - f^2(x^1)}{x^2 - x^1} \cdots$$
$$\frac{f^{2k}(x^{2k}) - f^{2k}(x^{2k-1})}{x^{2k} - x^{2k-1}} \frac{f^{2k+1}(x^0) - f^{2k+1}(x^{2k})}{x^0 - x^{2k}} \prod_{i=0}^{2k} dx^i$$

この公式は $\alpha > 1/2k$ である α 階ヘルダー連続関数の環 $C^\alpha(S^1)$ 上の $2n+1$ 巡回コサイクルを定義する．この $C^\infty(S^1)$ への制限は，巡回コホモロジーの周期性において作用 S の k 乗による C の像 $S^k C$ にコホモローグである（付録 2 参照）．

最後に，可微分多様体の解析におけるもっとも重要な道具の一つは楕円型作用素である．これはアティヤ-シンガー(Atiyah-Singer)の擬微分作用素の指数定理を含む．アティヤ [10] によって定式化された抽象的楕円型作用素の概念はあらためて非可換の場合にも完全に適合する．この概念はブラウン(Brown)，ダグラス(Douglas)，フィルモア(Fillmore)，ヴォイクレスク(Voiculescu)，ミシチェンコ，カスパロフらの，抽象的楕円型作用素，または位相的 K-理論の双対である K-ホモロジー $K^*(A)$ の理論によって定義される C^∞ 環 A 上の偶(奇)フレドホルム加群を法とした安定ホモトピーをどのように分類するかを示した業績によって開発された．

A 上の偶(または奇)フレドホルム加群とは，定義より，ヒルベルト空間 $\mathfrak{H}$ 上の $\mathbb{Z}/2$ 次数付けされた（または次数付けされない）A の対合的な表現と，$\mathfrak{H}$ 上の奇作用素 F で，$F = F^*$，$F^2 = 1$ を満たし，

(***) すべての $a \in A$ に対して $[F, a]$ はコンパクト作用素

となるものの組である．

私は [50]（第 1 章 K-ホモロジーのチェーン指標）で巡回コホモロジー $HC(\mathcal{A})$（$\mathcal{A}$ は A の稠密な部分環）は**有限加法的**フレドホルム加群のホモロジーのチェーン

指標の自然な受け皿であることを示した．別の言い方をすれば，すべての $a \in \mathcal{A} \subset A$ に対し

$$(****) \qquad\qquad [F, a] \in \mathcal{L}^p(\mathfrak{H})$$

となる $p < \infty$ が存在することを仮定する．ここで，$\mathcal{L}^p(\mathfrak{H})$ はシャッテン(Schatten)のイデアル [218] である．

実際，アメナブルでない離散群や葉層の葉のような量子空間の例で，条件($****$)を満たさないフレドホルム加群を含むようにするために [50] の構成法を改良しなければならなかった．これが可能となったのは巡回コホモロジー [53] および θ-総和可能非有界フレドホルム加群の概念によってであるが，後者についてはこの章の最後で議論する．

2.1　量子空間の一つの例：ペンローズタイリングが定義する集合

「非可換幾何学」を導入する目的の一つは，通常の空間より複雑な幾何学的空間の構造を理解することである．この構造は，もはやある種の正則性，可測性，連続性，微分可能性を持つような関数 $f: X \to \mathbb{R}$ のクラスによって記述することはできない．

こういった考え方を定着させるために，古典的な，あるいは可換な視点からと私の視点の違いをあきらかにしながら，非可換空間 X の簡単な例から始めることにする．空間 X はペンローズ宇宙，平面の準周期的タイリングの集合である．

私は幸運にも平面の準周期タイリング(図5)についてのペンローズ(R. Penrose)の講義に出席する機会を得た．ペンローズは，そのようなタイリングを二つの単純なタイル A と B によって構成した．タイリング T は構成の途中の継続的な選択に依存している．正確にいうと，このようなタイリングを構成するためには，0と1からなる数列 $(z_n)_{n=0,1,2,\ldots}$ で，次のコヒーレンス条件を満たすものを選ばねばならない．

2.1 量子空間の一つの例:ペンローズタイリングが定義する集合

(1) $$z_n = 1 \implies z_{n+1} = 0$$

付録1で説明してある z_n の値を T の構成に使う.しかしながら,二つの異なる数列 $z = (z_n)$ および $z' = (z'_n)$ が同じタイリングを表すこともありうる.実際に

(2) T は T' に等しい $\iff z_j = z'_j \ (\forall j \geq n)$ となる n が存在する

である.

したがって,得られたタイリングの空間 X は,コンパクト空間 K の同値関係による商集合 $K/\mathcal{R}$ に等しい.コンパクト空間 K は,カントール集合に同相で,0 と 1 からなる数列 $z = (z_n)_{n \in \mathbb{N}}$ で規則 (1) を満たすものの集合である.これは構成から要素が 2 個の集合の無限積の閉部分集合である.同値関係 $\mathcal{R}$ は次によって与えられる.

(3) $$z \sim z' \iff \exists n \ z_j = z'_j \ \forall j \geq n$$

こうして X は商空間 $K/\mathcal{R}$ に等しいものとなる.ペンローズは講義で,まさにこの形で彼のタイリングの集合を表現した.空間 X を理解するのに,これを通常空間と思って始めてしまうと,すぐに古典的な道具では歯が立たないこと,X と一点からなる空間の区別さえもできないことがわかるだろう.例えば,二つのタイリング T_1 と T_2 が与えられ,T_1 の有限なタイルの並び P を任意に指定すると,まったく同じ並びが T_2 にもあることがわかり,したがって有限の部分では T_1 と T_2 を区別することはできない [104]. この幾何学的性質は X の位相が自明なものであることを物語っている.X の自然な位相は閉集合 $F \subset X$ として,K の閉部分集合で,かつ $\mathcal{R}$ でつぶれてしまうものだけを持っている.しかし,すべての $\mathcal{R}$ の同値類は K 上稠密であるから閉集合 $F \subset X$ は $F = \emptyset$ と $F = X$ のみということになる.したがって X の位相は自明で X と一点を区別できない.もちろんハウスドルフではなく,面白い情報も含まれてはいない.

そのような例に対してとりうる姿勢としては,変動を法として,平面の**唯一の**タイリング T のみが存在するといってしまうこと,および,X と一点の区別について心配しないということもあるだろう.実際には,これから先,X が大変

図5　ロビンソン−ペンローズのB型タイリング

興味深い「非可換」空間または「量子」空間であること，またその位相不変量の一つ，次元群が，$\mathbb{Z}$と黄金比$\dfrac{1+\sqrt{5}}{2}$によって生成される$\mathbb{R}$の部分群であることを確かめていく．このことが，とくに，なにゆえXの位相のみによって，タイリングでのタイルやその組み合わせの密度，または頻度が，群$\mathbb{Z}+\left(\dfrac{1+\sqrt{5}}{2}\right)\mathbb{Z}$の要素となってしまうかを示している．

2.1 量子空間の一つの例:ペンローズタイリングが定義する集合

ここで位相空間としての X の表現が,なぜ X 上の連続関数の環 $C(X)$ から「非可換幾何学」の名の由来となった非可換 C^* 環に置き換えられるのかを説明しておこう.通常のコンパクト(あるいは局所コンパクト)な空間 Y が与えられると,ユリゾーン(Urysohn)の補題 [205] から,Y 上に十分多くの連続関数 $f \in C(Y)$ があって Y の位相を一意に定めることがわかる.これは,実数値関数に対して正しく,**より強い理由から**複素数値関数に対しても正しい.したがって,Y の位相は,Y 上の連続複素数値関数の環 $A = C(Y)$ を定め,また逆に,この対合 $f \mapsto f^*$ を込めた環によって定められる.この場合,対合は複素共役 $f^*(y) = \overline{f(y)}$ ($\forall y \in Y$)である.(ここで $\mathbb{R}$ または $\mathbb{C}$ が,完全に離散的な局所環で置き換えられた場合の類似の命題は成立しない.)

さらに,このようにして得られた対合的 $\mathbb{C}$-環 A のクラスは非常に単純に特徴づけられる.それらは(単位元を持つ)**可換** C^* 環になる.一般の C^* 環は,C^0 級関数から期待されるそのものを表す大変単純な公理的特徴づけがある.C^* 環 A は対合的バナッハ環で,そのノルム $x \mapsto \|x\|$ は x^*x のスペクトル半径による対合的代数構造から一意に定まる.$\|x\|^2 = (x^*x)$ のスペクトル半径 $= \sup\{|\lambda|;\ x^*x - \lambda$ が可逆ではない$\}$ 対合的代数 A が C^* 環であるためには,A の,あるヒルベルト空間上の $*$-表現 π が存在して,次を満たすことが必要十分である.

(4) 1) $\pi(x) = 0 \implies x = 0$
     2) $\pi(A)$ はノルム閉.

ゲルファントの定理は,複素解析と A の極大イデアルの構造に基づくもので,A が**可換** C^* 環であるとすると,コンパクトな位相空間 $Y = \mathrm{Sp}(A)$ で $A = C(Y)$ になるものの存在を示している.非可換幾何学の存在理由として,C^* 環 $A = C(Y)$ が非可換 C^* 環に置き換わる場合に,コンパクト空間 Y の研究に必要な,ラドン測度,K-理論,コホモロジー,などといった古典的道具のほとんどが適用できることがある.

もちろん,適用といっても非可換に直接できるわけではなく,しばしばまったく新しい現象を伴う.測度論の領域でさえ,可換の場合は単純であるが,次のような必然的結果を見ることになる.

非可換性 $\Longrightarrow$ 1 径数発展群

これに関しては後にふたたび触れる.

C^* 環 A が可換ではない場合, ゲルファントスペクトル $Y = \mathrm{Sp}(A)$ は A の, あるヒルベルト空間上の既約表現 π の集合 Y によって置き換えられる. しかし, 十分に多くの A の既約表現の存在を証明することができるものの, A が**単純**である場合, つまり自明でない両側イデアルを持たないとき, 空間 X の自然な位相は, 上で出てきたペンローズタイリングの集合 X が持っているのと同じ自明性を持つ. さらに, 与えられたタイリングのいかなる有限部分も, 他のタイリングの中に見つけだすことができるのとまったく同様に, A の二つの既約表現 π_1 と π_2 は, ユニタリ変換によって, 好きなだけ似せることができる. この事実は [134] および [241] から従う. よってペンローズタイリングの空間 X に, $C(X)$ に換わる**非可換**な C^* 環を対応させようとすることは自然なことである.

古典空間と「量子」空間の関係が可換環と非可換環の関係とまったく同じというわけではないので, どの意味で非可換環が可換環に同等といえるのかをまず説明しておく必要がある. $\mathbb{C}$ 上の $n \times n$ 行列による C^* 環 $M_n(\mathbb{C})$ のすべての既約表現は, どの二つをとっても同値である. このことから A を $M_n(A) = M_n(\mathbb{C}) \otimes A$ に取り替えても, A の既約表現の空間 $\mathrm{Sp}(A)$ はかわらない. より一般的には A を $M_n(A)$ または**森田の強い意味で同値**な C^* 環に取り替えても, 測度論, K-理論, コホモロジーなどといった A の重要な性質を相対的に変えることはない. この同値の技術的な定義 [201] を与えることはしないが, 一つ注意しておくと, 既約表現の空間 $\mathrm{Sp}(A)$ がかわらないことから, 次がいえる.

(5) C^* 環 A に強森田同値な可換 C^* 環 $C(Y)$ は, たかだか一つ存在する

よって, 古典的な場合は可換 C^* 環にのみ含まれるのではなく, 上の可換 C^* 環に同値な C^* 環に限り含まれている. そして, この C^* 環のクラスは自然でも, 帰納極限の基本的演算で閉じているわけでもない. 幾何学的演算のどれが Y に関係するかを見るためには, まずコンパクトな Y を記述するのに, どの幾何学的状況で $C(Y)$ ではなく, $C(Y)$ に強森田同値な非可換 C^* 環を使わねばならないかを理解する必要がある. 決定的なことは, 集合論的な x と y の**二点の同一視**は, $\{x\} \cup \{y\}$ 上の関数による可換環の, 複素数値を要素に持つ

2.1 量子空間の一つの例：ペンローズタイリングが定義する集合

2×2 行列 $\begin{bmatrix} a_{xx} & a_{xy} \\ a_{yx} & a_{yy} \end{bmatrix}$ の環への，代数的な置換と解釈できることである．この環のスペクトルでは，x, y に対応する純粋状態 ω_x, ω_y は公式 $\omega_x(a) = a_{xx}$, $\omega_y(a) = a_{yy}$ で得られるが，同値な既約表現，あるいは集合論的同値 $x \sim y$ を与える．

たとえば[1]コンパクト多様体 Y を，ユークリッド空間 U_i, $U_i \subset Y$ の $U_i \cap U_j$ での貼り合わせで得るものとする．Y をユークリッド開集合 $V = \amalg U_i$ (U_i の直和) から得るためには，V の元の組 (z, z') を貼り合わせの部分で同一視する必要がある．容易に確かめられることは，C^* 環 $C(Y)$ は，上の組 (z, z') に連続的に依存し，無限では 0，積が次の法則で与えられる行列 $a = a_{(z,z')}$ の C^* 環 A に強森田同値である．

$$(ab)_{(z,z'')} = \sum_{z'} a_{(z,z')} b_{(z',z'')}$$

要約すると，通常空間 Y が**超パラメータづけ**されると，つまり，商として，または貼り合わせで表されると，この空間に，この情報を見えなくさせるが，やはり $C(Y)$ に強森田同値である非可換環 A を対応させるのが自然である．しかし，ユークリッド空間の断片を張り合わせて多様体にしようとして，ペンローズタイリングの空間 X に似た空間を得るということはありうる．行列 $a = a_{(z,z')}$ による C^* 環 A の構成はそれでも有効である．ここでペンローズタイリングの空間 $X = K/\mathcal{R}$ の C^* 環 A の構成をする．一般要素 $a \in A$ は複素数を要素に持つ行列 $(a_{z,z'})$ で，実数の組 $(z, z') \in \mathcal{R}$ により添数がついている．A の二つの元の積は行列の積 $(ab)_{z,z''} = \sum_{z'} a_{z,z'} b_{z',z''}$ によって与えられる．X の各要素 x に対し，K の可算部分集合である $\mathcal{R}$ に対する同値類が対応する．したがって x に，この可算集合を正規直交基底として持つヒルベルト空間 ℓ_x^2 を付随させることができる．A の各要素 a は ℓ_x^2 上の作用素を次の方程式によって定義する．

$$(a(x)\zeta)_z = \sum_{z'} a_{z,z'} \zeta_{z'} \qquad \forall \zeta \in \ell_x^2$$

---

[1] 訳注：この部分の記述はあまり正確ではないが，多様体の定義を知っていれば理解されるであろう．

$a \in A$ に対し作用素 $a(x)$ のノルム $\|a(x)\|$ は有限で,$x \in X$ にはよらない.これは C^* 環のノルムである.もちろん,より技術的にやるのであれば,考えている行列 a のクラスの正確な定義を与えておかねばならない.しかし関係 $\mathcal{R} \subset K \times K$ は関係 $\mathcal{R}_n = \{(z,z');\ z_j = z'_j\ (\forall j \geq n)\}$ の合併であり,行列 a を n が十分大きいときに,$\mathcal{R}_n$ で連続で $\mathcal{R}_n^c$ で 0 となるものとして,A をこの a から得られる環のノルム閉包として定義する.行列ノルムを要素の関数として表す簡単な公式が存在しないので,一般の行列 $a \in A$ の正則性をきちんと書き表すことは困難である.とにかく,$\mathcal{R}_n$ で連続で $\mathcal{R}_n^c$ で 0 となるすべての行列は A に属し,A のすべての元は,各 $\mathcal{R}_n$ で連続な行列 $a_{(z,z')}$ に対応する.

上の構成は次のように要約できる.空間 X は複素数値関数によって非自明に記述することはできないが,X 上の作用素値関数

$$a(x) \in \mathcal{L}(\ell_x^2) \qquad (\forall x \in X)$$

による豊穣なクラスは存在する.

A の代数的構造はこの観点から読み取ることができる,というのは,すべての $a, b \in A,\ \lambda, \mu \in \mathbb{C},\ x \in X$ に対し

$$(\lambda a + \mu b)(x) = \lambda a(x) + \mu b(x)$$
$$(ab)(x) = a(x)b(x)$$

であるからである.

C^* 環の理論がいかに豊穣かを見るため,C^* 環 A の有限次元代数の帰納的極限としての記述を与えることにする [73].カントール集合 K はその構成から有限集合 K_n の射影極限である.ただし K_n は $n+1$ 個の 0 あるいは 1 からなる要素の列の集合 $(z_j)_{j=0,1,\cdots,n}$ で,規則 $z_j = 1 \Rightarrow z_{j+1} = 0$ を満たすものとする.あきらかに射影 $K_{n+1} \to K_n$ が存在する.これは最後の z_{n+1} を取り除くというものである.有限集合 K_n 上で,関係 $\mathcal{R}^n = \{(z,z') \in K_n \times K_n\ ;\ z_n = z'_n\}$ を考える.$\mathcal{R}^n$ 上のすべての関数 $a = a_{z,z'}$ は C^* 環 A の要素 $\widetilde{a}$ を方程式系

$$\begin{aligned}\widetilde{a}_{z,z'} &= a_{(z_0,\cdots,z_n),(z'_0,\cdots,z'_n)} & (z,z') &\in \mathcal{R}^n \\ \widetilde{a}_{z,z'} &= 0 & (z,z') &\notin \mathcal{R}^n\end{aligned}$$

によって定義する.

さらに,$\mathcal{R}^n$ 上の関数から得られる A の部分環は簡単に計算できる:それは

二つの行列環の直和 $A_n = M_{k_n}(\mathbb{C}) \oplus M_{k'_n}(\mathbb{C})$ である．ただし $k_n(k'_n)$ は K_n の要素のうち 0 で (1 で) 終わるものの個数を表す．最後に，包含写像 $A_n \to A_{n+1}$ は図式

により一意に定まる [27]．(つまり，$k_{n+1} = k_n + k'_n$, $k'_{n+1} = k_n$ という関係式は，$M_{k_n} \oplus M_{k'_n}$ を $M_{k_{n+1}}$ へは単にブロック行列として，$M_{k'_{n+1}}$ へはそこへの準同型 $(a, a') \mapsto a$ によって，次の段階に進む)．

これより，C^* 環 A は有限次元環 A_n の帰納的極限であり，ブラッテリ (Bratteli)，エリオット (Elliott)，エフロス (E. Effros)，シェン (Chen)，ハンデルマン (Handelman) ら [27][85][87][114] による，これらの特別な C^* 環の分類に対し，不変量が計算できる．計算するべき不変量は，順序関係の入った群である．これが先に述べた群 $K_0(A)$ で，A 上の有限射影加群で安定な同型のクラスによって生成されるものである．同様にして，因子環に関するマレー－フォンノイマンの仕事のように，射影子の同値類によっても生成される．

射影子 (あるいは射影) $e \in M_k(A)$ とは $M_k(A)$ の要素で $e^2 = e$, $e = e^*$ になるものである．射影子 e, f はある $u \in M_k(A)$ が存在して $u^*u = e$ かつ $uu^* = f$ になるとき同値とする．射影子の同値類を加えることができるようにするために，n を任意として行列 $M_n(A)$ を使う．これによって，二つの射影子 $e, f \in M_k(A)$ に対し $e \oplus f = \begin{bmatrix} e & 0 \\ 0 & f \end{bmatrix}$ として意味を与えることができる．順序群 $(K_0(A), K_0(A)^+)$ は，非負整数の半群 $\mathbb{N}$ から整数の順序群 $(\mathbb{Z}, \mathbb{Z}^+)$ を得る通常の対称化作用によって，射影子 $e \in M_n(A)$ の同値類の半群から規準的に得られる．

この順序群は，先に見た $A = \overline{\bigcup A_n}$ となる A_n のような有限次元の環の場合には簡単に計算できる．A_n は二つの行列環の直和なので，
$$K_0(A_n) = \mathbb{Z}^2, \qquad K_0(A_n)^+ = \mathbb{Z}^+ \oplus \mathbb{Z}^+ \subset \mathbb{Z} \oplus \mathbb{Z}$$
を得る．

よって順序群 $(K_0(A), K_0(A)^+)$ は順序群 $(\mathbb{Z} \oplus \mathbb{Z}, \mathbb{Z}^+ \oplus \mathbb{Z}^+)$ の帰納極限で，n

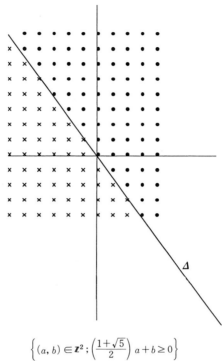

$$\left\{(a,b) \in \mathbb{Z}^2 ; \left(\frac{1+\sqrt{5}}{2}\right) a + b \geq 0 \right\}$$

図6 群 $K_0(A)$. 整数格子点の各点が $K_0(A)$ の要素を示す. $K_0(A)$ の要素で Δ の右にあるものがベキ等元.

番目から $(n+1)$ 番目への包含写像は行列

$$\begin{bmatrix} 1 & 1 \\ 1 & 0 \end{bmatrix}$$

で与えられるが,これはすでに記述した包含 $A_n \subset A_{n+1}$ に対応する.

この行列は $\mathbb{Z}^2$ から $\mathbb{Z}^2$ への全単射 $(a,b) \mapsto (a+b,a)$ を定めるので,求める帰納極限は群 $K_0(A) = \mathbb{Z}^2$ になる.しかしながら,この全単射は $\mathbb{Z}^+ \oplus \mathbb{Z}^+$ から $\mathbb{Z}^+ \oplus \mathbb{Z}^+$ への全単射ではなく,また半群 $K_0(A)^+$ の極限は行列 $\begin{bmatrix} 0 & 1 \\ 1 & 1 \end{bmatrix}$ の対角化の際に見られるように $K_0(A)^+ = \left\{(a,b) \in \mathbb{Z}^2 ; \left(\frac{1+\sqrt{5}}{2}\right) a + b \geq 0 \right\}$ になる(図6).

このことから,$\mathbb{Z}^2$ の基底のとり方を法として,つまり $PSL(2,\mathbb{Z})$ を法とし

て，C^* 環 A を通して黄金比 $\left(\dfrac{1+\sqrt{5}}{2}\right)$ が空間 X の位相不変量として現われることがわかる．他の定式化から，C^* 環は唯一のトレース τ を持つことがわかる．したがって，A 上の線形形式 τ ですべての $x, y \in A$ に対し $\tau(xy) = \tau(yx)$ かつ $\tau(1) = 1$ を満たすものが一意的に存在する．射影によってとる τ の値の全体は部分群 $\mathbb{Z} + \left(\dfrac{1+\sqrt{5}}{2}\right)\mathbb{Z} \subset \mathbb{R}$ になる．このトレース τ は**正値**，つまり，

$$\tau(a^*a) \geq 0 \qquad (\forall a \in A)$$

を満たし，また行列 $a = a_{(z,z')}$ に対して a の対角成分の積分

$$\tau(a) = \int_K a_{(z,z')} \mathrm{d}\mu(z)$$

として直接計算される．ただし K 上の確率測度 μ は，すべての $a, b \in A$ に対し $\tau(ab) = \tau(ba)$ という条件によって一意に定まったものである．古典的測度論では，コンパクト空間 Y 上のラドン測度 ρ が与えられると，ヒルベルト空間 $L^2(Y, \rho)$ がスカラー積 $\langle f, g \rangle = \int f\bar{g}\mathrm{d}\rho$ に対する $C(Y)$ の完備化として得られ，また $L^\infty(Y, \rho)$ が，$L^2(Y, \rho)$ に乗法として作用している環 $C(Y)$ の弱閉包になる．われわれが興味を持っている場合に関しては，環 A は $C(Y)$ に置き換えられ，ラドン測度 ρ は正値トレース τ となり，$L^2(A, \tau)$ での左乗法による A の作用の弱閉包（スカラー積 $\langle a, b \rangle = \tau(a^*b)$ に対する A の完備化）はマレー－フォンノイマン [172] の超有限 II_1 型因子環であり，これを R で表すことにする．

残っているのは，平面のタイリングについてであるが，マレー－フォンノイマンの連続次元の概念がいかに離散部分集合と関係しているかを説明することである．II_1 型因子環の非常に特徴的な性質は因子環 R に見られるように，射影子 $e \in R$ が $\dim(e) \in [0,1]$ によって完全に分類され，しかも $\dim(e)$ は 0 から 1 の**すべての値を連続的に**とりうることである．よって $e \in R$ からなるグラスマン多様体はすでに，通常の直線や平面などといったものではなく，「次元 $\alpha \in [0,1]$ の空間」ともいうべきものとなっている．別の言い方をすれば，連続幾何である．この発見の威力はマレー－フォンノイマンの原論文 [172][173][174][175] を読むとあきらかになる．通常の場合と同様に，「部分空間」の共通部分について考えることができる．対応する射影子 $e \wedge f$ は e と f により押さえられた最大の射影子である．同じように，e と f によって生成される部分空間について考

えられる. 対応する射影子は $e \vee f$ で表される. 基本になる等式は

$$\dim(e \wedge f) + \dim(e \vee f) = \dim(e) + \dim(f) \qquad \forall e, f$$

である.

この性質により連続次元の概念を, ヒルベルト空間上の R の表現, R-加群と呼ぶものに拡張できる. R-加群は任意の $[0, +\infty]$ の値をとる $\dim_R(\mathfrak{H})$ (第3章9節参照)によって, 分類される.

いま, 各タイリング $T \in X$ に T の頂点の集合 Δ^0 のような可算集合 Z_T を対応させる. 可測性の問題を除いて, R 上の加群を次のように構成することができる. すべての $z \in K$ に対しヒルベルト空間

$$\mathfrak{H}_z = \ell^2(\mathbb{Z}_{T_z})$$

を考えよう. ただし T_z は z に付随するタイリングである.

つねに可測性の問題を除いて, ヒルベルト空間 $\mathfrak{H}$ を, 族 $\mathfrak{H}_z$ の測度 μ による二乗可積分の切断とする. $\mathfrak{H}$ の元は切断 $\xi_z \in \mathfrak{H}_z (\forall z \in K)$ で, ノルムは $\int \|\xi_z\|^2 d\mu(z) = \|\xi\|^2$ により与えられている. 空間 $\mathfrak{H}$ は R-加群となる. なぜなら, $z, z' \in K$ が同値関係 $\mathcal{R}$ により同値ならば $T_z, T_{z'}$ もそうであり, よって空間 $\mathfrak{H}_z$ と $\mathfrak{H}_{z'}$ の規準的な同一視が得られるからである. これによって, $\mathfrak{H}$ 上の R の作用を定義する公式

$$(a\xi)_z = \sum a_{z,z'} \xi_{z'}$$

に意味を与えることができる. もちろん可測性の問題は無視したし, それを扱うためには T に付随した可算集合 Z_T は, T の何らかの可測性に依存していなければならない.

定義を与えたので, 例を挙げることにする. T は二つのタイルから構成されているが, たとえば T に対し, T に現れるタイル A の集合, B の集合, または AB, あるいは辺の集合, などを付随させることができる. マレーーフォンノイマンの連続次元の理論によって, $(Z_T)_{T \in X}$ と $(Z'_T)_{T \in X}$ という二つの可算集合の族が与えられると, ほとんどすべての $T \in X$ に対し, Z_T から Z'_T へ全単射になるような可測な写像が構成できるためには, マレーーフォンノイマンの**連続次元** $\dim_R(\mathfrak{H})$ と $\dim_R(\mathfrak{H}')$ が一致することが必要十分であると証明でき

る．エルゴード理論を使うと，たとえばある種のタイルパターン t の集合 Z_T に対し，連続次元 $\dim_R(\mathfrak{H})$ は t の T での密度，あるいは出現頻度として現れる．正確に言うと，T 上に大きな円盤 D をとり，D に含まれる t の回数を D の面積で割る．D の半径が無限に大きくなると，極限として求める密度が得られる．これは μ を法として[2]存在する．この例の中には，マレー－フォンノイマンの**連続次元**と古典的整数次元に対して，無限集合の濃度と有限集合の要素の個数という古典的概念での対応と同じ関係があるのがわかる．同じく $\mathbb{N}$ の部分集合 Z で，$\alpha \in [0,1]$ の濃度を持つものを考えることができる．次のようにすればよい．

$$\lim_{N\to\infty} \frac{1}{N}\mathrm{Card}(\mathbb{Z}\cap\{0,1,\cdots,N\}) = \alpha$$

連続次元の概念はまったくの類似であり，上の例であきらかなように α は $\ell^2(\mathbb{N})$ に対する $\ell^2(Z)$ の「相対」次元である．しかし，われわれの観点から $C(X)$ を置き換える C^* 環 A に戻ろう．すると，マレー－フォンノイマンの連続次元は R の（あるいは行列環 $M_n(R)$ の）射影に対し，$\dim(e) = \tau(e)$ として，すべての正の実数値をとりうるが，A に含まれる射影に対しては，この次元は部分群 $\mathbb{Z} + \left(\dfrac{1+\sqrt{5}}{2}\right)\mathbb{Z}$ にのみ値をとる．要約すると，この例において X の「位相」は明白というには程遠く，そのことから**単純** C^* 環である A が（強森田同値なものを除き）次の性質より一意に特徴づけられる．

1) A は有限次元の環の帰納的極限である．このとき有限近似的（または AF）と呼ばれる．

2) $(K_0(A), K_0(A)^+) = \left(\mathbb{Z}^2, \left\{(a,b); \left(\dfrac{1+\sqrt{5}}{2}\right)a + b \geq 0\right\}\right)$

最後にこの C^* 環 A はちょうどジョーンズ (Vaughan Jones)[131] による，指数 4 以下の部分因子環の構成の範疇にあることを注意しておく．指数は黄金比に等しい（第 3 章 9 節）．この事実は，この幾何学的状況で部分因子環を具体的に書き表すのに使える．また [104] でより一般の準周期的タイリングに対し予想されたように，$\sin(\pi/n)$ が現われる一般的な解釈を示唆する．

---

[2] 訳注：測度のことをいっている．

非可換幾何学の目的は，上で見た X のような空間の理解と利用である．このために次のようなことが必要になる．

1) 自明ではない例を十分な数挙げること．
2) 微積分，リーマン面を含む，古典論での道具に対応するものを開発すること．

応用のためには次を区別しなければならない．

a) $x \in X$ によってパラメータ付けされた一般にコンパクトと限らない普通の多様体の族 Y_x の古典幾何学
b) パラメータ空間のより古典的ではない幾何学

これから，上の 1), 2), a), b) に関連する状況を，発展中の論文を参照しながら概観していこう．

2.2 葉層構造と横断的測度を持つ場合の指数定理

ペンローズタイリングの空間に似ている空間 X の非常に一般的な構成は [40][43][44][47] で扱われている葉層の構成である．V を(コンパクト)多様体，F を接ファイバー空間 TV の可積分な部分ファイバー(図7)とすると，V の葉層の葉の空間 X は一般に，(ただし $\dim L = \dim F$，および，すべての $x \in L$ に対し $T_x L = F_x$ とおいて)ペンローズタイリングの空間同様に位相が乏しい空間となる．グロタンディーク(Grothendieck)のトポスによって非自明な構造を取り戻すことができるが，関数解析の強力な手法(正値性，測度，ヒルベルト空間…)を使い続けようとすると困難が生じる．これがまさに葉層に付随する C^* 環の構成を実現するもので，トポスによる視点は，あとで通常の空間に対するド・ラームホモロジーの(上の2の意味での)類似である巡回コホモロジーの計算にのみ現れる．コレージュ・ド・フランスにおける 1986 年の講義で私は，一般にどのように，(V, F) の C^* 環の十分に正規な元からなる環の巡回コホモロジーを計算するかについて，葉層の自然なエタールトポスと関連して解説した．この葉層の例の二つの写像を説明するため，簡単に葉に沿った指数定理と III 型因子環とゴドビヨン-ベイの不変量の関係について述べることにする．

葉層 (V, F) の C^* 環 A 上の(正値)トレースの概念は葉層に対する横断的測

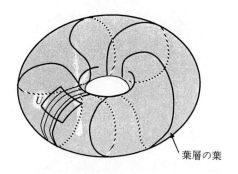

葉層構造を持つ地図

図7 トーラスの葉層

度という幾何学的概念に関連している．このような測度は，次に性質を示す，F と次元が等しい V 上のド・ラームカレント，あるいはリュエル－シュリヴァン(Ruelle-Sullivan)のカレント C によって与えられる．

α) （向き付けられた）葉層への制限が正になるすべての微分形式 ω に対して，
$\langle C, \omega \rangle \geq 0$

β) $bC = 0$，つまり，C は閉カレント．

C により C^* 環 A 上の正値トレースを，マレー－フォンノイマンの理論により連続次元 $\dim_C$ を，上で述べたように葉層の葉の空間 X によって可測的にパラメータ付けられたヒルベルト空間の族 $(\mathfrak{H}_L)_{L \in X}$ に対し定義する．こうして**沿葉楕円型微分作用素**(つまり葉に制限される楕円型微分作用素の族 $(D_L)_{L \in X}$)に対して指数を計算する，次の公式を述べることができる．

$$\mathrm{Ind}\,(D_L)_{L \in X} = \dim_C(\mathrm{Ker}(D_L)_{L \in X}) - \dim_C(\mathrm{Ker}(D_L^*)_{L \in X})$$

公式はまさにアティヤ－シンガーの指数公式 $(\mathrm{Ind}\,(D) = \langle \mathrm{ch}(\sigma_D) Td(T^*V), [V] \rangle)$ の類似である．違いは，V の基本類の代わりに，カレント C のホモロジー類を使わなければならないという点である．

定理1 (V,F) を横断的葉層付けられたコンパクト多様体，すべての沿葉楕円型微分作用素 D に対してマレー–フォンノイマンの次元 $\dim_C(\text{Ker}(D_L))$ と $\dim_C(\text{Ker}(D_L^*))$ は有限で，$\text{Ind}(D_L) = \dim_C(\text{Ker}(D_L)) - \dim_C(\text{Ker}(D_L^*))$ とおくと，
$$\text{Ind}(D_L) = \langle \text{ch}(\sigma_D)Td(T^*V), C \rangle$$
である．

　一般に閉カレント C のホモロジー類は無理的で，マレー–フォンノイマンの連続次元は定理の記述の中で必要となる．この定理は非コンパクト多様体に拡張することができ，リーマン–ロッホ(Riemann-Roch)の定理
$$\ell(D) - \ell(\Delta - D) = \deg(D) + 1 - g$$
(ただし L は種数 g の複素曲線)のように書ける．

　因子 $D = \sum n_i P_i$, $P_i \in L$, $N_i \in \mathbb{Z}$ に対し，この次数 $\deg D = \sum n_i$ を因子 $D = \sum n_i P_i$, ただし $\{P_i\}$ は L の無限離散集合の濃度(つまり，S を L に境界 $|S|$ が含まれる円盤として，$\dfrac{1}{|S|} \sum_{P_i \in S} n_i$ の適当な極限)に置き換える．同様に，束 L_D の二乗可積分な解析的切断の空間の次元 $\ell(D)$ を L_D の二乗可積分な解析的切断の空間のマレー–フォンノイマンの次元に置き換える．結局，種数は二乗可積分の調和1形式のマレー–フォンノイマンの次元から得られ，位相的欠陥の密度からはつねに(とくにアメナブルでない場合には)得られるわけではない(図8)．

　上で述べた「沿葉」指数定理は葉層の横断的構造についてはほとんど何も言っていない．というのも，横断的構造の**測度論**，つまり，葉層の C^* 環上のトレースに付随した II 型フォンノイマン環しか使っていないからである．詳細と例が [171] に書いてあるので読者は参照されたい．これから，同じ測度の構成法を使った非コンパクトの場合の結果を推論することができる [203]．この結果からたとえば，エルゴード理論を使って，次のセメレディ(Szemeredi)の組合わせ論的定理が証明できる [93]．「自然数の密度が正のすべての部分集合 $Z \subset \mathbb{N}$ には，任意の長さの等差数列が含まれる．」

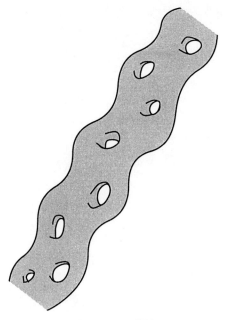

図8 一般の葉層

2.3 III型因子環,巡回コホモロジーとゴドビヨン-ベイの不変量

ここではIII型因子環とゴドビヨン-ベイの不変量の間の関係 [213][47] について扱うことにしよう.III型因子環のモジュラ理論には主要な道具として,すべてのフォンノイマン環 M(本質的に有界な可測関数からなる環の非可換類似)とすべての M 上の荷重 φ(正測度の非可換類似)に対し,φ のモジュラ自己同型と呼ばれる M の1径数自己同型群 $(\sigma_t^\varphi)_{t \in \mathbb{R}}$ の**存在**がある.この1径数群は,φ がトレースのとき,つまり $\varphi(xy) = \varphi(yx)$ $(\forall x, y \in M)$ であるときにかぎり自明なものとなる.この結果は日本人数学者冨田と竹崎によるものである.私の学位論文では M 上の荷重 φ の選び方を変えて,他の荷重 ψ をとっても,この1径数群 (σ_t^φ) は**内部自己同型**を法として変化しないことを示した.言い方を変えると,M の自己同型群 $\mathrm{Aut}(M)$ を正規部分群である内部自己同型群 $\mathrm{Int}(M)$,$\alpha(x) = uxu^*$ $(x \in M)$ で割ると,他の選択にまったく依存しない,完全に規準

的な準同型が得られるのである.

$$\delta : \mathbb{R} \longrightarrow \operatorname{Out} M = \operatorname{Aut} M / \operatorname{Int} M$$

よって(フォンノイマン)環 $\mathcal{A}$ の唯一のデータが一意に**力学系**,すなわち,非可換の場合に自動的に現れる内部自己同型を法とした M の1径数自己同型群を決める.この結果が III 型,つまり,中心 $Z(M)$ が $\mathbb{C}$ で δ は 1 ではない因子環の分類の出発点となった.たとえば,核 $T(M) = \operatorname{Ker} \delta$ は $\mathbb{R}$ の部分群で M の不変量であることはあきらかである.行列環の無限テンソル積として得られるような因子環に関する,パワーズ,荒木,ウッズの結果から,$T(M)$ によって数多くの因子環を区別できることがわかる.(φ_ν を M_{n_ν} 上の状態として $M = \bigotimes_{\nu=1}^{\infty} (M_{n_\nu}(\mathbb{C}), \varphi_\nu)$ とおくと付随する固有値のリスト $(\lambda_{\nu,1}, \cdots, \lambda_{\nu,n_\nu})$ は正で,総和は1であるが,この M に対して,$t \in T(M) \Leftrightarrow \sum_{\nu=1}^{\infty} (1 - |\sum \lambda_{\nu,j}^{1+it}|) < \infty$ である.)

この III 型因子環の規準的力学系 δ は,因子環 M の不変**エルゴード流** $(W(M), W_\lambda)$ を定義する.ただし,$W(M)$ は通常の測度を持つ通常の可測空間で,$(W_\lambda)_{\lambda \in \mathbb{R}_+^*}$ は $W(M)$ 上の1径数変換群,または流れで,パラメータは通常 $\mathbb{R}$ の双対の群 $\mathbb{R}_+^*$ からとる.M 上の荷重の類の言葉での内在的な表現として,$\mathbb{R}_+^*$ の作用は単純に掛け算 $\varphi \mapsto \lambda \varphi$ であり,これが**荷重の流れ**といわれる([69][152][227], 第 3 章参照)

しかしコンパクト多様体の葉層 (V, F) と III 型因子環とゴドビヨン-ベイ類の不変量の関係に話を戻す.X を葉層 (V, F) の葉の空間とする.V 上のルベーグ測度の類は X 上の「測度の類」に対応し,よって,一般に非可換なフォンノイマン環は葉層の C^* 環の完備化により生成される.

フォンノイマン環 $M = L^\infty(X)$ の規準的力学系 δ は純粋に非可換の場合の現象で,この力学系と X の基本類から X のホモロジー類としてゴドビヨン-ベイ類が得られる.簡単のため,F が余次元 1 とし,(ド・ラーム)カレントを X のホモロジーを表現するため,多少誤った使いかたをすると,次の公式に辿り着く.

$$(*) \qquad \text{ゴドビヨン-ベイ類} = i_H[\dot{X}]$$

ただし

a) $[X]$ は X の基本類を表す.
b) $[\dot{X}]$ は M の力学系 δ での変換の $t = 0$ での微分を表す.
c) i_H は力学系 δ で生成される「ベクトル場」によるカレント $[\dot{X}]$ の縮約を表す.

ゴドビヨン-ベイ類は, M の任意の荷重の流れの空間の可測部分集合 $P \subset W(M)$ について局所化でき, また得られた類は X 上のホモロジー類になることが示せるが, これは P を W_λ を荷重の流れとして $W_\lambda(P)$ で置き換えても不変である.

定理 1 [47] (V, F) を余次元 1 の葉層構造の入った多様体, $GV \in H^3(V, \mathbb{C})$ をゴドビヨン-ベイのコホモロジー類[3] とする. $GV \neq 0$ なら葉層に付随したフォンノイマン環の荷重の流れ $W(M)$ は, 有限正規不変測度を持つ.

系 2 [123] $GV \neq 0$ ならば, 葉層のフォンノイマン環は III 型の成分を持つ.

（実際 I 型あるいは II 型の因子環の荷重の流れは, 単に, 不変有限測度を持たない $\mathbb{R}$ から $\mathbb{R}$ への変換の流れである.）

よって空間 X のような「量子」空間に対して, 測度論とド・ラームカレントの理論の非可換類似を用意する. しかし（ルベーグのような）測度の類は非自明な力学系 δ を生成し, 二つの理論の関係は古典論の場合より興味深いものになっている. たとえばゴドビヨン-ベイ類のような類が, 測度の類の質的（III 型）特性を規定する.

上の等式 $(*)$ に意味を持たせるためには

α) 空間 X のホモロジーが何であるかを正確に定義すること, つまり X 上のド・ラームカレントの理論

---

[3] このクラスは次のようにして構成される. V 上の 1 形式 ω で, F を等式 $F_x = \text{Ker}\,\omega_x (x \in V)$ として定義するものを考える. フロベニウスの可積分条件により V 上の 1 形式 α で, $d\omega = \alpha \wedge \omega$ となるものの存在がいえる. よって $\alpha \wedge d\alpha$ のクラス GV は選択によらない.

β) X 上のホモロジー類の古典的ゴドビヨン – ベイ類の決定

が必要となる.

α) の説明が非常に重要な点で，これにより上の問題 2) (42 ページ) に到達し，巡回コホモロジーに関して話すことができるようになる.

通常の可微分多様体 Y に対し，Y 上の C^∞ 級関数の環 $\mathcal{A} = C^\infty(Y)$ にのみ依存する，いろいろな微分形式の計算の紹介をすることもできる.「キーワード」としてもっともふつうに使われるのは，微分と外積代数である.なぜこの観点が，私の意見では，非可換の場合に対応しないのか，またなぜ巡回コホモロジーに導かれるのかを説明しようと思う.

まず，環 $\mathcal{A}$ の微分，つまり線形写像 $D: \mathcal{A} \to \mathcal{A}$ ですべての $x, y \in \mathcal{A}$ に対し $(xy) = D(x)y + xD(y)$ を満たすもの，の概念は，(離散) 群 Γ で値を $\mathbb{C}$ にとる準同型 $\rho: \Gamma \to \mathbb{C}$ の概念に対応する.（たとえば Γ に群環 $\mathcal{A} = \mathbb{C}\Gamma$ を対応させると，すべての準同型 ρ は微分 D_ρ に対応し，すべての $a \in \mathbb{C}\Gamma$ に対し $(D_\rho a)(g) = \rho(g) a(g)$ となる.）

また $\mathbb{C}$ が可換なので，一般には非可換の Γ に対し，Γ から $\mathbb{C}$ への準同型は少ししか存在しない.その核は，つねに，交換子からなる部分群を含み，Γ が完全，つまり，交換子 $g_1 g_2 g_1^{-1} g_2^{-1}$ から生成される部分群に等しいとき，Γ から $\mathbb{C}$ への非自明な準同型は存在しない.逆に，もし Γ から $\mathbb{C}$ への準同型を Γ の $\mathbb{C}$-係数 1-コホモロジー $H^1(\Gamma, \mathbb{C})$ としてとらえると，一般にコホモロジー群 $H^n(\Gamma, \mathbb{C})$ は非可換に適合する.唯一の避けるべき誤りは，$H^1(\Gamma, \mathbb{C})$ と適当な外積代数の作用により，$H^n(\Gamma, \mathbb{C})$ が生成されると思い込んでしまうことである.

つねに群環の場合になるが，群のサイクル $c \in Z^n(\Gamma, \mathbb{C})$ に，どのように Γ の双対 $\hat{\Gamma}$ 上の閉ド・ラームカレントを対応させるかを示す.群のコサイクルが次のように与えられたことを思い出そう.

a) Γ の $n+1$ 個の元の関数 $\gamma(g_0, g_1, \cdots, g_n) \in \mathbb{C}$ で Γ の左作用によって不変なもの，つまり $\gamma(gg_0, gg_1, \cdots, gg_n) = \gamma(g_0, g_1, \cdots, g_n)$ $(\forall g \in \Gamma)$ を満たすもので完全に反対称かつ閉，

$$\sum (-1)^j \gamma(g_0, \cdots, \check{g}_j, \cdots, g_{n+1}) = 0 \quad \forall g_0, \cdots, g_{n+1} \in \Gamma$$

となる関数.

2.3 III 型因子環，巡回コホモロジーとゴドビヨン−ベイの不変量

b) Γ の n 個の元の関数
$$c(g_1,\cdots,g_n) = \gamma(1, g_1, g_1 g_2, \cdots, g_1 g_2 \cdots g_n)$$
で $bc = 0$ を満たすもの．ただし，bc は次で定義される．

(∗∗)
$$\begin{aligned}(bc)(g_1,\cdots,g_{n+1}) &= c(g_2,\cdots,g_{n+1}) - c(g_1 g_2, g_3 \cdots, g_{n+1}) + \cdots \\ &\quad + (-1)^j c(g_1,\cdots, g_j g_{j+1},\cdots, g_{n+1}) + \cdots \\ &\quad + (-1)^n c(g_1,\cdots, g_n g_{n+1}) + (-1)^{n+1} c(g_1,\cdots,g_n)\end{aligned}$$

多様体 V 上のカレントは，次のような V 上の C^∞ 級関数の環上の多重線形汎関数によって，総体的に特徴づけられる．
$$\tau(f^0,\cdots,f^n) = \langle C, f^0 \mathrm{d} f^1 \wedge \cdots \wedge \mathrm{d} f^n \rangle$$
等式 $\mathrm{d}(fg) = (\mathrm{d}f)g + f\mathrm{d}g$ からこの汎関数が $b\tau = 0$ を満たすことがわかる．ただし同境作用素 b は次で与えられる．

(∗∗′)
$$\begin{aligned}(b\tau)(f^0,\cdots,f^{n+1}) &= \tau(f^0 f^1,\cdots,f^{n+1}) - \tau(f^0, f^1 f^2, \cdots, f^{n+1}) + \cdots \\ &\quad + (-1)^j \tau(f^0,\cdots, f^j f^{j+1}, \cdots, f^{n+1}) + \cdots \\ &\quad + (-1)^n \tau(f^0,\cdots, f^n f^{n+1}) \\ &\quad + (-1)^{n+1} \tau(f^{n+1} f^0, \cdots, f^n)\end{aligned}$$

さらにカレント C がド・ラームの意味で閉であるのは，汎関数 τ が巡回的，つまり次式を満たすときに限る．
$$\tau(f^1,\cdots,f^n,f^0) = (-1)^n \tau(f^0,\cdots,f^n)$$
(∗∗) と (∗∗′) があきらかに似ていることを使って，n−コサイクル $c \in Z^n(\Gamma, \mathbb{C})$ に汎関数 τ で (∗∗′) を満たすものを対応させる．τ が**多重線形**であり，$\mathbb{C}\Gamma$ が Γ により線形に生成されているので，$\tau(a^0,\cdots,a^n)$ を a^j が Γ の元 g^j の場合に定義すれば充分である．

$$\begin{aligned}\tau(g^0,\cdots,g^n) &= c(g^1,\cdots,g^n) & & g^0 \cdots g^n = 1 \text{ の場合} \\ \tau(g^0,\cdots,g^n) &= 0 & & g^0 \cdots g^n \neq 1 \text{ の場合}\end{aligned}$$

(**)を使ってτが(**')を満たすこと,さらにcが反対称なγに由来するようにτは巡回的である,つまり$\tau(a^1,\cdots,a^n,a^0) = (-1)^n\tau(a^0,a^1,\cdots,a^n)$ ($\forall a^j \in \mathcal{A}$)であることが確かめられる.よって,群のコサイクル$c \in Z^n(\Gamma,\mathbb{C})$は群環$\mathcal{A} = \mathbb{C}\Gamma$上$n$-巡回コサイクルを定義し,この構成は,もはや微分の同一次元性の概念によらない.

こうして横断的に向き付けられた余次元1の葉層(V,F)の葉の空間Xに戻ることができ,葉層の環の上で「基本類」$[X]$を表現する1-巡回コサイクルをいかに構成するかを示すことができる.τが$\mathcal{A}$上のn-巡回コサイクルとし,$\mathcal{A}$を行列環$\mathcal{B} = M_k(\mathcal{A})$に取り替えると,$\mathcal{B}$上の巡回コサイクル$\tau'$が

$$\tau'(\mu_0 \otimes a_0,\cdots,\mu_n \otimes a_n) = \text{Trace}(\mu_0\cdots\mu_n)\tau(a_0,\cdots,a_n)$$

として得られる.ただし,$\mu_i \in M_k(\mathbb{C})$かつ$a_i \in \mathcal{A}$である.より一般的には,強森田同値な環$\mathcal{A}$と$\mathcal{B}$があれば,$\mathcal{A}$と$\mathcal{B}$のコサイクルは自然に対応する.この方針を使って,$V$の部分多様体$T$で葉層をすべての葉と交わるよう横断(図9)するものをとることで,葉層の環を,同値な環$\mathcal{A}$で置き換える(Tは閉でも連結でもないとする).葉層の葉の空間Xは,よって,Tの同値関係$\mathcal{R}: x \sim y$による同値類の商である.この同値関係$x \sim y$は(V,F)の同じ葉にのっている場合に限り成立する.実際,葉Lに非自明なホロノミーが存在すれば,さらに詳しく,xからyへいくL上の道γのホロノミー類が得られる.よって補助的離散パラメータが得られるが,これにより同値関係$\mathcal{R}$を,可微分な亜群で多様体である$\tilde{\mathcal{R}}$に置き換えることができる.すべてのコンパクト台C^∞級関数$a(\gamma)$ ($\gamma \in \tilde{\mathcal{R}}$)に環$\mathcal{A}$の元を定義し,それらのあいだの積は次で与えられる.

$$(ab)(\gamma) = \sum_{\gamma_1\gamma_2 = \gamma} a(\gamma_1)b(\gamma_2)$$

Fは余次元1なので,多様体Tは向き付けられた多様体$\tilde{\mathcal{R}}$と同様に1次元である.

葉の空間$X = V/F$の基本類は$\mathcal{A}$上の1-巡回コサイクル

$$\tau(a,b) = \int_{\tilde{\mathcal{R}}} a(\gamma^{-1})db(\gamma)$$

によって与えられる.

右辺のdbは多様体$\tilde{\mathcal{R}}$上の関数bの通常の微分である.これは,向き付けら

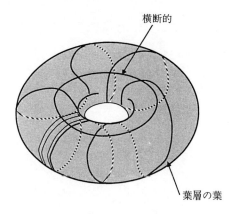

図9 トーラスの葉層構造

れた多様体 $\tilde{\mathcal{R}}$ 上で積分する積 $a(\gamma^{-1})db(\gamma)$ と同様 $\tilde{\mathcal{R}}$ 上の 1-形式となる.

τ が $\mathcal{A}$ 上の 1-巡回コサイクルであることが示せ,これにより X の基本類に意味を与えることができる.これにより,公式 $(*)$ の右辺 $i_H[\dot{X}]$ に意味を持たせることができる.事実,H を環 $\mathcal{A}$ の微分で力学系 δ とモジュラ自己同型群 $\sigma_t = \exp(itH)$ とする.巡回コサイクル τ の微分 $\dfrac{\mathrm{d}}{\mathrm{d}t}\tau = \dot{\tau}$ は次の式で与えられる.

$$\left(\frac{\mathrm{d}}{\mathrm{d}t}\tau\right)(a^0, a^1) = \frac{\mathrm{d}}{\mathrm{d}t}(\tau(\sigma_t(a^0), \sigma_t(a^1)))$$
$$= i\tau(H(a^0), a^1) + i\tau(a^0, H(a^1))$$

$\dot{\tau}$ の微分 H による縮約 $i_H\dot{\tau}$ は $\mathcal{A}$ 上の巡回 2-コサイクルで次で与えられる.
$$(i_H\dot{\tau})(a^0, a^1, a^2) = \dot{\tau}(H(a^2)a^0, a^1) - \dot{\tau}(a^0 H(a^1), a^2)$$

あとはコサイクル $i_H\dot{\tau}$ を古典的ゴドビヨン-ベイ類に対応づけるだけである.あとで,まったく一般的に多様体 V のコホモロジーを通して環 $\mathcal{A}$ の巡回コホモロジーの局所化写像 $HC(\mathcal{A}) \xrightarrow{\ell} H_\tau^*(V, \mathbb{C})$ を構成する.これにより探していた関係は $\ell(i_H\dot{\tau}) = GV$ の形で求まる.

2.4 量子空間の巡回コホモロジーとK-理論

「量子」空間Xに対して巡回コホモロジーを使うためには,巡回コサイクルとX上の「ベクトル束」のカップリングを使うことが重要である.Xが通常のコンパクト空間の場合には,X上の(複素)ベクトル束Eと,環$A = C(X)$上の有限型射影加群$\mathcal{E}$の間の同値関係が存在した.この対応は,Cを$C(X)$上の連続な切断Eのなす加群$C(X, E)$ととることで得られる.環$\mathcal{A}$上の有限型射影加群の概念は,この環が可換であることをまったく要求しない.さらに同型を除き,$\mathcal{A}$上のすべての有限型射影加群は$\mathcal{A}$の行列環のベキ等元$e \in M_n(\mathcal{A})$により与えられる.この同値類はマレー-フォンノイマンの意味で加群の同型写像のクラスによって一意に定まる.同じく空間X上のK-理論は,ベキ等元$e \in M_n(\mathcal{A})$の同値類のなす半群から導かれる群により得られる.ベクトル束の,チャーン指標の古典的構成は,非常に簡単な形で次の(偶数次元)巡回サイクルとK-理論のカップリングを与える.

$$\langle \tau, e \rangle = \tau(e, \cdots, e)$$

実際に得られた数値は群$K_0(\mathcal{A})$でのeの類に依存しないことが示せる.さらに,$e(t)$が$\mathcal{A}$上のC^1級のベキ等元の族ならば,$\langle \tau, e(t) \rangle$は$t$によらないことも証明できる.

Xが通常の多様体で,τがド・ラームカレントCで$bC = 0$となるものに付随する巡回サイクルτ_Cの場合,Xのベクトル束Eのチャーン指標は$e \in M_n(\mathcal{A})$で定義され,Xの微分形式として,グラスマン接続を使って得られ,上のカップリングはこの微分形式上のCの評価$\langle C, \text{ch } E \rangle$である.

チャーン-ヴェイユ(Chern-Weil)の,ベクトル束上の,接続と曲率によるチャーン指標の構成はとくにK-理論と巡回コホモロジーのカップリングについても現れ,同様に接続と曲率によって表される [50][139].このカップリング$\langle \tau, e \rangle$の値は,τのコホモロジー類とK-理論の類$[e] \in K_0(\mathcal{A})$にしか依存しないので,そのようなクラスの非自明性を検出することができる.Xが多様体の場合,$\mathcal{A} = C^\infty(X)$であるが$\mathcal{A}$の$K$-理論は$X$の位相にしかよらない.実際に,$\mathcal{A}$の$C^*$環$A = C(X)$への自然な包含写像は,$K$-理論の同型写像を定める.

よって $K_0(\mathcal{A}) \cong K_0(A)$ という同値性と上のカップリングから，X 上のベクトル束の「位相的」不変量を定義することができる．純粋に位相的な情報を得るために X の可微分構造を使うことは，「微分位相的」手法の典型である [165]．一般に，葉層の葉の空間や離散群の双対空間のような量子空間 X は，C^* 環 $A = C(X)$ ばかりではなく，X 上の C^∞ 級関数環，少なくとも C^∞ 級の関数からなる環にあたる役割をする A の稠密部分環 $\mathcal{A}$ を使えるほど十分に豊かな構造を持っている．たとえば Γ が離散群ならば，Γ の被約 C^* 環 $C_r^*(\Gamma)$ (Γ の $\ell^2(\Gamma)$ 上の左正則表現により生成される)は環 $\mathcal{A} = \mathbb{C}\Gamma$ を稠密部分環として含む．Γ が有限型で可換ならば，$\mathcal{A}$ の元は Γ の双対トーラス上の実解析関数である．

量子空間 X 上の K-理論とホモロジーを解析する一般的戦略は次の段階からなる．

- α) 巡回コホモロジー $HC(\mathcal{A})$ の計算
- β) K-理論の $K_0(\mathcal{A})$ の元の幾何学的構成
- γ) カップリング $\langle \tau, [e] \rangle$ の $K_0(\mathcal{A})$ から $K_0(A)$ への延長

ひとたびこの 3 段階が実現されれば，空間 X を通常の空間のように考えることができる．とくに X によりパラメータ付けされた楕円型作用素の族 $(D_x)_{x \in X}$ に対しアティヤ-シンガーの指数定理を使うことができる．実際そのような族の指数は K-理論の(可算可換群) $K_0(A) = K^0(X)$ の元となり，逆に $K_0(\mathcal{A})$ の元とはならない．次のような位相不変および消滅の性質を満たす．

- a) 符号数作用素の指数のホモトピー不変性
- b) スカラー曲率 > 0 の場合，ディラック作用素の指数が 0

あとは α), β), γ) の 3 段階を書き下すだけである．

α) 巡回コホモロジー $HC(\mathcal{A})$

離散群 $\mathcal{A} = \mathbb{C}\Gamma$ の場合が巡回コホモロジーにとって重要なきっかけであった．先に述べたように [50]，すべての群のサイクルは，$\mathcal{A}$ 上の巡回コサイクル τ_C を生み出す．相補的に，ブルゲレア(D. Burghelea)[29] は $A = \mathbb{C}\Gamma$ について一般的に計算した．とくに $H^*(B\Gamma, \mathbb{C})$ つまり，Γ のコホモロジーは直因子になる [139]．

葉層の場合に移ろう．$\varGamma$ の役割は葉層のグラフ G [245] にとってかわられる．これは多様体で可微分な亜群である．とくに，環 $\mathcal{A}$ は G 上のコンパクト台の C^∞ 関数の環となる．$\mathcal{A}$ の巡回コホモロジーは，位相的カテゴリまたは亜群 G の分類空間 BG のコホモロジー $H_\tau^*(BG,\mathbb{C})$ に関連付けられている．一般的理論 [17] を述べる前に，H_τ^* の意味と，単純化された仮定での $HC(\mathcal{A})$ から H_τ^* への「局所化」の射について説明しておく．

一般に，複数の葉層 (V,F) に，同じ量子空間 X が葉の空間として対応する．たとえば，葉層構造の入った多様体 (V,F) と閉横断構造 T から始めて，$L\cap T$ の各点で (V,F) の葉 L に沿って手術を実行できる．これにより多様体 V，葉 L は改造されるが，しかし葉の空間 X そのものは手付かずのまま残される．

空間 BG の役割は次の通りである．これは葉層 (V,F) の全空間 V で，X を葉の空間として持つが，この葉[4] L は**可縮**なものである．一般にはこのような組 (V,F) を有限次元で見つけることはできない．しかしながら議論を簡略化するためこの仮定をおく．よって $BG=V$ とする．記号 $H_\tau^*(BG,\mathbb{C})$ で，τ は葉層の横断束，つまり，$\tau_x=T_x(V)/F_x\ (\forall x\in V)$ である．この束 τ は，向き付けられていなくても，向き付け可能でなくてもよい．$H_\tau^*(V,\mathbb{C})$ は対応するねじれたコホモロジーである．簡単のため，τ が向き付けられているとしよう．そうすると，$\varOmega^k$ で V 上の層で，葉に沿って定数である層，つまり沿葉微分が 0 となるものの層 $\varLambda^k \tau^*$ の一般的な，（つまり $C^{-\infty}$ 級）切断からなるものとする．層 $\varOmega^k$ は，複素多様体上の正則関数の層の類似の役割を果す [111]．横断的微分と葉層の局所自明性を使って，次の定数層の分解を得る．

$$(***)\qquad \mathbb{C}\to \varOmega^0 \xrightarrow{d} \varOmega^1 \to \cdots \xrightarrow{d} \varOmega^t \to 0$$

ただし，$t=\dim\tau$ は横断的次元である．層 $\varOmega^k$ のコホモロジーは，一般に，非自明で，沿葉微分形式によって層 $\varOmega^k$ を分解し，値を $\varLambda^k\tau^*$ にとるようにすることで，計算される [111]．分解 $(***)$ に付随したスペクトル系列は局所化の射の記述に適応する．

$$HC(\mathcal{A}) \xrightarrow{\ell} H_\tau^*(V,\mathbb{C})$$

---

4 正確には各葉のホロノミーの被覆．

2.4 量子空間の巡回コホモロジーと K-理論

$\mathcal{A}$ 上の n-巡回コサイクル φ を局所化するため, $\mathcal{A}$ の, 葉層 F の小さい開集合 U への制限に対応する, 部分環 $\mathcal{A}(U)$ に制限して考えることから始める. V のすべての開集合 U に葉層 F の U への制限葉層 F_U を対応させることができ, したがって, $\mathcal{A}$ の部分環 $C_c^\infty(G_U)$ に関しても $\mathcal{A}(U)$ で表されるものに対応させる. 葉層は局所的には自明であるため, 局所的状況を解析することは容易で, V 上の層 Ω^{t-n} の大域切断が得られる. (局所的には, n 次元の横断的カレントを得るが, τ の向きを使うと $\Lambda^{t-n}(\tau^*)$ の一般化切断であると考えられる.)

たとえば, もし, φ が $\mathcal{A}$ 上のトレースで, ホロノミー不変な横断的測度に付随するものならば, φ は 0-巡回コサイクルで, V 上の層 Ω^t の大域切断に関係するが, これは横断的測度に他ならない. φ が空間 V/F の基本サイクルであるならば, これは余次元 1 の場合にはもうすでに書いたが, φ は $\mathcal{A}$ 上の次元 t の巡回コサイクルになり, V 上の Ω^0 に関する大域切断は値が 1 の定数関数である. 周期的巡回コホモロジー $H_{\mathrm{per}}^*(\mathcal{A})$ は $\mathcal{A}$ から構成される二重複体 (b, B) のコホモロジーに同一視される. $H_{\mathrm{per}}^*(\mathcal{A})$ の, コホモロジー $H^*(V, \mathbb{C})$ を通じ, 横断束 τ の向きによってねじれた,「局所化」の規準的準同型 ℓ の一般的構成を書き下そう.

$U \subset U'$ に対し $\mathcal{A}(U) \subset \mathcal{A}(U')$ である包含準同型があり, これからすべての n に対し前層 Γ_n が

$$\Gamma_n(U) = C^n(\mathcal{A}(U), \mathcal{A}(U)^*)$$

として得られる.

包含写像は環の準同型であるので, 二重複体 (b, B) 上の V 上の前層が得られ, V 上のすべての開被覆 $\mathcal{U}$ に付随する三重複体 (b, B, δ) も得られる. ただし, δ はチェック (Čech) の同境である. $\mathcal{U}$ として, すべての $U \in \mathcal{U}$ が葉層の入った地図の領域にはいるように細かいものを選ぶ. 次の事実を使う.

1) 環 $\mathcal{A}(U)$ と $C_c^\infty(U/F)$ が (森田の強い意味で) 同値. ただし, U/F は F の U への制限の葉の (分離) 空間.

2) 付録 2 の, コホモロジーが (b, B, Δ) の場合に等しいほかの三重複体 Γ を構成する結果. $k = 0, 1, \cdots$, $t = \mathrm{codim}\, F$ に対し, Ω_k を V 上のホロノミー不変な横断的カレントの層とする. すべての開集合 U に対し, $\Omega_k(U)$ を, 束 $\Lambda^{t-n}(\tau^*)$ の一般化された切断の空間 $C^{-\infty}(U, \Lambda^{t-k}\tau^*)$ での沿葉微

分の核とする. ただし τ^* は横断束 τ の双対である.

$\Gamma^{n,m,p} = \bigoplus_{U_i \in \mathcal{U}} \Omega_{n-m}(U_0 \cap \cdots \cap U_p)$ とおき, Γ には, $d_1 = 0$, $d_2 = $ ド・ラーム境界, $d_3 = $ チェック同境という三つの微分を考える.

定理1 すべての F に相補的な(しかし可積分であることは仮定しない)部分束 $H \subset TV$ は, 三重複体 (Γ, d_i) から $(C, (B, b, \delta))$ への射 ρ_H を定めるが, これはコホモロジーの同型で, H にはよらない.

三重複体 Γ のコホモロジーはとても簡単に決まる. というのは, $d_1 = 0$ で, 層 $(\Omega_n, $ ド・ラーム境界$)$ の複体は, 横断束の向きの局所定数層 ε の分解であるからである. これから $H^n(\Gamma) = \bigoplus H^{n-2r+t}(V, \varepsilon)$ ただし $t = \mathrm{codim}\, F$ がわかる. さらに $H^n(\Gamma)$ の次数付けは, 三重複体 Γ の二番目のスペクトル系列に付随したもので, これは, 二重複体 $(\Omega; $ ド・ラーム境界$, \delta)$ の一番目のスペクトル系列に付随した $H^*(V, \varepsilon)$ の次数付けに対応する.

系2

1) $(C_{\mathrm{loc}}^{n,m}, b, B)$ を, 前層 $U \to C^{n,m}(\mathcal{A}(U))$ から誘導された層の大域的断面の二重複体とする. この二重複体のコホモロジー H_{loc}^p は規準的に $\bigoplus_r H^{p-2r+t}(V, \varepsilon)$ に同型である.

2) 周期的巡回コホモロジーの規準的準同型 ℓ_V が存在して,
$$H_{\mathrm{per}}^p \stackrel{\ell_V}{\to} \bigoplus_r H^{p-2r+t}(V, \varepsilon)$$
である.

さらに, $H_{\mathrm{per}}^*(\mathcal{A})$ の自然な次数付けは上で示した $H_{\mathrm{per}}^*(V, \varepsilon)$ の次数付けに関係している.

$X = V/F$ のような量子空間の独自性は, とくに, X 上の非自明なサイクルで, X のみかけの次元を越す次元 t を持つものの存在に現れている.

$\beta)$ **K-理論 $K(A)$**

離散群 $A = C_r^*(\Gamma)$ の場合, C^* 環 A の K-理論の非自明な元の構成は, ミシチェンコとカスパロフによる, 高次の符号数のノビコフ予想に関する研究

[169][14] に端を発する．これによってコンパクト多様体 M と，その上の作用素 D と，群 Γ の M のガロア被覆から出発して，元 $\mathrm{Ind}_\Gamma(D) \in K_0(A)$ が定義できる．この構成法はいろいろな形で [17][66][63] 再発見されたが，十分に練られて [63] D の被覆 $\tilde{M}$ 上の持ち上げ $\tilde{D}$ の Γ **不変指数**が，実際に群 $K_0(\mathcal{A}\otimes\mathcal{R})$ の元 $\mathrm{Ind}_\Gamma(D)$ を定義することが示された．ただし $\mathcal{A}=\mathbb{C}\Gamma$ は群環，$\mathcal{R}$ は普遍環，つまり，複素数体上の無限次元行列 $(a_{ij})_{i,j\in\mathbb{N}}$ で急減少しているものの環である．よって一般に K-ホモロジー $K_*(B\Gamma)$ から C^* 環 $C_r^*(\Gamma)$ の K-理論への射 μ が得られる．強い意味でのノビコフ予想は，μ の有理単射性についてであったが，ミシチェンコ–カスパロフは，二重変形 K-理論と $C_r^*(\Gamma)$ の K-ホモロジーとのカップリングの手法 [144][168] によって数多くの場合について証明した．

この問題に微分位相的手法を応用するためには，53 ページの問題 γ) を解くことが必要となるが，この後の指数定理により $\mathcal{A}$ の巡回コホモロジーが $K_*(B\Gamma)$ の元を分離するのに十分に豊かであることが示される．この定理 [63] で，群 $c \in Z^{2q}(B\Gamma,\mathbb{C})$ のコサイクルに付随した $\mathcal{A}\otimes\mathcal{R}$ 上の巡回コホモロジーと M 上の楕円型作用素 D の同値指数のあいだのカップリング $\langle\tau_c, \mathrm{Ind}_\Gamma(D)\rangle$ が計算できる．M の Γ 同値な被覆 $\tilde{M}$ には分類写像 $\psi: M \to B\Gamma$ が対応し，指数公式は次のようになる．

定理3
$$\langle\tau_c, \mathrm{Ind}_\Gamma(D)\rangle = \frac{1}{(2\pi i)^q}\frac{q!}{(2q)!}\langle\mathrm{ch}(\sigma_D)Td(T^*M)\psi^*(c), [M]\rangle$$

ここで目新しいのは右辺のアティヤ–シンガーの定理による定数 $(2\pi i)^{-q}\dfrac{q!}{(2q)!}$ とコホモロジー類 $\psi^*(c)$ だけである．群 Γ がねじれのとき，μ の構成を詳しくやると [18]，この射がいかにも同型であることがわかる．この結果はいろいろなことを含んでおり，この方面の研究は盛んである．

葉層の場合，つまり量子空間 $X = V/F$ に移ろう．K-ホモロジー $K_{*,\tau}(BG)$ から葉層の C^* 環の K-理論 $A = C^*(V,F)$ への新しい射 μ を構成する．

これによってすべての楕円型作用素の族 $(D_x)_{x\in X}$ に指数 $\mathrm{Ind}(D) \in K_0(A)$ を付随させることができる．こういう族の典型的な例としては，葉層 (V,F) の

各葉[5] L に制限された V 上の**沿葉楕円型微分作用素**がある．葉層 (V, F) が可縮ならば，$BG = V$ で，束 F は K 向き付けされていて

$$K_{*,\tau}(BG) = K_{*,\tau}(V) = K^*(V), \qquad V \text{ の } K\text{-理論}$$

を得る．

 射 μ はすべての V 上の束 E に，$[E] \in K^*(V)$ と，束 E に係数を持つ沿葉ディラック作用素の族 $(\displaystyle{\not}\partial_E)_{L \in V/F}$ の指数 $\mathrm{Ind}(D) \in K_0(A)$ を付随させる．（F の K-向き付けがディラック作用素の定義に使われている．）

 非自明な最初の例は，トーラス $\mathbb{T}^2$ 上のクロネッカー葉層 $dy = \theta dx$ であった．対応する C^* 環 A はふたつのユニタリ元 u, v で θ が無理数なら $uv = \exp(2\pi i\theta)vu$ を満たすものにより生成される A_θ に強森田同値 [200] である．（θ が有理数なら A は $C(S^1)$ に強森田同値．）C^* 環 A の K-理論はピムスナー–ヴォイクレスク [188] の接合積に対する結果により，計算される．とくに，群 $K_0(A_0)$ は半平面 $\{(n, m);\ n + m\theta \geq 0\}$ によって順序群 $\mathbb{Z}^2$ に同値．これにより 1 次元向き付き葉層の一般的結果 [52] であるが，射 μ は同型であることが示される．事実，この例で簡単かつ幾何学的に $K_0(A)$ の元を葉層 (V, F) の**閉横断**から記述することができる．

 葉層 (V, F) のすべての横断 T に，$C^*(V, F)$ 内で $C_0(T)$ に強森田同値な単射準同型が対応することを示す．結果として T が閉ならば，$1 \in C(T)$ は同値類を除き一意にベキ等元 $e(T) \in C^*(V, F)$ を定める．よって $\theta \in \mathbb{Q}$ のクロネッカー葉層の場合，平坦トーラス $\mathbb{T}^2$ の各閉測地線は，$T_{m,n} = \{(nt, mt);\ t \in S^1\}$（$n$ と m は互いに素）によってあたえられるが，横断を定義し，これによりベキ等元 $e_{n,m} = e(T_{n,m})$ も定義する．このベキ等元は $K_0(A)$ の正元により生成される．

 この構成は，$K_0(A)$ $(A = C^*(V, F))$ の元の横断から K-理論の指数定理を直に定式化することを可能にする [66]．この定理を定式化するために，葉の空間のために $X = V/F$ とおき，この空間の K-理論を $K_0(A) = K^0(A)$ $(A = C^*(V, F))$ とおく．添数付けられた楕円型作用素の族 $(D_x)_{x \in X}$，たとえば葉に制限された沿葉楕円型作用素の族 $(D_L)_{L \in X}$ が与えられたとき，その**解析的指数**はすでに定

---

 5 正確には L のホロノミー被覆 $\tilde{L}$．

2.4 量子空間の巡回コホモロジーと K-理論

義した．あとはこのような族の**位相的指数**の定義を作用素 D_L の（沿葉）**主表象**を使ってするだけである．ほぼ定義から，この表象はコンパクト台 $K^0(X)$ の K-理論の元 $\sigma(D)$ を定める．ただし，F は葉層に接する束の V 上の全空間を示す．$\mathbb{R}^{2N}$ への V の延長を，$F \times \{0\}$ による $V \times \mathbb{R}^{2N}$ の葉層がその葉の空間が $Y = X \times \mathbb{R}^{2N}$ であるような，開多様体 F を使う．上の構成によって，$K^0(F)$ から $K^0(Y)$ への写像 i が得られる．したがって D の位相的指数は

$$\mathrm{Ind}_t(D) = \beta^{-1}(i\sigma(D)) \in K^0(X)$$

である．ただし，$\beta : K^0(X) \cong K^0(Y)$ はボットの周期性の同型で，C^* 環でも正しく，$K_0(A)$ から $K_0(A \otimes C_0(\mathbb{R}^{2N}))$ の間の同型を定める．

定理 4 [66]　葉層 (V, F) 上のすべての沿葉楕円型微分作用素 D に対し，群 $K^0(X) = K_0(C^*(V, F))$ で

$$\mathrm{Ind}(D) = \mathrm{Ind}_t(D)$$

となる．

この定理から，射 μ の像と巡回コホモロジー $HC(\mathcal{A})$ のカップリングを導くことができる．もっとも簡単な場合には，$\varphi \in HC^0(\mathcal{A})$ が $\mathcal{A}$ 上の横断的測度に付随したトレースである場合，先に述べた指数定理を再発見する．

$$\mathrm{Ind}(D_L)_{L \in X} = \langle \mathrm{ch}(\sigma_D) Td(T^*M), C \rangle$$

しかし一般には，もっと豊富である．離散群の場合のように，(V, F) 上の沿葉楕円型微分作用素の解析的指数 $\mathrm{Ind}(D) \in K_0(A)$（$A = C^*(V, F)$）の構成によって元 $\mathrm{Ind}_a(D) \in K_0(\mathcal{A})$ の詳しい構成ができるようになる．ただし $\mathcal{A} = C_c^\infty(G)$ は葉層のグラフの畳み込み代数である．

定理 5　ℓ を系 2 の局所化の射とする．すべての $\mathcal{A}$ 上の偶巡回コサイクル φ に対し，次が成り立つ．

$$\langle \varphi, \mathrm{Ind}_a(D) \rangle = \langle \ell(\varphi), Td(F_\mathbb{C}) \mathrm{ch}(\sigma_D) \rangle$$

たとえば，葉層 (V, F) が余次元 1 で横断的に向き付けられたもので，φ としてゴドビヨン-ベイの不変量のところで議論した 2-コサイクル $\varphi = i_H \tau$ をとると，すべての K-ホモロジー類 $\alpha \in K_*(BG)$ に対し，

$$\langle \phi, \mu(\alpha) \rangle = \langle GV, \mathrm{ch}_*(\alpha) \rangle$$

である．ただし，GV は BG 上次元が 3 のコホモロジー類のゴドビヨン - ベイ類を表す．

γ) カップリングの $K_0(\mathcal{A})$ から $K_0(A)$ への延長

微分位相的手法を適用できるようにするために，巡回コホモロジー $\varphi \in HC(\mathcal{A})$ と K-理論 $K_0(\mathcal{A})$ のカップリングが，量子空間 X の**位相**にのみ依存する群 $K_0(A)$ に延長されることを示す必要がある．

一般的な戦略としては，$\mathcal{A}$ と A の中間に位置する環 $\mathcal{A}'(\mathcal{A} \subset \mathcal{A}' \subset A)$ で，包含写像 $i : \mathcal{A}' \to A$ が K-理論の同型となっているものに，コサイクル φ を延長することである．これは $\mathcal{A}'$ が「解析的算法により安定」である場合，つまり

> 元 $a \in \mathcal{A}'$ でのスペクトル $\mathrm{Sp}_A(a)$ 上解析的なすべての関数 f に対し，$f(a) \in \mathcal{A}'$ である．

解析的算法によって $\mathcal{A}$ の閉包 $\mathcal{A}'$ に延長されるためには，コサイクル φ が，C^* 環 のノルムで連続であることは必要ではない（面白いコサイクルでは絶対起きない）．そのためには，φ がたとえば，$a^1 \in \mathcal{A}$ を固定したとき，1-巡回コサイクル $\varphi(a^0, a^1)$ が a^0 で（A のノルムで）自動的に連続であることが出るような，ある種の不等式を満たしている [47] ことが必要である．重要な仕事 [47] などを引用することで，葉層の場合に，すべての巡回コサイクルで**純横断的**なもの，つまり，以前定義した層 Ω^{t-n} の閉大域切断に対応するものに対し，延長の性質が意味あるものにすることができる．

> **定理 6** (V, F) を葉層付けられたコンパクト多様体，BG を葉層のグラフの分類空間，$K_{*,\tau}(BG)$ を BG の K-ホモロジーで横断束 τ によってねじられたものとする．$\mathcal{R} \subset H^*(BG)$ を τ のポントリャーギン（Pontryagin）類 G-不変なすべての束からなるチャーン類，ゲルファント - フックス（Gel'fand-Fuchs）類 $\gamma \in H^*(WO_t)$ ($t = \mathrm{codim} F$) により生成される部分環とする．すべての $P \in \mathcal{R}$ に対し，加法的写像 $\varphi : K_*(C^*(V,F)) \to \mathbb{C}$ で次を満たすものが存在する．
> $$\varphi(\mu(\alpha)) = \langle P, \mathrm{ch}\alpha \rangle$$

証明の途中での困難はすでに，基本類が横断的で，q 次元巡回コサイクルが環 $\mathcal{A} = C_c^\infty(G)$ 上定義されるものの，しかし，非常に特別なリーマン葉層のよ

うな場合をのぞき，$q > 1$ では $\mathcal{A}$ の閉包である C^* 環 A と両立する単純な条件を満たさないという場合にはおきる．この困難を乗り越えるために，ホロノミー不変な横断的**擬リーマン構造**を持つ場合，つまり，横断的構造群を対角成分が直交行列であるブロック三角行列の群に還元する．そのために，すべての葉層 (V, F) に対し，葉層 (V', F') で次の性質を持つものを圏論的に構成する．

1) 葉層 (V', F') には，ホロノミー不変な横断的擬リーマン構造がはいっている．
2) 葉 (V'/F') の空間 $X' = V'/F'$ には葉層 (V, F) の葉の空間上の自然な射影 $p : X' \to X$ があり，そのファイバーは可縮で，曲率は負または 0 で K-向き付けされている．

単射 $K^*(X) \to K^*(X')$ を構成するため，カスパロフの二重変形 K-理論を使う．これは K-向き付き次数付けに対するトム（Thom）同型の類似である．

そのほかの重要で特別な場合の結果としては，ゲルファント - フックス類 [26] がある．符号作用素の指数のホモトピーによる不変性との結合で，このコホモロジー類 $\omega \in H^*(B\,\mathrm{Diff})$ がノビコフ予想を満たすことがわかる．

系7 M を向き付けられたコンパクト多様体，P を M 上の，ファイバーが q 次元多様体である平坦束とする．$\mathrm{Diff}_\delta(F)$ を離散位相を入れた F の微分同相写像の群として，すべてのゲルファント - フックス類 $\omega \in H^*(WO_q) \subset H^*(B\,\mathrm{Diff}_\delta(F))$ に対し，$\phi : M \to B\,\mathrm{Diff}_\delta(F)$ を分類写像として，等式 $\mathrm{Sign}_\omega = \langle L_M \psi^*(\omega), [M] \rangle$ が組 (M, ϕ) のホモトピー不変量を定義する．

純粋に横断的ではない葉層の環上の巡回コサイクル φ に対しての困難は，本質的に離散群に対しての困難と同じもので，これについてはここで議論しようと思う．

Γ を離散群，$\mathcal{A} = \mathbb{C}\Gamma$ を群環，$A = C_r^*(\Gamma)$ を，ヒルベルト空間 $\ell^2(\Gamma)$ 上の作用素環のノルム閉包とする．ただし Γ は左正則表現によって作用する．$\ell^2(\Gamma)$ 上の，$\ell(g) = |g|$ を掛け算する作用素 D を考えよう．$\ell^2(\Gamma)$ 上の規準的な正規直交基底 $(\varepsilon_g)_{g \in \Gamma}$ では，
$$D\varepsilon_g = \ell(g)\varepsilon$$
である．

写像 $a \in \mathcal{A} \xrightarrow{\delta} [D,a] \in \mathcal{L}(\ell^2)$ は $\mathcal{A}$ の $\mathcal{L}(\ell^2)$, つまりヒルベルト空間 ℓ^2 上の有界作用素の環上の微分を定義し, シュワルツ空間 $\mathcal{S}(\Gamma)$ を, 微分 δ のベキの定義域の共通集合 $\bigcap_{n \in N} \mathrm{Dom}\, \delta^n$ を A として, その部分環として定義する. ($\mathcal{L}(\ell^2)$ 上で作用 $x \mapsto [D, x]$ を繰り返すことで δ を繰り返すことができる.)

定理8
1) 環 $\mathcal{S}(\Gamma) \subset C^*_r(\Gamma)$ は正則な汎関数の演算によって安定で, $K_0(\mathcal{S}) = K_0(C^*_r(\Gamma))$ である.
2) すべての**双曲群** Γ と, この群のすべての**有界**なサイクル $c \in Z^n(\Gamma, \mathbb{C})$ に対して, $\mathcal{A} = \mathbb{C}\Gamma$ 上の巡回コサイクル τ_c は連続的に $\mathcal{S}(\Gamma)$ に延長される.

証明にはハーゲラップ(U. Haagerup)[10], ジョリサン(P. Jolissaint)[129], ド・ラ・アルプ(P. de la Harpe)[115] による不等式を本質的に使っている.

系9 [63]   すべての双曲群 Γ はノビコフ予想を満たす.

一方で, (ボスト [25] による)すばらしい結果がある. これによって部分群 $\mathcal{A}'$ で A 上解析的演算によって安定でないものに対し, $K_0(\mathcal{A}') = K_0(A)$ を証明することができる. ここで問題になるのは複素解析幾何での岡(潔)の原理の(量子空間での)非可換への適合である. この結果から, 1 次元葉層や可解離散群の γ の拡張の問題が完全に解決できる.

この節を終わるに当たって, 無限次元コサイクル($\sum_n \phi_{2n}$ をコサイクル ϕ_{2m} に置き換えたもの)を通る代わりに, 巡回コホモロジーを C^* 環の理論に直接応用することができる [63] ことを注意しておく.

2.5 量子空間の K-ホモロジーと楕円型作用素の理論

巡回コホモロジーによって, ホモロジーの観点から楕円型作用素の族 $(D_x)_{x \in X}$ に対する指数定理を定式化できる. ただし D_x はそれぞれ一般にはコンパクトではない多様体の**通常**の楕円型作用素, パラメータ集合 X は量子空間である. 空間 X の微分幾何は「ド・ラームのカレント」, または X の巡回コホモロジー

2.5 量子空間の K-ホモロジーと楕円型作用素の理論

およびその X の K-理論[6]とのカップリングといったかたちでのみ使われる.この節では量子空間 X 上の楕円型作用素,表象代数,擬微分作用素の理論の研究に取り組むことにする.一般的な場合を記述する前に,具体的な例から始めるが,この例に,通常の意味ではたいへん非局所的な状況を扱える可能性が見えてくる.

作用素 D を実変数 $x \in \mathbb{R}$ の関数 $f(x)$ の空間に次のように線形的に作用するものとしよう.

$$(Df)(x) = \sum_{\substack{n,m \geq 0 \\ n+m \leq k}} x^n \partial^m C_{n,m} f$$

ここで ∂ は微分作用素 $\partial = i\dfrac{\mathrm{d}}{\mathrm{d}x}$ を表し,各作用素 $C_{n,m} = C$ は,次の形のものである.

$$(Cf)(x) = \sum_{n \in \mathbb{Z}} A_n(x) f(x-n)$$

ただし,$(A_n)_{n \in \mathbb{N}}$ は周期 θ の C^∞ 級周期関数の列で急激に減少しているものである[7].$\mathcal{A}$ を次の形の $L^2(\mathbb{R})$ から $L^2(\mathbb{R})$ への作用素全体のなす環とする.

$$(Tf)(x) = \sum A_n(x) f(x-n)$$

作用素 D の**主表象**$\sigma(D)$ をすべての $\xi = (\xi_1, \xi_2) \in \mathbb{R}$ に対し

$$\sigma(\xi) = \sum_{n+m=k} \xi_1^n \xi_2^m C_{n,m} \in \mathcal{A}$$

を対応させる写像として定義する.

すべての $\xi \neq (0,0)$ に対して $\sigma(D)$ が**可逆**であるとき,かつその時に限り D を**楕円型**という.$L^2(\mathbb{R})$ の作用素として可逆である $\mathcal{A}$ のすべての要素 T は $\mathcal{A}$ の元として可逆であることが証明できる.

上で見たように,$\mathcal{A}$ のすべての要素 T は $T = \sum A_n U^n$ の形に一意に書ける.ただし U は $(Uf)(x) = f(x-1)$ であるユニタリ作用素を表し,各 A_n は周期 θ

---

[6] 訳注:この本では,用語「K-理論」で K 群そのもののことを指す.誤解はないであろう.

[7] 訳注:たとえば L^∞ ノルムが(和が意味を持つように)充分速く減少しているという意味である.

の C^∞ 級周期関数である.次の式でそれぞれ $\mathcal{A}$ のトレース τ と互いに可換な $\mathcal{A}$ の二つの微分 δ_1 と δ_2 を定義する.

$$\begin{aligned}
\tau(T) &= \frac{1}{\theta}\int_0^\theta A_0(x)\mathrm{d}x \\
\delta_1(T) &= \theta\sum\left(\frac{\mathrm{d}}{\mathrm{d}x}A_n\right)U^n \\
\delta_2(T) &= \sum nA_nU^n
\end{aligned}$$

δ_1 と δ_2 が可換であることと,すべての $T \in \mathcal{A}$ に対して $\tau(\delta_j(T)) = 0$ であることから,次の式で $\mathcal{A}$ 上の 2-巡回コサイクル τ_2 を定義する.

$$\tau_2(T_0, T_1, T_2) = \tau(T_0(\delta_1(T_1)\delta_2(T_2) - \delta_2(T_1)\delta_1(T_2)))$$

また,$\mathcal{A} : \alpha \mapsto T(\alpha) \in \mathcal{A}$ に値をとる,S^1 上の C^∞ 級関数の環 $\mathcal{B} = C^\infty(S^1, \mathcal{A})$ 上の 3-巡回コサイクル τ_3 が,次のように導かれる.

$$\tau_3 = \frac{1}{3!}\sum \varepsilon(s)\tau_0(T_0\delta_{s(1)}(T_1)\delta_{s(2)}(T_2)\delta_{s(3)}(T_3))$$

ここで s は置換,$\delta_3 = \dfrac{\mathrm{d}}{\mathrm{d}\alpha}$,そして τ_0 は $\tau_0(T) = \dfrac{1}{2\pi i}\int_0^{2\pi}\tau(T(\alpha))\mathrm{d}\alpha$ によって与えられる $\mathcal{B}$ 上のトレースである.τ_1 を次で与えられる $\mathcal{B}$ 上の 1-コサイクルとする.

$$\tau_1(T_0, T_1) = \frac{1}{2\pi i}\int_0^{2\pi}\tau\left(T_0(\alpha)\frac{\mathrm{d}}{\mathrm{d}\alpha}T_1(\alpha)\right)\mathrm{d}\alpha$$

定理1 D を楕円型,$\sigma = \sigma(D)$ をその主表象で,$\mathcal{B} = C^\infty(S^1, \mathcal{A})$ の元であるとする.
  a) D は $L^2(\mathbb{R})$ から $L^2(\mathbb{R})$ への閉作用素を定める.
  b) 方程式 $Df = 0$ の $f \in L^2(\mathbb{R})$ での解の空間は有限次元で,シュワルツ空間 $\mathscr{S}(\mathbb{R})$ に含まれる.
  c) D の $L^2(\mathbb{R})$ での値域 $\mathrm{Im}\,D$ は有限余次元.
  d) 指数 $\mathrm{Ind}\,D = \dim\mathrm{Ker}\,D - \dim\mathrm{Ker}\,D^*$ は次に等しい.
  $$\mathrm{Ind}\,D = \tau_3(\sigma^{-1}, \sigma, \sigma^{-1}, \sigma) - \tau_1(\sigma^{-1}, \sigma)$$

この最後の指数公式の右辺は具体的で,積分と和と微分しか使わない巡回コサイクル τ_1 と τ_3 の公式より計算可能である.

2.5 量子空間の K-ホモロジーと楕円型作用素の理論

こうして実際に非局所的な状況での指数定理を得る．事実 θ が無理数ならば $\mathcal{A}$ により生成される $L^2(\mathbb{R})$ 上のフォンノイマン環 $M = \mathcal{A}''$ は，超有限 II_1 型因子 R となり，トレース τ は R 上の正規化されたトレースを $\mathcal{A}$ に制限したものになる．この因子環 M は $\mathfrak{H} = L^2(\mathbb{R})$ では通常の位置にはなく，加群 $\mathfrak{H}$ の相対次元（第3章）は次で与えられる．

$$\dim_M(L^2(\mathbb{R})) = 1/\theta$$

古典的な場合と同様に，この指数定理には二つの重要な系がある．
1) 右辺が正の場合の，方程式 $Df = 0$ の $f \in \mathfrak{S}(\mathbb{R})$ での解の**存在**
2) 可逆シンボル $\sigma \in \mathcal{B}$ に対する右辺の**整数性**

第4章で量子ホール効果に関連して，この整数性に戻ってくる．

アティヤ-シンガーの指数公式で，位相的指数 $\mathrm{Ind}_t(\sigma) = \langle \mathrm{ch}\,\sigma Td(T^*M), [M] \rangle$ の整数性はヒルベルト空間上のフレドホルム作用素の指数と同値であることから得られる．この結果は数論的に非自明な結果を含むが，ボットの周期性定理から得られる偶数次元の球面上のすべてのベクトル束のチャーン指標の整数性を使って，直接位相的に証明することができる．

ヒルベルト空間上の作用素のフレドホルム理論は，コンパクト作用素を法として可逆で，またコンパクトな摂動や変形により作用素の指数は安定である．これらの理論の原点は，ゲルファントが多様体上の楕円型作用素の指数の計算に関連して提出した問題にあった．アティヤ [10]，シンガー [219]，ブラウン，ダグラス，フィルモア [28]，ヴォイクレスク [241]，ミシチェンコ [168]，カスパロフ [141] らの結果が K-ホモロジーを生み出した．これは K-理論の双対で，詳細は第5章に譲る．名前が示す通り，この理論は作用の項のホモロジーにより定義される．問題となるのは C^* 環と C^* 準同型の圏から $\mathbb{Z}/2$ 次数付けされた可換群の圏への反変関手 $A \to K^*(A)$ である．コンパクト空間 X に C^* 環 $C(X)$ を付随させる関手と組み合わせることで，K^* はコンパクト空間上の K-理論の双対となるスチーンロッドの K-ホモロジー [136] を与える．

可換とは限らない C^* 環 A を与えると，$K^0(A)$（あるいは $K^1(A)$）の元は次の意味での，A 上のフレドホルム加群（あるいはフレドホルム表現）の安定なホモトピーなクラス [141] となる．

定義 2 A を C^* 環とする．A 上の偶（あるいは奇）フレドホルム加群とはヒルベルト空間 $\mathfrak{H}$ 上の，$\mathbb{Z}/2$ 次数付けされた（あるいは次数付けされない）A の対合的な表現 π と，$\mathfrak{H}$ 上の奇自己共役作用素 F で，$F^2 = 1$ で次を満たすものとの組である．

$$[F, a] \in \mathcal{K} \quad \forall a \in A$$

ただし，$\mathcal{K}$ は $\mathfrak{H}$ 上のコンパクト作用素の両側イデアルである．

これは本質的に [10] の抽象楕円型作用素の定義そのものである．M がコンパクト多様体なら $A = C(M)$ で，$D : C^\infty(M, E^+) \to C^\infty(M, E^-)$ は 0 次の擬微分作用素となり，ヒルベルト空間 $\mathfrak{H} = L^2(M, E^+ \oplus E^+)$ に A が掛け算として作用していて，また F を Q を D のパラメトリクスとして $F = \begin{bmatrix} 0 & D \\ Q & 0 \end{bmatrix}$ とおくことで，A 上の偶フレドホルム加群を得る．($F^2 = 1$ はコンパクトを法としてのみ正しく，また F は自己共役ではないが，これらは問題にはならない [141]．)

さらに具体的にやると，$A = C(X)$ のスピノルのヒルベルト空間 $\mathfrak{H} = L^2(M, S)$ への作用として得られるフレドホルム加群の類として，多様体 $\mathrm{Spin}_c M$ 上の K-ホモロジーの基本類 $[M] \in K_n(M)$ を得る．$F = \partial_M | \partial_M |^{-1}$ は，ディラック作用素の符号である．たとえば $M = S^1$ ととると，$\mathfrak{H} = L^2(S^1)$ となり，F はヒルベルト変換 $F(e^{in\theta}) = \mathrm{Sign}(n) e^{in\theta}$，$(\forall n \in \mathbb{Z})$ となる．

フレドホルムの理論は A の K-理論と A の K-ホモロジーのカップリング

$$K_*(A) \times K^*(A) \longrightarrow \mathbb{Z}$$

があることを示している．単純のため，$K_0(A)$ の元としてベキ等元 $e = e^* = e^2 \in A$ で表すと，$\langle [e], (\mathfrak{H}, F) \rangle$ は空間 $e\mathfrak{H}^+$ から $e\mathfrak{H}^-$ への作用素 eFe の**指数**となる．

$A = C(M)$ かつ M がコンパクトの場合にはアティヤ-シンガーの指数定理によってチャーン類の K-ホモロジーでの定義 [19]

$$\mathrm{Ch}_* : K_*(M) \longrightarrow H_*(M, \mathbb{C})$$

とともに，次の公式を得る．すべての $K^*(M)$ の元 e とすべての $K_*(M)$ の元 $(\mathfrak{H}, F)$ に対し，

$$(*) \qquad \langle [e], (\mathfrak{H}, F) \rangle = \langle \mathrm{ch}(e), \mathrm{ch}_*(\mathfrak{H}, F) \rangle$$

である.

巡回コホモロジーの, 可換の場合にはうまくいっていた一般指数定理での役割は, 次の二つの結果で示される.

1) 環 A の元の正則性を次数付け環
$$\mathcal{A}_p = \{a \in A;\ [F,a] \in \mathcal{L}^p(\mathfrak{H})\}$$
によって測ることができる[8].

2) 次を満たす K-ホモロジーでのチャーン指標 $\mathrm{ch}_*(\mathfrak{H}, F) \in HC^*(\mathcal{A}_p)$ [50] (n を $(\mathfrak{H}, F)$ と同じ偶奇性を持つ整数で $n \geq p-1$ として)すべての $e \in K_0(\mathcal{A}_p)$ に対し,
$$\langle [e], (\mathfrak{H}, F) \rangle = \langle \mathrm{ch}(e), \mathrm{ch}_*(\mathfrak{H}, F) \rangle$$
の構成.

古典的な場合に 1) を記述することから始めよう.

命題 3 M を n 次元コンパクト多様体, $(\mathfrak{H}, F)$ をある 0 次楕円型擬微分作用素に付随する $A = C(X)$ 上のフレドホルム加群とする.

a) $f \in C^\infty(M)$ ならば, $[F, f] \in \mathcal{L}^p$ ($\forall p > n$) となる.

b) f が $\alpha \in (0,1]$ の α 階ヘルダー連続, つまり $|f(x) - f(y)| \leq Cd(x,y)^\alpha$, ただし d はリーマン距離, をみたすならば,
$$[F, f] \in \mathcal{L}^p \quad \forall p > n/\alpha$$

$(\mathfrak{H}, F, \gamma)$ を C^* 環 A 上の偶フレドホルム加群, n を偶整数とする. すべての $p \leq n+1$ に対し, 次の等式が $\mathcal{A}_p$ 上の n-巡回コサイクルを定義する.

$$(**) \qquad \tau(a^0, a^1, \cdots, a^n) = \mathrm{Tr}_s(a^0 [F, a^1] \cdots [F, a^n]) \qquad \forall a^j \in \mathcal{A}_p$$

ただし $[F, X] \in \mathcal{L}^1(\mathfrak{H})$ となるすべての $X \in \mathcal{L}(\mathfrak{H})$ に対し, 超トレース $\mathrm{Tr}_s(X)$ を次のように定義する.

$$\mathrm{Tr}_s(X) = \frac{1}{2} \mathrm{Tr}(\gamma F [F, X])$$

よって次を得る.

---

[8] ここで $p \in [1, \infty)$ に対し $\mathcal{L}^p(\mathfrak{H})$ はコンパクト作用素 T で, $\sum \mu_n(T)^p < +\infty$ を満たすものの両側イデアル. ただし μ_n は T の n 番目の固有値を表す.

命題4 $(\mathfrak{H}, F, \gamma)$ を C^* 環 A 上の偶フレドホルム加群, n を偶数, $p \leq n+1$, $\tau \in HC^n(\mathcal{A}_p)$ を等式 (∗∗) により得られる巡回コサイクルとする. すべての $K_0(\mathcal{A}_p)$ の元 $[e]$ に対して $\text{Index}(F_e^+) = \langle \tau, e \rangle$ となる.

自動的に, A の部分環 $\mathcal{A}_p$ は正則な作用素の演算により安定となる. よって, $\mathcal{A}_p$ が A 上ノルム稠密ならば $K_0(\mathcal{A}_p) = K_0(A)$ である.

この非常に一般的な結果は, A 上稠密となる $\mathcal{A}_p$ $(p < \infty)$ が存在すれば K-理論と巡回コホモロジーのカップリングにより作用素 F_e^+ の指数の計算ができることを示している. 効果的に応用するためには, 巡回コサイクル τ の $HC^n(\mathcal{A}_p)$ での類を具体的に計算する必要があるが, この問題の部分解法は第5章で与える (第3章定理9参照).

簡単な例を挙げて, 命題4をどのように使うかを見よう. Δ を木, つまり1次元単体複体 (Δ^0, δ^1) で, 連結かつ単連結なものとする. Γ を Δ 上自由な離散群とする. $A = C_r^*(\Gamma)$ (Γ 上の被約 C^* 環) 上の偶フレドホルム加群 $(\mathfrak{H}, F, \gamma)$ を次のようにおいて定義する.

$$\mathfrak{H}^+ = \ell^2(\delta^0), \quad \mathfrak{H}^- = \ell^2(\delta^1) \oplus \mathbb{C}$$

$$F = \begin{bmatrix} 0 & U^* \\ U & 0 \end{bmatrix}$$

ただし, U は $\ell^2(\delta^0)$ から $\ell^2(\delta^1) \oplus \mathbb{C}$ への同型で, Δ^0 と $\Delta^1 \cup \{端点\}$ を同一視する φ に対応し, これは, すべての $x \in \Delta^0$ を選び, すべての $y \neq x$ に対し, 辺 $\varphi(y) \in \Delta^1$ が y を含み, 測地線 $[y, x]$ に含まれるようにとることで得られる. 環 $\mathcal{A}_1 = \{a \in A; [F, a] \in \mathcal{L}_1\}$ が A でノルムの意味で稠密であることが確かめられ, 直接計算から次がわかる.

$$\tau(a) = \text{Tr}_A(a) \quad \forall a \in \mathcal{A}_1$$

ただし Tr_A は A 上の, Γ の $\ell^2(\Gamma)$ 上の左正則表現に付随した規準的トレースを示す. (一般に, Γ は非可換な自由群で, よって左正則表現が, 唯一のトレースが Tr_A を与えるような II_1 型因子環 M を生成する.) これより次を得る.

系5 [50] $\langle K_0(A), \text{Tr}_A \rangle \subset \mathbb{Z}$ で, A は非自明なベキ等元を持たない.

この結果(カディスン(Kadison)予想)はピムスナーとヴォイクレスク [190] によって最初に証明されたが，指数定理というより，ボットの周期性の類似の手法によるものであった．

上の定理1，あるいはアティヤ-シンガーの定理から得られる他の例を除き，フレドホルム加群の指標 $\mathrm{Ch}_*(\mathfrak{H}, F) \in HC^n(\mathcal{A}_p)$ を具体的に計算できる例は少ない．容易に，この第2章の序の最後に出てきた巡回コサイクル，F をヒルベルト変換として組 $(L^2(\mathbb{R}), F)$ によって得られる $C_0(\mathbb{R})$ 上の(奇)フレドホルム加群が思い出される．次に挙げるのが，具体的計算が残っている C^* 環および有限加法的フレドホルム加群[9]のリストである．

1) G をランク1の実半単純リー群，$\Gamma \subset G$ を G の離散部分群，$K \subset G$ を極大コンパクト部分群，S を $H = G/K$ 上の G-同値なスピノル束とする．$A = C^*(\Gamma)$，$\mathcal{O}$ を H 上の Γ の軌道として $\mathfrak{H} = \ell^2(\mathcal{O}, S)$ とおき，F でクリフォードの掛け算作用素，つまり $p \in H$ を固定して x への唯一の測地線 $[x, p]$ を考えたときの接単位ベクトル $\mathbf{x}p \in T_x(H)$ を掛けるものとする．p が充分大きければ，$\mathbb{C}\Gamma \subset \mathcal{A}_p$ となる．

2) (V, F) を葉層構造が入ったコンパクト多様体とし，$(\mathfrak{H}, F)$ を $C^*_{\max}(V, F)$ 上のフレドホルム加群でホロノミー不変な横断的準楕円型作用素 [119] に付随したものとする．p が充分大きければ，$C_0^\infty(G) \subset \mathcal{A}_p$ である．

3) G をコンパクトリー群でコンパクト多様体 V に作用しているもの，D を G-不変な横断的楕円型作用素とする．すべての $p > \dim(M)$ に対し，$C^\infty(M \times G) \subset \mathcal{A}_p$ である．

例2)は特別重要である．というのは [119] の結果によってすべての葉層 (V, F) は，ホロノミー不変な横断的準楕円型作用素を充分に持つ葉層 (V', F') に帰着されるからである．

上の三つの例では，巡回コホモロジー $HC(\mathcal{A})$ はそれぞれ順に環 $\mathcal{A} = \mathbb{C}\Gamma$，$C_0^\infty(G)$，$C^\infty(M \times G)$ に対して計算される．

例1)での**有限加法性**の条件，$\mathcal{A}_p$ が A 上稠密となる $p < \infty$ の存在は，G のランクが1を越えてしまうと一般に意味がない．そこでは**無限次元**になってお

---

[9] つまり A で $\mathcal{A}_p$ が稠密となる $p < \infty$ が存在するような．

り，もはや巡回コサイクル $\tau \in HC^n$ ($n < \infty$) の形でフレドホルム加群 $(\mathfrak{H}, F)$ の指標を定義することはできない．はじめから，巡回コホモロジーを二重複体 (b, B) の台が有限の巡回コサイクルのコホモロジーとして定義できる（付録2参照）ということが，無限次元のコサイクルの存在を示唆している．実際（図10），

$$C^{n,m} = C^{n-m}(\mathcal{A}) = \{ \mathcal{A} \text{ 上の } (n-m+1) \text{ 重線形形式} \}$$
$$\mathrm{d}_1 \varphi = (n-m+1) b\varphi \quad \forall \varphi \in C^{n,m}$$
$$\mathrm{d}_2 \varphi = \frac{1}{n-m} B\varphi \quad \forall \varphi \in C^{n,m}$$

として定義される二重複体 (b, B) は，半平面 $\{(n,m) \in \mathbb{Z}^2; n \geq m\}$ に台を持ち，これにより台が無限のコサイクル $\varphi = (\varphi_{n,m}) \in \bigoplus_{n+m=k} C^{n,m}$, $(d_1 + d_2)\varphi = 0$ の存在がいえる．

この二重複体の $(n,m) \to (n+1, m+1)$ での周期性から，次の複体に帰着する．

$$C^{偶}(\mathcal{A}) = \{(\varphi_{2n})_{n \in \mathbb{N}}; \varphi_{2n} \in C^{2n}(\mathcal{A}), \forall n \in \mathbb{N}\}$$
$$C^{奇}(\mathcal{A}) = \{(\varphi_{2n+1})_{n \in \mathbb{N}}; \varphi_{2n+1} \in C^{2n+1}(\mathcal{A}), \forall n \in \mathbb{N}\}$$
$$\partial = d_1 + d_2 \;\; : C^{偶} \to C^{奇} \text{ かつ } C^{奇} \to C^{偶} \text{ で } \partial^2 = 0$$

しかし二重複体 (b, B) の，第一の次数付け（付録2）に付随したスペクトル系列の項 E_1 の自明性は，困難を示している．台が無限のコチェイン $\varphi = (\varphi_{2n})$ および $\varphi = (\varphi_{2n+1})$ になにも制約を付けなければ，対応するコホモロジーは消滅してしまう．

この困難は，もっとも簡単な場合 $\mathcal{A} = \mathbb{C}$ の場合でも起こる．$C^{偶}(\mathbb{C})$ の（あるいは $C^{奇}(\mathbb{C})$ の）元は複素数列 $(\lambda_{2n})_{n \in \mathbb{N}}$ $((\lambda_{2n+1})_{n \in \mathbb{N}})$ で，

$$\partial((\lambda_{2q+1}))_{2n} = 2n\lambda_{2n-1} + 2\lambda_{2n+1}, \quad \partial((\lambda_{2q}))_{2n+1} = 0$$

である．

すべての奇コサイクル $\varphi \in C^{奇}(\mathbb{C})$, $\partial\varphi = 0$ は消滅し，すべての偶コサイクル $\varphi = (\lambda_{2n})_{n \in \mathbb{N}} \in C^{偶}(\mathbb{C})$ は同境，$\varphi = \partial\psi$ で，ここに $\psi = (\mu_{2n+1}) n \in \mathbb{N}$ は

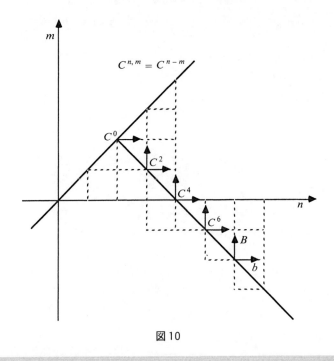

図10

$(***)$ $\qquad 2n\mu_{2n-1} + 2\mu_{2n+1} = \lambda_{2n} \qquad \forall n \in \mathbb{N}$

で決定される.

ここで注意しておくと, φ の台が有限, つまり $\lambda_{2n} = 0 \ (\forall x \geq k)$ であっても ψ がそうであるとは限らない. 実際, $\mu_{2n+1} = (-1)^n n! \lambda \ (n \geq k)$ で $\lambda \neq 0$ かつ $\varphi \neq 0$ という場合がある. よって関係 $\varphi = \partial \psi$ は, $n \to \infty$ での $|\mu_{2n+1}|$ の速い減少を要請する. この例はあきらかに, 非自明なコホモロジーを得るためには, コチェイン $\varphi = (\varphi_{2n+\alpha})$ に $n \to \infty$ での減少についての, 適切な条件が要請されていればよいことを示している. 実際, この減少度条件は, 対応するコホモロジーを環 A の K-理論とカップリングさせたり, このカップリングを自然に周期的巡回コホモロジーと環 A の K-理論に延長しようとするときには要請される.

定義6 $\mathcal{A}$ を $\mathbb{C}$ 上の環, $\varphi \in C^{偶}(\mathcal{A})$ (あるいは $\varphi \in C^{奇}(\mathcal{A})$) とする. すべての $\mathcal{A}$ の有限部分集合 $\Sigma \subset \mathcal{A}$ に対し, $C = C_\Sigma < \infty$ が存在して,
$$|\varphi_{2n}(a^0, a^1, \cdots, a^{2n})| \leq Cn! \qquad \forall a^j \in \Sigma \qquad \forall n \in \mathbb{N}$$
を満たすとき, φ は**整**であるという.

($\mathcal{A}$ がバナッハ環の場合, 上の条件より強い次の形の一様性 [53] が自然に示される. ただし $\|\varphi_{2n}\|$ はこの多重線形形式のノルムである.)
$$\sup_n \frac{r^n}{n!} \|\varphi_{2n}\| < \infty \qquad \forall r \in \mathbb{R}^+$$

定義6 の a^j を λa に置き換えると, 等式 $F(a) = \sum \dfrac{(-1)^n}{n!} \varphi_{2n}(a, \cdots, a)$ が複素ベクトル空間 $\mathcal{A}$ 上の整関数を定めることがわかる.

命題7
a) 整コチェインによって構成される部分空間 $C_\varepsilon^{偶}$, $C_\varepsilon^{奇}$ は, $(C^{偶,奇}, \partial)$ の部分複体を定義する.
b) 次の等式により, 代数的 K-理論 $K_0(\mathcal{A})$ と整巡回コホモロジー $HC_\varepsilon^{偶}$ のカップリングを定義する.
$$\langle e, \varphi \rangle = \sum \frac{(-1)^n}{n!} \varphi_{2n}\left(e - \frac{1}{2}, e, \cdots, e\right) \qquad \forall e \in \mathrm{Proj}(M_q(\mathcal{A}))$$

もちろん公式 b) では, φ_{2n} の $M_q(\mathcal{A})$ への規準的拡張を使う必要がある [53].
上のカップリングは [53] 定理8 で構成されていたが, [96] 命題1.1 で簡略化された.

[53] で, K-ホモロジーのチャーン指標の構成を, どのように無限次元の場合に拡張するか示した. 次が本質的な点である.

定義8 $\mathcal{A}$ を環とする. $\mathcal{A}$ 上の非有界フレドホルム加群または K-**サイクル**とは, $\mathcal{A}$ のヒルベルト空間 $\mathfrak{H}$ 上の表現[10] および, $\mathfrak{H}$ 上の次を満たす非有界自己共役作用素 D により与えられる.
1) $[D, a]$ はすべての $a \in \mathcal{A}$ で有界
2) $(1 + D^2)^{-1}$ はコンパクト
次が成立するとき, K-サイクルは θ-**総和可能**という.
$$\mathrm{Trace}(e^{-\beta D^2}) < \infty \qquad \forall \beta > 0$$

2.5 量子空間の K-ホモロジーと楕円型作用素の理論

チャーン指標 $\mathrm{ch}_*(\mathfrak{H}, D, \gamma) = \varphi \in HC_\varepsilon(\mathcal{A})$ の $\mathcal{A}$ 上の θ-総和可能 K-サイクルからの構成 [53] は次の公式からでる.

$$\varphi_{2n}(a^0, \cdots, a^{2n}) = \lambda_n \tau(Fa^0[F, a^1] \cdots [F, a^{2n}])$$

ただし, τ は $\mathcal{E}\mathcal{A}$ 上の適当なトレースで, $\mathcal{A}$ の F ($F^2 = 1$) [250] により生成される環 $\mathbb{C}(\mathbb{Z}/2)$ による自由積. また係数 $\lambda_n = \left(n - \dfrac{1}{2}\right)\left(n - \dfrac{3}{2}\right) \cdots \dfrac{1}{2}$ は次により決定される.

$$\sum \frac{(-1)^n}{n!} \varphi_{2n}(x, \cdots, x) = \tau\left(\frac{Fx}{\sqrt{1 - [F, x]^2}}\right) \quad \forall x \in \mathcal{A}$$

θ-総和可能加群 $(\mathfrak{H}, D, \gamma)$ は環 $\mathcal{E}\mathcal{A}$ の, $\mathfrak{H}$ 上の作用素に値をとる超関数 $T(s)$ ($s \subset [0, \infty)$) の適当な畳み込み代数上の表現 π に規準的に対応する [53]. トレース τ は次の等式で得られる.

$$\tau(y) = \mathrm{Trace}(\pi(y)(1)) \quad \forall y \in \mathcal{E}\mathcal{A}$$

$\pi(F) = \dfrac{D + \gamma(\delta'_0)^{1/2}}{(D^2 + \delta'_0)^{1/2}}$ が得られる. ただし, δ'_0 は $s = 0$ でのディラックの超関数で, $(\delta'_0)^{1/2}$ は, 加法群 $\mathbb{R}$ を超群 $G = \mathbb{R}(\varepsilon)$ に置き換えて得られる局所的な δ'_0 の平方根. $\varepsilon^2 = 1$ であり, G は次を満たす.

1) 掛け算による環 $C^\infty(G)$ は $C^\infty(\mathbb{R})$ の外積代数 $\bigwedge \mathbb{R} = \mathbb{R} \oplus \mathbb{R}\varepsilon$ ($\varepsilon^2 = 0$) によるテンソル積.

2) 畳み込みによる環

$$C_c^{-\infty}(G) = (C^\infty(G))' = C_c^{-\infty}(\mathbb{R}) \oplus \varepsilon' C_c^{-\infty}(\mathbb{R})$$

ただし, $(1, \varepsilon')$ は, $(1, \varepsilon)$ の双対基底で, ε' は $C_c^{-\infty}(\mathbb{R})$ に付随した δ' の形式的平方根.

この構成はジャッフェ(A. Jaffe), レスニエフスキー(A. Lesniewski), オスターワルダー(C. Osterwalder)[125] により簡略化された. 彼らは指標 $\mathrm{ch}_*(\mathfrak{H}, D, \gamma) = \psi$ についての, 次の単純な公式を得た.

$$\begin{aligned}
&\psi_{2n}(a^0, \cdots, a^{2n}) \\
&= \int_{0 \leq s_1 \leq \cdots \leq s_{2n} \leq 1} ds_1 \cdots ds_{2n} \, \mathrm{Tr}(\gamma a^0 e^{-s_1 D^2}[D, a^1] e^{(s_1 - s_2)D^2} \cdots \\
&\quad [D, a^{2n-1}] e^{(s_{2n-1} - s_{2n})D^2} [D, a^{2n}] e^{(s_{2n}-1)D^2})
\end{aligned}$$

---

10 K-サイクルが偶なら $\mathbb{Z}/2$ 次数付けされている.

Γ はランクを問わない半単純リー群の離散部分群とする．環 $\mathcal{A} = \mathbb{C}\Gamma$ が群 Γ の畳み込み代数である場合，次が θ-総和可能 K-サイクルの重要な例である[168][144][158]．$H = G/K$ を G 上の等質空間とする．ただし，K は G のコンパクト極大部分群である．また $\mathfrak{H} = L^2(H, \Lambda^*)$ を，H 上二乗可積分な微分形式のなすヒルベルト空間(ただし H には G-不変な規準的リーマン幾何の構造がはいっている)とし，$p \in H$ を固定し，ρ を $\rho(q) = \mathrm{d}(p,q)^2$ $(q \in H)$ で定義される関数とする．ただし，d はリーマン距離である．すべての $\lambda > 0$ に対し，
$$D_\lambda = (e^{-\lambda\rho}\mathrm{d}e^{\lambda\rho}) + (e^{-\lambda\rho}\mathrm{d}e^{\lambda\rho})^*$$
である．

命題 9 Γ を G の離散部分群，π を $\mathbb{C}\Gamma$ の左からの作用による $\mathfrak{H}$ 上の表現とする．すると組 $(\mathfrak{H}, D_\lambda)$ が(すべての $\lambda > 0$ に対し) θ-総和可能な $\mathcal{A} = \mathbb{C}\Gamma$ 上の K-サイクルを定義する．

すべての H 上 Γ 同値で，Γ 不変性に適合した接続を持つエルミートベクトル束 E に対し，上の構成は $\mathfrak{H} = L^2(H, \Lambda)$ を $\mathfrak{H}_E = L^2(H, \Lambda^* \otimes E)$ に取り替えることで意味を持つ．こうして $\mathcal{A} = \mathbb{C}\Gamma$ 上の，θ-総和可能な K-サイクル $(\mathfrak{H}_E, D_{\lambda,E})$ が得られる．

漸近作用素の手法 [95] で，指標 $\mathrm{Ch}_*(\mathfrak{H}_E, D_{\lambda,E}) \in HC_\varepsilon(\mathcal{A})$ の計算は再現され，より単純な式 $\Phi(\mathrm{ch}(E)) \subset HC_\varepsilon(\mathcal{A})$ が得られる．H 上のディラック作用素はもう出てこない．

実際次の命題 10 により，$\mathcal{A}$ の整巡回コホモロジーを経て $M = \Gamma\backslash H$ 上の閉微分形式の空間からの写像 Φ が得られる．これは構成によるが，カストラー(D. Kastler)[147] によれば，環 $\mathcal{B}$ 上の，環 $\mathcal{A}$ の表現の付随した $\mathcal{A}$ 上の整コサイクル．ただし環 $\mathcal{B}$ は，$\mathbb{Z}/2$ 次数付けされ，モジュラ自己同型群 σ_t^φ (φ は $\mathcal{B}$ 上の状態)の生成元の超対称平方根である微分 δ を持つものである．この構成とキレン(D. Quillen)[195] の超接続の概念を結び付ける．

具体的には以下を前提として下の命題 10 を応用する．

1) M としては $\Gamma\backslash H$．
2) M 上のヒルベルト束で，すべての軌道 $a = \Gamma x \subset H$ に付随するものとしては，H 上のスピノル束の a への制限の二乗可積分な切断の空間

$\mathfrak{H}_a = \ell(a, S)$. $\dim H$ は偶数とし，$\mathfrak{H}$ には自然な $\mathbb{Z}/2$ 次数付け γ がはいっているものとする．

3) 超接続としては $Z = \gamma\nabla + D$. ただし ∇ を，スピノル束上の規準的な接続からくる自然な接続とし，また $\mathfrak{H}$ 上の非有界自己準同型 $D = (D_a)_{a \in M}$ はすべての $a \in M$ に対し自己共役作用素 D_a で
$$(D_a \xi)(x) = \gamma(\mathbf{x}p)\xi(x) \quad \forall x \in a \quad \xi \in H_a$$
(ここで，$p \in H$ は固定した基点，$\mathbf{x}p = X \in T_x(H)$ は x における H の接ベクトルで $\exp_x(X) = p$ となるものである．)をみたすもので与えられる．

4) 環 $\mathcal{A}$ としては，ヒルベルト束 $\mathfrak{H}$ に自己準同型として作用する $\mathbb{C}\Gamma$.

命題 10 M をコンパクト多様体，$(\mathfrak{H}, \gamma)$ をヒルベルト束で M 上 $\mathbb{Z}/2$ 次数付けされ，超接続 $Z = \gamma\nabla + D$ を持つもの，$\mathcal{A}$ を束 $(\mathfrak{H}, \gamma)$ の自己準同型の環の部分環とする．次を仮定する．

a) すべての $a \in \mathcal{A}$ に対し，交換子 $[Z, a] = \delta(a)$ は，束 $\mathfrak{H}$ の**有界**自己準同型.

b) すべての $\beta > 0$ に対し，作用素値微分形式 $\exp(-(\beta\theta))$, $(\theta = Z^2)$ はトレースがはいる．

こうすると次の等式により，M 上のすべての C^∞ 閉偶微分形式 ω に対し整コサイクル $\varphi \in HC_\varepsilon(\mathcal{A})$ の成分 $(\varphi_{2n})_{n \in \mathbb{N}}$ が定義される．

$$\psi_{2n}(a^0, \ldots, a^{2n})$$
$$= \int_M \int_{0 \leq s_1 \leq \cdots \leq s_{2n} \leq 1} ds_1 \ldots ds_{2n} \omega \wedge \mathrm{Tr}_s(a^0 e^{-s_1 \beta\theta}$$
$$\times \delta(a^1) e^{(s_1 - s_2)\beta\theta} \delta(a^2) \ldots e^{(s_2 - 1)\beta\theta} \delta(a^{2n}) e^{(s_{2n} - 1)\beta\theta})$$

φ のコホモロジー類はパラメータ β の選択に多項式的に依存する．写像 Φ は適切な β を選択することで得られる．

上の構成は，無限遠方での減少条件を ω と $\delta(a)$ $(a \in \mathcal{A})$ に課すことで，M がコンパクトではない場合にも適合する．

上で導入された整コサイクルは，等式 $\mathrm{Ch}_*(\mathfrak{H}_E, D_{\lambda, E}) = \Phi(\mathrm{Ch}\, E)$ 同様，環 $\mathcal{A} = \mathbb{C}\Gamma$ を C^* 環 $C_r^*(\Gamma)$ 上の解析的算法による閉包 $\hat{\mathcal{A}}$ により置き換えても成立する．こうしてもちろん $K_0(\hat{\mathcal{A}}) \cong K_0(C_r^*(\Gamma))$ を得る．この条件のもとで，

$\mathcal{A}$ 上のトレース τ を Γ の左正則表現により生成されるフォンノイマン環 $R(\Gamma)$ の規準的トレースの制限とする．次の問題の解答が，ねじれのない離散部分群 $\Gamma \subset G$ に対する系5の一般化を与える．

> **問題 11** Γ がねじれていないとき[11]，指標 $\mathrm{Ch}_*(\mathfrak{H}, D_\lambda) = \Phi(1)$ は $HC_\varepsilon(\mathcal{A})$ で τ にコホモローグであることを示せ.

付録1 ペンローズタイリング

この節では，読者の便宜のために，ロビンソン（R. Robinson）とペンローズ（R. Penrose）による平面の準周期的タイリングに関する古典的結果 [104] を紹介する．

まずはじめに（図 11 にあるような）G_A および P_A という，二種類の三角形のタイルを考える．各頂点は白か黒に塗り分けられており，同じ色の頂点に挟まれた辺は向き付けされている．タイル G_A の頂点は黒二つと白一つ，P_A は白二つと黒一つに塗られている．

平面の A 型のタイリングとは G_A または P_A による平面の三角形分割で，共通する頂点の色および共通する辺の向きが等しいものをいう．

読者は平面上のこのようなタイリングの存在証明については [104] を参照されたい（図5を見よ）．二つのタイリング T および T' はユークリッド平面の等長変換によって互いに移り合う場合に，同等であるという．

X を（同等なものを同一視した）A 型タイリングのすべての集合とする．われわれが使う本質的な結果は，X に，0 と 1 からなる無限列 $(a_n)_{n \in \mathbb{N}}$, $a_n \in \{0, 1\}$ の集合 K によってパラメータを入れられるということである．ただしこの数列は $a_n = 1 \Rightarrow a_{n+1} = 0$ を満たす．このようにして A 型のすべてのタイリング T は数列 $T = T(a)$ から構成することができ，そして二つの列 a および b が同じタイリングを与えるのは，自然数 N が存在してすべての $n \geq N$ に対し $a_n = b_n$ になるときだけである．ここは重要な点なので，具体的に関係 $a \mapsto T(a)$ を書くことにする（[104] 568 ページ）．T が A 型のタイリングであるとき，三角形分

---

[11] つまり Γ の $H = G/K$ への作用が不動点 $gx = x$, $g \neq 1$ を持たないとき．

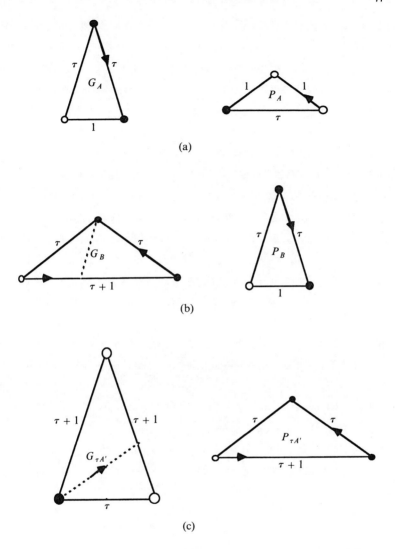

図 11 B. Grümbaum & G. C. Shephard : *Tiling and Patterns* より
ⓒ1989 W. H. Freeman and Company

割 T から，色の違う二頂点を結び，G_A-タイルと P_A-タイルを分割している短い辺すべてを消去すると(図12)，新しい平面の三角形分割 T_1 を得る．ここで，使われている三角形は図11の二つの三角形 G_B, P_B のどちらかに合同である．このようにして B 型の平面の三角形分割，つまり，G_B か P_B に合同な三角形による平面の分割で，共通する頂点の色および共通する辺の向きが等しいようなものが得られる．三角形分割 T_1 から，色の同じ二頂点を結び，G_B-タイルと P_B-タイルを分割している短い辺すべてを消去すると，新しい三角形分割 T_2 を得る．ここで，使われている三角形は図11の二つの三角形 $G_{\tau A'}$, $P_{\tau A'}$ のどちらかに合同である．この操作を繰り返すことにより，平面の三角形分割の列 T_n を得る．それぞれの分割は三角形 G_n および P_n と対応している．

A 型のタイリング T および三角形分割 T の三角形の一つ α が与えられたとき(図12)，この三角形に数列 $(a_n)_{n\in\mathbb{N}}$ を対応させることができる．ただし，a_n は0または1でそれぞれ α を含む T_n の三角形が大きい(つまり G_n に合同である)場合または小さい場合に対応している．このようにして得られた数列を $i(T,\alpha)$ と表すことにする．

K で数列の集合 $(a_n)_{n\in\mathbb{N}}$ を表すことにする，ただし $a_n \in \{0,1\}$ で $a_n=1 \Rightarrow a_{n+1}=0$ を満たしている．あきらかに，すべての $i(T,\alpha)$ の形の数列は K に含まれる．なぜなら三角形 P_n は $P_{n+1}=G_n$ の構成に使われてはいないからである．逆に([104] 568 ページ)，すべての K の要素 a は，適切な A 型のタイリングおよび α に対して $i(T,\alpha)$ の形をしている．

タイリング T の二つの三角形 α と β は，n が充分大きいときに，T_n の同じ三角形に含まれる．このことから，数列 $a=i(T,\alpha)$ および $b=i(T,\beta)$ が次の条件を満たすことがわかる．

(*) $\qquad\qquad\qquad a_m = b_m \quad (\forall m \geq n)$

逆に([104] 568 ページ)，もし $a=i(T,\alpha)$ および $b \in K$ が(*)を満たすならば，T の三角形 β で $b=i(T,\beta)$ になるものがあることが示せる．

このようにしてペンローズタイリングの集合 X と，集合 K の商集合 $K/\mathcal{R}$ との一対一対応が得られる．同値関係 $\mathcal{R}$ は関係(*)によって表される([104] 568 ページ)．

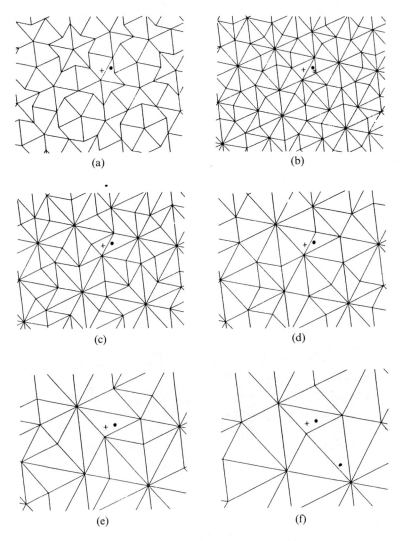

図 12 B. Grümbaum & G. C. Shephard: *Tiling and Patterns* より
©1989 W. H. Freeman and Company

付録2 巡回コホモロジーの詳細

1 環のサイクル

n 階の抽象的な**サイクル**とは,ある($\mathbb{C}$ 上の)次数付けされた微分環 $\Omega = \Omega^1 \oplus \cdots \oplus \Omega^n$ で微分 d があって $\mathrm{d}^2 = 0$ を満たすものと,次数付けされた**閉**トレース $\Omega^n \to \mathbb{C}$ の組のことである.このトレースを $\int$ で書く.次の性質がある.

a) $\mathrm{d}(\omega\omega') = (\mathrm{d}\omega)\omega' + (-1)^{\partial\omega}\omega\mathrm{d}\omega'$
b) $\mathrm{d}^2 = 0$
c) $\int \omega_2\omega_1 = (-1)^{\partial\omega_1\partial\omega_2} \int \omega_1\omega_2 \quad \forall \omega_1, \omega_2 \text{ 斉次}$
d) $\int \omega = 0 \quad \forall \omega \in \Omega^{n-1}$

$\mathcal{A}$ を($\mathbb{C}$ 上の)環とする.$\mathcal{A}$ 上のサイクルとは,$\left(\Omega, \mathrm{d}, \int\right)$ と $\mathcal{A}$ から Ω^0 への準同型 ρ の組のことである.$\mathcal{A}$ 上のサイクルは,次の二つの条件が満たされたとき退化しているといわれる.

1) Ω は $\rho(\mathcal{A})$ によって生成される微分環
2) $\omega \in \Omega$ かつ,すべての $\omega' \in \Omega$ に対して $\int \omega\omega' = 0$ ならば,$\omega = 0$

定義1 $\mathcal{A}$ 上のサイクルの**指標**とは,次の多重線形形式のことをいう.

$$\tau(a^0, a^1, \cdots, a^n) = \int \rho(a^0)\mathrm{d}\rho(a^1)\cdots\mathrm{d}\rho(a^n) \quad \forall a^i \in \mathcal{A}$$

すべてのサイクルは同じ指標を持つ規準的に付随した還元サイクルを持つ.同じ指標を持つ二つの還元サイクルは同型である.

命題2 τ を $\mathcal{A}$ 上の $(n+1)$ 重線形形式とする.τ がサイクルの指標となるためには次の二つの条件を満たすことが必要十分である.

α) $\tau(a^1, \cdots, a^n, a^0) = (-1)^n \tau(a^0, a^1, \cdots, a^n) \quad \forall a^i \in \mathcal{A}$
β) $\sum_0^n (-1)^j \tau(a^1, \cdots, a^j a^{j+1}, \cdots, a^{n+1}) + (-1)^{n+1}\tau(a^{n+1}a^0, a^1, \cdots, a^n)$
$\qquad = 0 \quad \forall a^i \in \mathcal{A}$

例

1) M を C^∞ 級の向き付けられたコンパクト多様体, $\mathcal{A} = C^\infty(M)$ を複素数値 C^∞ 級関数のなす環とし, $n = \dim M$ として次の多重線形形式を考える.

$$\tau(f^1, \cdots, f^n) = \int f^0, \mathrm{d}f^1 \wedge \mathrm{d}f^2 \wedge \cdots \wedge \mathrm{d}f^n \qquad \forall f^i \in C^\infty(M)$$

f^j がすべて実数値ならば, $f^i = (f^i)^*$ で, τ の値は $f(x) = (f^0(x), \cdots, f^n(x))$ $\forall x \in M$ として, $f(M) \subset \mathbb{R}^{n+1}$ の向き付けられた体積に一致する. $\mathcal{A} = C^\infty(M)$ 上指標が τ となる唯一の退化したサイクルは, 通常の微分によるド・ラーム複体 $\Omega^j = C^\infty(M, \bigwedge^j T^*(M))$ によって定義されるサイクルとなる.

2) $\mathcal{A} = \mathbb{C}$, $\sigma(\lambda_0, \lambda_1, \lambda_2) = \lambda_0 \lambda_1 \lambda_2$ とする. σ が命題 2 の条件 α および β を満たすので, 還元サイクル Ω の指標となる. $\Omega^0 = \mathbb{C}$, $\Omega^1 = \mathbb{C}^2$, $\Omega^2 = \mathbb{C}^2$ である.

3) $\mathfrak{H}$ をヒルベルト空間で, 左 $\mathcal{A}$ 加群としての構造を持つ, つまり, $\mathcal{A}$ から有界作用素の環 $\mathcal{L}(\mathfrak{H})$ への準同型として働くものとする.

$F \in \mathcal{L}(\mathfrak{H})$ で $F^2 = 1$ となるものとする.

$$\Omega^j = \{\sum a^0 [F, a^1] \cdots [F, a^j]; a^0, \cdots, a^j \in \mathcal{A}\}$$

とおく.

$\mathrm{d}: \Omega^j \to \Omega^{j+1}$ を $\mathrm{d}\omega = F\omega - (-1)^j \omega F$ で定義する. $F^2 = 1$ なので $\mathrm{d}^2 = 0$ である. さらに, $\Omega = \bigoplus \Omega^j$ は次数付き微分環となる. $p \in [1, \infty)$ とする. また $\mathcal{L}^p(\mathfrak{H})$ を $\mathcal{L}(\mathfrak{H})$ 上で, $\sum \lambda_n(|T|)^p < \infty$ を満たすコンパクト作用素からなるシャッテンのイデアルとする. ただし (λ_n) は T の絶対値の固有値の列を表す. 次を仮定する.

$$(*) \qquad [F, a] \in \mathcal{L}^p(\mathfrak{H}) \qquad \forall a \in \mathcal{A}$$

すべての奇整数 $n \geq p - 1$ に対して, 次の等式が $\mathcal{A}$ 上のサイクルを定める.

$$\int \omega = \frac{1}{2} \mathrm{Trace}(F(F\omega + \omega F)) \qquad (\forall \omega \in \Omega^n)$$

4) M を C^∞ 級多様体, $\Gamma \subset \mathrm{Diff}^+(M)$ を向きを保つ微分同相写像からなる群とする. 群 Γ による C^∞ 級コンパクト台の関数の環 C_c^∞ の接合積である環 $\mathcal{A}$ を考える. これは, $\mathcal{A} = C_c^\infty(M \times \Gamma)$ でその積が

$$(f_1 * f_2)(x,g) = \sum_{g_1 g_2 = g} f_1(x,g_1) f_2(xg_1, g_2) \qquad \forall (x,g) \in M \times \Gamma$$

で与えられるものである．

同じように Ω^j を M 上の j 次微分形式の空間とし，Γ を Ω^j 上の変数変換ととらえて，接合積 $\Omega^j \rtimes \Gamma$ を構成することができる．U_g を，すべての $x \in M$ に対し，$g' \neq g$ では $U_g(xg') = 0$, $U_g(xg) = 1$ となるものとし，d を $\mathrm{d}(\sum_g U_g) = \sum (\mathrm{d}\omega_g) U_g$ として定義する．微分形式の積分不変性から，次の式で $\mathcal{A}$ 上のサイクルを定義できる．

$$\int \omega = \int_M \omega(x,e) \qquad \text{ただし } e \text{ は } \Gamma \text{ の単位元}$$

5) $\mathcal{A}$ をバナッハ環, G をリー群とし, $g \to \alpha_g \in \mathrm{Aut}\,\mathcal{A}$ を G の $\mathcal{A}$ 上の連続的な作用（言い換えると $g \to \alpha_g$ は各点 $x \in \mathcal{A}$ で連続）とする．$\mathcal{A}c = \{x \in \mathcal{A}; g \to \alpha_g \text{ は } C^\infty \text{ 級}\}$ とおき，また $\Omega^j = \mathcal{A} \otimes \bigwedge^j(\mathrm{Lie}\,G)$ とおくと，これには環の構造が $\mathcal{A}$ と外積代数のテンソル積によってはいっている．Ω^j の元 ω は $\mathcal{A}$ に値をとる $\mathrm{Lie}\,G$ の交代多重線形形式である．d は次のように定義される.

$$\mathrm{d}\omega(X_1,\cdots,X_{j+1}) = \sum_{i=1}^{j+1}(-1)^i X_i \omega(X_1,\cdots,\check{X}_i,X_{j+1}) \\ + \sum_{i<j}(-1)^{i+j}\omega([X_i,X_j],X_1,\cdots,\check{X}_i,X_{j+1})$$

ただし $a \in \mathcal{A}$, $X \in \mathrm{Lie}\,G$ で $g(\varepsilon) = \exp \varepsilon X$ として $Xa = (g(\varepsilon)(a))'_{\varepsilon=0}$ である．こうして次数付き微分環 (Ω, d) が得られる．さらに，もし τ が $\mathcal{A}$ 上 α 不変なトレースで $\rho \in \bigwedge^k \mathrm{Lie}\,G$ が双対ならば，Ω_k 上の汎関数 $\int = \tau \otimes \rho$ は閉で，$\mathcal{A}$ 上のサイクルを定義する．

2 巡回コホモロジー

$\mathcal{A}$ を $\mathbb{C}$ 上の環, $\mathcal{M}$ を $\mathcal{A}$ 上の両側加群とする．ホッホシルトコホモロジー $H^*(\mathcal{A},\mathcal{M})$ とは，複体 $(C^n(\mathcal{A},\mathcal{M}),b)$ のコホモロジーのことである．ただし $C^n(\mathcal{A},\mathcal{M})$ は $\mathcal{A} \times \cdots \times \mathcal{A}$ から $\mathcal{M}$ への n 重線形写像の空間で，b は次を満たす．

$$(bT)(a^1,\cdots,a^{n+1}) \\ = a^1 T(a^2,\cdots,a^{n+1}) + \sum_{n=1}^{n}(-1)^j T(a^0,a^1,\cdots,a^j a^{j+1},\cdots,a^{n+1})$$

$$+(-1)^{n+1}T(a^1,\cdots,a^n)a^{n+1}$$

双対加群 $\mathcal{A}^*$, つまり $\mathcal{A}$ 上の線形形式 ϕ の空間を考える.
$$(a\phi b)(x) = \phi(bxa) \qquad \forall a,b,x \in \mathcal{A}$$

$\mathcal{A}$ 上のすべての $(n+1)$ 重線形形式 τ は $\tilde{\tau}(a^1,\cdots,a^n)(a) = \tau(a,a^1,\cdots,a^n)$ によって $C^n(\mathcal{A},\mathcal{A}^*)$ の元を定義する. $\mathcal{A}$ 上の $(n+1)$ 重線形形式 τ で
$$\tau(a^1,\ldots,a^n,a^0) = (-1)^n \tau(a^0,\ldots,a^n) \qquad \forall a^j \in \mathcal{A}$$
を満たすもの全体の空間を $C^n_\lambda(\mathcal{A})$ と書く.

C^n_λ を写像 $\tau \mapsto \tilde{\tau}$ によって $C^n(\mathcal{A},\mathcal{A}^*)$ の部分空間と同一視する.

補題 3

1) τ がサイクルの指標となるためには $\tau \in C^n_\lambda$ かつ $b\tau = 0$ を満たすことが必要十分である.
2) すべての $\varphi \in C^n_\lambda$ に対して, $b\varphi \in C^{n+1}_\lambda$ である.

定義から, 複体 (C^n_λ, b) のコホモロジーは $\mathcal{A}$ 上の巡回コホモロジーであり, $H^n_\lambda(\mathcal{A})$ または $HC^n(\mathcal{A})$ と表す.

二つのサイクル $\left(\Omega, \mathrm{d}, \int\right)$ と $\left(\Omega', \mathrm{d}', \int'\right)$ が与えられたとき, そのテンソル積は次数付き微分環のテンソル積と, 次数付きトレース $\int, \int'$ のテンソル積から導かれる.

命題 4 $\mathcal{A}$ と $\mathcal{B}$ を環とする. $\mathcal{A}$ 上および $\mathcal{B}$ 上のサイクルのテンソル積の指標は, サイクル $\tau'' = \tau \# \tau'$ によってのみ決まる. この演算は商を考えることで双線形写像
$$HC^n(\mathcal{A}) \times HC^m(\mathcal{B}) \to HC^{n+m}(\mathcal{A} \otimes \mathcal{B})$$
を定義する.

自明な環 $\mathcal{A} = \mathbb{C}$ に対しては, n が奇数ならば $HC^n = 0$, 偶数ならば $HC^n = \mathbb{C}$ であることはすぐにわかる. さらに環 HC^* は σ によって生成される (例 2).

系 5 すべての環 $\mathcal{A}$ に対し, 演算 $\tau \to \tau \# \sigma = S(\tau)$ は $HC^n(\mathcal{A})$ から $HC^{n+2}(\mathcal{A})$ への線形写像 S を定義する.

サイクルのコボルディズムと作用 S, B, I に話を進めよう.

微分環 (Ω, d) を考える．ただし $\Omega = \bigoplus_{j=0}^{n+1} \Omega^j$ は，$n+1$ 次の次数付きトレース $\omega \in \Omega^{n+1} \to \tau(\omega) \in \mathbb{C}$ を持つ．よって等式 $\int \omega = \tau(\mathrm{d}\omega)$, $(\forall \omega \in \Omega^n)$ は Ω 上の n 次の次数付き閉トレースを定義する．付随するサイクルはチェイン $(\Omega, \mathrm{d}, \tau)$ の**境界**となる．

定義 6 $\mathcal{A}$ を環とし，$\left(\Omega, \mathrm{d}, \int\right)$ および $\left(\Omega', \mathrm{d}', \int'\right)$ を $\mathcal{A}$ 上の二つのサイクルとする．Ω と Ω' はサイクル $\Omega - \Omega'$ がチェインの境界であるとき同境であるという．

$C^n(\mathcal{A}, \mathcal{A}^*)$ 上の次のような一連の作用素を考えよう．
1) $A: C^n \to C^n$, Γ を $n+1$ 要素の巡回的置換のなす群，$\varepsilon(\sigma)$ を σ の符号として $A\varphi = \sum_{\sigma \in \Gamma} \varepsilon(\sigma) \varphi^\sigma$
2) $D: C^n \to C^n$, λ を群 Γ の生成元として，$D\varphi = \varphi - \varepsilon(\lambda) \varphi^\lambda$
3) $b: C^n \to C^{n+1}$, $b\varphi(x^0, \cdots, x^{n+1}) = \sum_{j=0}^{n} (-1)^j \varphi(x^0, \cdots, x^j x^{j+1}, \cdots, x^{n+1}) + (-1)^{n+1} \varphi(x^{n+1} x^0, \cdots, x^n)$
4) $b': C^n \to C^{n+1}$, $b'\varphi(x^0, \cdots, x^{n+1}) = \sum_{j=0}^{n} (-1)^j \varphi(x^0, \cdots, x^j x^{j+1}, \cdots, x^{n+1})$
5) $s: C^n \to C^{n-1}$, $s\varphi(x^0, \cdots, x^{n-1}) = (-1)^{n-1} \varphi(x^0, \cdots, x^{n-1}, 1)$

補題 7
1) $DA = AD = 0$, $b^2 = b'^2 = 0$, $Ab' = bA$, $Db = b'D$, $b's + sb' = 1$ である．
2) $B = AsD$ と置く．すると $B^2 = 0$ かつ $Bb = -bB$

構成から，$B = AsD$ の像は D の核 C_λ^{n-1} に入る．つまり $BC^{n+1}(\mathcal{A}, \mathcal{A}^*) \subset C_\lambda^n(\mathcal{A})$ である．さらに $Bb = -bB$ より $BZ^{n+1} \subset Z_\lambda^n$ になる．

定理 8 $\mathcal{A}$ の二つのサイクルが同境になるのはそれぞれの指標 τ, τ' が $\tau - \tau' \in BZ^{n+1}(\mathcal{A}, \mathcal{A}^*)$ を満たすときに限る．

この結果は，$\mathcal{A}$ によって生成される普遍次数付き微分環 $(\Omega(\mathcal{A}), \mathrm{d})$ 上の次数付きトレースの空間のホモロジーを定める．すべての n に対して，C_λ^n は $C^n(\mathcal{A}, \mathcal{A}^*)$

の部分空間. さらに (C_λ^*, b) は $(C^*(\mathcal{A}, \mathcal{A}^*), b)$ の部分複体である. こうして複体の準同型 I を得る.

定理 9 すべての $\mathbb{C}$ 上の環 $\mathcal{A}$ に対し次の長完全系列が成立する.

$$\xrightarrow{I} H^n(\mathcal{A}, \mathcal{A}^*) \xrightarrow{B} HC^{n-1}(\mathcal{A}) \xrightarrow{S} HC^{n+1}(\mathcal{A}) \xrightarrow{I} H^{n+1}(\mathcal{A}, \mathcal{A}^*) \xrightarrow{B} \cdots$$

この完全系列によってホッホシルトコホモロジー $H^*(\mathcal{A}, \mathcal{A}^*)$ と $I \circ B : H^n(\mathcal{A}, \mathcal{A}^*) \to H^{n-1}(\mathcal{A}, \mathcal{A}^*)$ から始めて $\mathcal{A}$ の巡回コホモロジーを計算できる. 次の二重複体 (b, B) を使う.

$$C^{n,m} = C^{n-m}(\mathcal{A}, \mathcal{A}^*), \quad d_1 = b, \quad d_2 = B$$

片方の次数付けに付随するスペクトル系列 $n \geq n_0$ は収束せず, 基本的補題としてその元 E_1 の消滅がいえる. もう一方の次数付けに付随するスペクトル系列は, $\mathcal{A}$ の周期的巡回コホモロジーと呼ばれる $\varinjlim(HC^n(\mathcal{A}), S)$ に収束する. その元 E_1 は複体 $(H^n(\mathcal{A}, \mathcal{A}^*), I \circ B)$ によって与えられる. 最後に, 周期的巡回コホモロジー $H^{偶}(\mathcal{A}) = \varinjlim(HC^{2n}(\mathcal{A}), S)$ と代数的 K-理論の群 $K_0(\mathcal{A})$ の間に規準的カップリングを得る.

付録 3 量子空間と集合論

ペンローズ宇宙やエルゴード的変換の軌道のような量子空間は集合論の段階ですでに現れていた. 実際, 非可算選択公理を使うと, 上に挙げたような量子空間 X が連続濃度を持つことを見るのは難しくない. しかしながら X から連続への実効的な全単射を構成することは不可能である.

このことをより明確にするために, 例を挙げよう. X をペンローズ宇宙の集合とする. これは(付録 1) $a_n \in \{0, 1\}$ で $a_n = 1 \Rightarrow a_{n+1} = 0$ を満たす数列 $(a_n)_{n \in \mathbb{N}}$ によるカントール集合 K を, $a \sim b$ を $\exists N, a_n = b_n, (\forall n > N)$ で定義される同値類 $\mathcal{R}$ で割ったもの $X = K/\mathcal{R}$ となる. φ を X から $[0, 1]$ への写像とする. φ が可算選択公理のみを使って構成されているのであれば, [222] から結果として, $p : K \to X$ を射影として K から $[0, 1]$ への写像 $\varphi \circ p$ は可測写像となる. K 上の同値関係 $\mathcal{R}$ 不変な唯一の測度 μ に対してこの関係はエルゴード的であることから, $\varphi \circ p$ はほとんどいたるところ定数であり, かつ φ は X か

ら $[0,1]$ への単射ではない．逆に，$[0,1]$ から X への単射を構成するのは簡単である．したがって，X の**実効的な**濃度は連続濃度より真に大きいことがわかる．

X から $[0,1]$ への単射を実効的構成が不可能であることは，それぞれが X の可測部分集合を定義する**加算個**の性質の族 P_n によって X の要素一つ一つを区別することが不可能であることと同値である．よって量子集合も，その要素が実効的に区別不能であることによって特徴づけられる．

その点に関して，ここではルベーグがボレルに宛てた手紙[12]を引用する．『ツェルメロ (Zermelo) 氏の論文 (*Math. Ann.*, t. LIX) それに関する貴兄の反論 (*Math. Ann.*, t. LX) および貴兄が私に伝えてくれたアダマールの手紙についての私の意見が知りたいということだったので，ここに解答する．少々長くなるがお許しいただこう，明白にしようとしていることなのだから．

まず，次の点で私は貴兄に同意する．ツェルメロ氏は問題 A

A. **集合 M を整列すること**

は問題 B

B. **M の要素から構成される各集合 M' と M' の特定の要素 m' を対応させること**

の解法がわかるたびにわかると大変巧妙に証明した．

残念ながら，問題 B はそう簡単に解けるようには見えない．はじめから整列可能であることがわかっている集合の場合を除いては，である．したがって問題 A の一般的解法がわかったわけではない．

私は非常に疑問に感じているのは，すくなくとも集合 M を定義するということが，カントール氏に沿って，あらかじめ定義されている集合 N のある要素たちが持っていて，かつ定義により，M の要素を特徴づけるある性質 P を指定するということであるのならば，この問題に一般的解法はないのではないかということである．実際にはこの定義からは，M の要素については，それらは N の要素の**未知**の性質すべてを持ち，かつそれらが**未知**の性質 P を持つもののすべてである，ということを除いて何一つわからない．問題 A を解くため M

---

[12] アダマール全集 *Oeuvres de Jacques Hadamard* © Publications CNRS, Paris, 1968. 引用認可済．

の要素を類別するなどという以前に，M の二つの要素すら区別することができない．

問題 A の解へのすべての試行に**アプリオリ**になされるこの反論は，N や P を特定するとあきらかに意味をなさない．たとえば，N が数の集合のときは，このようには反論できない．一般的に期待できることといえば，B のような問題，つまりその解によって A の解が導き出されることがわかり，および特別な場合にはその解を得ることができる，よくみかける問題を提示することくらいである．この点が，私の考えでは，ツェルメロ氏の推論の持つ意義である．

ツェルメロ氏のノートを問題 A の実効的な解法についてではなく，解の存在証明についての試みであると解釈することで，貴兄よりもアダマール氏のほうが彼の考え方に忠実であると私は思っている．問題は，目新しくない質問に帰着される．**数学的実体の存在をそれを定義せずに証明することができるか？**

あきらかにこれは規約の問題である．しかしながら，私は信じている．**定義のあるものについてのみ存在が証明できるということを認める**ことによってしか確固とした構築はできないということを．クロネッカー(Kronecker)やドラッハ(Drach)氏に近いこの観点からは，問題 A と問題 C

C. **すべての集合は整列可能か？**

を区別できない．

もし私が述べた規約が一般に受け入れられるものであるなら私はもう何も言うことはない．しかしながら白状してしまうと，しばしば人は，そして私自身も，**存在**という言葉を他の意味で使っている．たとえば，よく知られているカントール氏の**非可算無限個の数が存在する**ことについての推論を解釈するときには，そのような無限の指名法は与えられてはいない．示されていることといえば，私より以前に貴兄が言ったことだが，加算無限個の数があれば，つねにこの無限には入らない数を定義することができるということだけである．（**定義**という単語はつねに**定義されたものの特徴的性質を指名する**という意味を持っている．）この性質の存在は次のような形で推論に使うことができる．ある性質は，これを否定することで実数全体を可算列に並べることを示せるのであれば，正しい．この方法以外にはこの存在を用いることができないと信じている．

ツェルメロ氏は M の部分集合とその要素の一部との**対応の存在**を使ってい

る．ご承知の通り，たとえそのような対応の存在自体は，存在の証明が行われた方法によって疑わしいものではないとしても，ツェルメロ氏が行なったようにしてこの存在を使うことが正しいかどうかはあきらかではない．

こうして貴兄が次のように述べていた推論に至る．「特別な集合 M' の中から，**任意に特定の要素** m' **を選択することが可能である**．この選択は集合 M' のそれぞれについて可能で，よってそういった集合の集合に対しても可能である」．この推論からは対応の存在が導かれるようにみえる．

大体において，M' が与えられたとき，m' を選ぶことができる，ということは明白なことなのだろうか？ もしも M' が，ほぼ私がすでに言及したクロネッカーの意味で存在しているのであれば，これはあきらかなことであろう．なぜなら M' が存在していると宣言することは，その要素の特定のいくつかを指名できるということなのだから．しかしここで**存在**という単語の意味を拡張しよう．部分集合 M' と特定の要素 m' の対応の集合 $\varGamma$ はアダマール，ツェルメロ両氏にとっては確実に**存在**している．しかも後者は超限個の積によって要素の個数さえも表現する．しかし，$\varGamma$ の要素の選択のしかたを知っているのか？ あきらかに否である．というのもそれは，M に対して B の確定した解答を出すことになるからである．

選択するという言葉を**指名する**という意味に私は使い，ツェルメロ氏の推論では何かを**選択する**とは何かについて**考える**ことだと思っておけばおそらく十分である，ということは正しい．しかし，考えているものを指し示しているわけではないということと，にもかかわらず，ツェルメロ氏の推論においては**ある対応はつねに同じものを定める**ことが必要であるということは注意しておかねばならない．アダマール氏は，私の見たところ，要素（一つだけ）を**定める**ことができるということを，証明する必要はないと信じているようだ．この点が，私の意見では，評価の分かれ目だと思う．

私に見えている困難をより身近に感じてもらうために貴兄には，博士論文において私が（非クロネッカー的意味で，そしてたぶん明確にするのが困難であるという意味において）B-可測[13]でない可測集合の存在を証明したものの，そ

---

13 訳注：ボレル可測のこと．

のような集合を指名できないのではないかという疑念は残したままであったことを思い出していただこう．そういった状況のもとで，**B-可測ではない可測集合を選択することを前提とする**という仮定から出発して推論を打ち立てる権利が私にあったであろうか，そのような集合を誰も指名できないのではないかと疑っているのに？

このように，私はすでに「決められた M' の中から，決められた m' を選択可能である」という仮定の中に困難を見ている．というのは，おそらくは要素一つを選択することが不可能な集合（集合 C，たとえば，非常に一般的な集合に由来すると考えられる集合 M'）が存在するからである．さらに無限回の選択に対して貴兄が注意した困難が存在する．つまりツェルメロ氏の推論を完全に一般的であると考えたいのであれば，無限回の，しかも非常に大きな無限回の選択について語ることを，許さなければならない．しかし，このような無限に関する法則も，選択についての法則も与えられてはいない．集合 M' の濃度を持つ選択の集合が存在するかどうかわからない．集合 M' が与えられたとき，m' を指名することが可能かどうかも知られていない．

つまるところ，ツェルメロ氏の推論を詳しく検証してみると，集合についての他のいくつかの一般的推論同様，意味を与えるためにはあまりにもクロネッカー的でなさすぎるとわかる（もちろん，C の解の存在定理に関してのみ，であるが）．

貴兄は次のような推論をほのめかしている．「ある集合を整列させるために，その中から要素を一つ選び，その次を選び，などとすれば十分である」この推論には非常に大きな，少なくとも見かけ上は，ツェルメロ氏の困難よりさらに大きくさえある困難があることは確かである．そして私はアダマール氏とともに，継続する無限回の相互に依存する選択が，順序付けられていない無限回の独立な選択によって置き換えられたということが，改善であると信じてみたくもなる．が，おそらく，そこにあるのは単なる幻影に過ぎず，簡略化しているように見えるのは，単に，順序の入った無限回の選択は，順序付けられていない，しかしより濃度の大きい無限回の選択に置き換えられるべきであるという思い込みによるものである．貴兄が引用した単純にすぎる推論のすべての困難が，ツェルメロ氏の推論のはじめにある，ただ一つの困難に帰着しうるという

事実はおそらく，このただ一つの困難が非常に大きいことを証明しているに過ぎない．とにかく私には，順序付けられていない独立な選択の集合が問題であるからといってこの困難が消えるようには思えない．たとえばもし私が，x が任意に与えられたとき y が整数係数代数方程式によっては与えられないような関数 $y(x)$ の存在を信じているとすれば，それは私がアダマール氏とともに，それが構成可能であると信じているからで，私にとっては，任意の x に対し，x の整数係数方程式によって表すことのできない数 y の存在の直接的帰結というわけではない[14]．

アダマール氏がもし，法則を与えないままに無限回の選択について語ることも，同様に深刻であると言明するのならば，可算無限が問題になろうがなるまいが，私はまったく彼に賛同する．貴兄が批判された推論においてと同様，だれかが「集合 M' それぞれに対してこの選択が可能であるならば，それらの集合の集合に対しても可能である」というとき，もし使われている用語の意味を説明しないのであれば，何一ついっていることにならない．選択をするということは，選択した要素を書き下すか，指名することである．無限回の選択をするということは，選択した要素全体を一つ一つ書き下したり，指名したりすることではない．人生は短かすぎる．何をなすべきかをいわねばならない．一般にはこれは，選択された要素を定義する法則を与えることと理解される．しかし，この法則は，アダマール氏にとって必要なように，私にとっても必要なのである．

しかしおそらく，私はふたたびこの点で貴兄に同意する．なぜなら，もし私がこの二つの無限の間に論理的区別をつけないならば，実用的観点から私はそれらの間に大きな区別を設けるだろうから．超限回の選択を定義する法則について述べられているのを聞くとき，私は大変な疑念を抱く．というのも，可算無限回の選択を定義する法則を知っているのに対し，今までに超限回のそのような法則をまったく見たことがないからである．しかし，もしかするとこれは

---

14 校正の最中に，私はアダマール氏の命題 A (262 ページ) を正当化する推論は実際，同時に彼の命題 B を正当化する，と付け加えた．さらに，私の考えでは，それは命題 A を正当化する命題 B を正当化するからである．（訳注：この脚注はルベーグ本人によるもので，ページ数は引用したもとの本のページであり，A と B はそのアダマールのボレルへの手紙に書かれている．）

慣習の問題に過ぎないかもしれないし，よく考えてみると，可算無限回の選択を行なう推論においても，超限回の選択を行なう推論と同様の重大な困難を見ることがある．たとえば，古典的推論によって可算無限より大きい濃度のいかなる集合もカントール氏の第二級超限順序数全体の集合と同じ濃度の部分集合を含むということが確証されたとは考えないとすれば，非有限集合が可算無限集合を含むことを証明する方法にも私は価値を与えない．有限でも無限でもない集合が指名されることを私は非常に疑っているものの，その存在の不可能性が証明されるとは思えない．しかしそれらの疑問に関してはすでに貴兄に述べてある．』

第3章

作用素環

作用素環の理論またはフォンノイマン環の理論(デュードネ(J. Dieudonné)の用語による)は測度論の非可換類似物である．ということは，この理論こそ，すでに記述してきたような非可換空間，あるいは量子空間の解析における本質的な中身ということになる．このような空間に対し，ランダム作用素を使うことによって，対応するフォンノイマン環や，その環の上の一般の状態や正則荷重を一度に記述できるということは注目すべきことである．このことは以下で提示される一般論に対し，具体的で明確な例の無尽蔵な源泉を与える．そこでは一般的な定理はその最大限の力を発揮する．

意味のある測度空間は同値を除きルベーグ空間しかないという可換の場合と比べ，非可換の場合は複雑である．しかし今ではアメナブルなフォンノイマン環の完全な分類があり，さらにこのクラスは，いくつもの同値条件によって記述されている(第7節と第8節参照)．

ある意味では，フォンノイマン環の理論は無限次元の線形代数，詳しく言えば，無限次元の可分ヒルベルト空間に関する線形代数学の一章である．ゆえに関数解析学の一般的な手法に関する知識は必要とされる．おそらく最初の段階は，ヒルベルト空間 $\mathfrak{H}$ 上の作用素のなす環 $\mathcal{L}(\mathfrak{H})$ の部分環であって対合的でかつ弱(作用素)位相に関して閉じているフォンノイマン環と，$\mathcal{L}(\mathfrak{H})$ の部分環であって対合的でかつノルム位相に関して閉じている C^* 環との区別を理解することであろう．もちろんすべてのフォンノイマン環はとくに C^* 環でもあるが，それは注目すべき C^* 環とはいえない．というのは，ノルム位相に関して可分ではないからである．(コンパクトな位相空間 X に対し，$C(X)$ が可分であることと X が距離付け可能であることは同値である．)

この章は次の10節に分けられる．

1) マレーとフォンノイマンの論文
2) C^* 環の表現
3) 非可換積分の代数的枠組みと荷重の理論
4) パワーズ因子環，荒木-ウッズ因子環，クリーガー因子環
5) ラドン-ニコディムの定理と III_λ 型因子環
6) 非可換エルゴード理論
7) アメナブルフォンノイマン環
8) アメナブル因子環の分類
9) II_1 型因子環の部分因子環
10) 未解決問題

3.1 マレーとフォンノイマンの論文

$\mathfrak{H}$ を複素ヒルベルト空間，$\mathcal{L}(\mathfrak{H})$ を $\mathfrak{H}$ から $\mathfrak{H}$ への有界作用素のなす C^* 環とする．これはバナッハ環であり，そのノルムは $\|T\| = \sup_{\|\xi\|\leq 1} \|T\xi\|$ で，また対合 $T \mapsto T^*$ は

$$\langle T^*\xi, \eta\rangle = \langle \xi, T\eta\rangle \qquad \forall \xi, \eta \in \mathfrak{H}$$

で与えられる．

$$\|T^*T\| = \|T\|^2 \qquad \forall T \in \mathcal{L}(\mathfrak{H})$$

がわかる．

たとえ $\mathfrak{H}$ が可算次元であっても，バナッハ空間 $\mathcal{L}(\mathfrak{H})$ は可分ではない．双対バナッハ空間 $\mathcal{L}(\mathfrak{H})^*$ の中に，ある閉部分空間が一意に存在して $\mathcal{L}(\mathfrak{H})$ はその双対空間になる．ここで重要なのは $\mathcal{L}(\mathfrak{H})$ 上の線形汎関数であって次の形をしたものである．

$$L(T) = \operatorname{Trace}(\rho T) \qquad \forall T \in \mathcal{L}(\mathfrak{H})$$

ただし ρ はトレース族作用素で，$|\rho| = (\rho^*\rho)^{1/2}$ が $\mathfrak{H}$ 上のすべての直交基底 (ξ_i) に対して

$$\sum \langle |\rho|\xi_i, \xi_i\rangle = \operatorname{Trace}|\rho| < \infty$$

を満たすものである．線形形式 L のノルムは $\operatorname{Trace}|\rho|$ に等しく，このノルムを

もって空間

$$\mathcal{L}(\mathfrak{H})_* = \{\rho \in \mathcal{L}(\mathfrak{H}); \mathrm{Trace}\,|\rho| < \infty\}$$

はバナッハ空間となり, $(\mathcal{L}(\mathfrak{H})_*)^* = \mathcal{L}(\mathfrak{H})$ を満たす. これをバナッハ空間 $\mathcal{L}(\mathfrak{H})$ の**前共役**と呼ぶ.

$\mathfrak{H}$ が可算次元であるとき, バナッハ空間 $\mathcal{L}(\mathfrak{H})_*$ は可分である; $\mathcal{L}(\mathfrak{H})_*$ と $\mathcal{L}(\mathfrak{H})$ の双対性は A を集合としたときの $\ell^1(A)$ と $\ell^\infty(A)$ の双対性とまったく同じものである. とくに, $\mathfrak{H}$ が無限次元の場合はつねに空間 $\mathcal{L}(\mathfrak{H})_*$ は反射的ではなくトポロジー $\sigma(\mathcal{L}(\mathfrak{H}), \mathcal{L}(\mathfrak{H})_*)^1$ は $\mathcal{L}(\mathfrak{H})$ の位相とは同じではない. したがって, $\mathcal{L}(\mathfrak{H})$ の部分空間が $\sigma(\mathcal{L}(\mathfrak{H}), \mathcal{L}(\mathfrak{H})_*)$ で閉であることは通常のノルム位相で閉であることより, かなり条件がきつい.

二つの位相のこの差は以後の議論において本質的である. M を $\mathcal{L}(\mathfrak{H})$ の 1 を持つ $*$-部分環[2] とする. 次の条件は同値である.

1) **位相的条件**: M は $\sigma(\mathcal{L}(\mathfrak{H}), \mathcal{L}(\mathfrak{H})_*)$-閉である.
2) **代数的条件**: M は自分自身の可換子環 M' の可換子環 $(M')'$ に等しい. ($\mathcal{L}(\mathfrak{H})$ の部分集合 $\mathcal{S}$ の可換子環は次の等式によって定義される. $\mathcal{S}' = \{T \in \mathcal{L}(\mathfrak{H}); TS = ST\ (\forall S \in \mathcal{S})\}$)

この二つの性質の同値性がフォンノイマンの二重可換子環定理である.

定義 1 $\mathfrak{H}$ 上の**フォンノイマン環**とは $\mathcal{L}(\mathfrak{H})$ の恒等作用素を含む $*$-部分環で上の同値な条件を満たすものである.

ここで定義から直接出る結果のいくつかを述べておこう.

部分集合 $\mathcal{S} \subset \mathcal{L}(\mathfrak{H})$ を, $\mathcal{S} = \mathcal{S}^* = \{T^*; T \in \mathcal{S}\}$ を満たすものとする; このとき $\mathcal{S}$ の可換子環 $\mathcal{S}'$ はフォンノイマン環になる.

M を $\mathfrak{H}$ 上のフォンノイマン環, $M_1 = \{T \in M; \|T\| \leq 1\}$ を M の単位球とする; すると, M_1 は $\mathcal{L}(\mathfrak{H})_*$ の双対の単位球の中で $\sigma(\mathcal{L}(\mathfrak{H}), \mathcal{L}(\mathfrak{H})_*)$-閉で, $\sigma(M_1, \mathcal{L}(\mathfrak{H})_*)$ 位相について**コンパクト**である. とくに, M はバナッハ空間 M_*

---

1 訳注: $\mathcal{L}(\mathfrak{H})$ 上の**超弱位相**とも呼ばれる.
2 訳注: $*$-環とは, すべての元 x の対合 x^* が含まれ, $x^*y^* = (yx)^*$ として環の演算と両立している環のことである.

の双対になるがこの空間は双対が M になる M^* の唯一の線形(閉)部分空間である [210].

ここで，普通は弱(作用素)位相という名で呼ばれている位相を $\mathcal{L}(\mathfrak{H})$ に導入する．この位相は有限階の作用素全体が作る $\mathcal{L}(\mathfrak{H})_*$ の部分空間との双対関係からくるもので，次のように特徴づけされる．
$$T_\alpha \to T \iff \langle T_\alpha \xi, \eta \rangle \to \langle T\xi, \eta \rangle \quad (\forall \xi, \eta \in \mathfrak{H})$$
この位相は $\sigma(\mathcal{L}(\mathfrak{H}), \mathcal{L}(\mathfrak{H})_*)$ よりも粗いが，ランク有限の作用素の空間は $\mathcal{L}(\mathfrak{H})_*$ でノルム稠密なので，$\mathcal{L}(\mathfrak{H})$ の有界部分集合上では位相 $\sigma(\mathcal{L}(\mathfrak{H}), \mathcal{L}(\mathfrak{H})_*)$ と一致する．しかし，「弱位相」という言葉遣いはよいものではない．実際は各点ごとの弱収束による位相である．

フォンノイマン環は，1 を含む $\mathcal{L}(\mathfrak{H})$ の $*$-部分環で各点弱収束の位相について閉じている．なぜなら，すべての $\mathcal{S} \subset \mathcal{L}(\mathfrak{H})$ に対し，その可換子環 $\mathcal{S}'$ はこの性質を持っているからである．

フォンノイマン環の例

1. 可換フォンノイマン環　この単純な例を記述することでスペクトル定理とボレル関数解析の抽象化した形が与えられる．(X, B, μ) を標準ボレル空間で確率測度 μ を持つもの，そして $\pi(L^\infty(X, \mu))$ を $L^2(X, \mu)$ から $L^2(X, \mu)$ への作用素の環で
$$\pi(f)g = fg \quad (f \in L^\infty, g \in L^2)$$
によって定義されるものとする．すると $M = \pi(L^\infty)$ は可換フォンノイマン環で，しかも $M = M'$ になる．M の前共役は空間 $L^1(X, \mu)$ である．$x \mapsto n(x)$ を X から $\{1, 2, \cdots, \infty\}$ へのボレル関数，$(\tilde{X}, p)$ を X のボレル被覆で
$$\tilde{X} = \{(x, j) \in X \times \mathbb{N}; 1 \leq j \leq n(x)\}, \quad p(x, j) = x$$
によって定義されるものとする．「多重度」関数 n に，$L^\infty(X, \mu)$ の $L^2(\tilde{X}, \tilde{\mu})$ 上の表現 π_n を対応させる（ただし $\tilde{\mu}$ は $\int f(x, j) \mathrm{d}\tilde{\mu} = \int \sum_j f(x, j) \mathrm{d}\mu$ で与えられる）．定義は
$$\pi_n(f)g = (f \circ p)g$$
である．像 $M = \pi_n(L^\infty(X, \mu))$ は空間 $\mathfrak{H} = L^2(\tilde{X}, \tilde{\mu})$ 上の可換フォンノイマン環で，もし $n \not\equiv 1$ であれば $M' \not\subset M$ が成り立つ．

定義 2 M_i $(i=1,2)$ を $\mathfrak{H}_i$ $(i=1,2)$ 上のフォンノイマン環とする．ユニタリ作用素 $U: \mathfrak{H}_1 \to \mathfrak{H}_2$ で
$$UM_1U^* = M_2$$
になるものが存在した場合に M_1 は M_2 に**空間的同型**であるという．

もし $\mathfrak{H}$ が可分ならば $\mathfrak{H}$ 上のすべての可換フォンノイマン環は，適当な空間 (X,μ) と関数 n による空間 $\pi_n(L^\infty(X,\mu))$ に空間的同型である．

ここで $T \in \mathcal{L}(\mathfrak{H})$ を正規作用素，つまり $TT^* = T^*T$ を満たすものとし，M を T で生成されるフォンノイマン環とする．(X,B) に対し，T のスペクトル $K \subset \mathbb{C}$，T のスペクトル測度によって与えられる測度 μ のクラスをとることができる．作用素 $\sum a_{ij} T^i T^{*j}$ に付随した $\sum a_{ij} z^i \bar{z}^j$ の形のすべての多項式関数の K への制限は，$L^\infty(K,\mu)$ から M への同型 π で $\pi(z) = T$ になるものに自然に拡張できる．したがって，すべての $\mathrm{Sp}\,T$ 上の有界ボレル関数 f に対し $f(T)$ は意味を持ち，
$$(\lambda_1 f_1 + \lambda_2 f_2)(T) = \lambda_1 f_1(T) + \lambda_2 f_2(T)$$
$$(f_1 f_2)(T) = f_1(T) f_2(T)$$
$$(f \circ g)(T) = f(g(T))$$
である．K から $\{1, \cdots, \infty\}$ への関数 $x \mapsto n(x)$ は μ を法として一意的．この関数はスペクトル K 内の点 x の多重度を表す．二重可換子環定理によって，T と二重に可換なすべての作用素は T の有界ボレル関数であることが示される．結局，N を可換とは限らないフォンノイマン環とし，$T \in N$ とすると，$T = T_1 + iT_2$，$T_j = T_j^*$ と分解できる．T_j は正規，かつ f をボレル関数としたときすべての $f(T_j)$ は N に含まれるので，N が N 自身に含まれる射影によって生成されることがわかる．

2. ユニタリ表現の可換子環 G を群，π を G の可分ヒルベルト空間 $\mathfrak{H}_\pi$ 上のユニタリ表現とする（または，より一般的に，$\mathcal{A}$ を $*$-環，π を $\mathcal{A}$ の非退化 $*$-表現とする）．可換子環
$$R(\pi) = \{T \in \mathcal{L}(\mathfrak{H}_\pi);\ T\pi(g) = \pi(g)T \quad (\forall g \in G)\}$$
は構成からフォンノイマン環になる．

$R(\pi)$ のありがたみは次の命題にある．

命題 3

a) $E \subset \mathfrak{H}$ を閉部分空間，P を対応する射影とする．すると
$$E が \pi を約する \iff P \in R(\pi)$$

b) E_1, E_2 を π が退化する二つの閉部分空間とする．すると被約表現 π^{E_j} が同値になるのは $R(\pi)$ で
$$P_1 \sim P_2$$
になるとき，つまり，$U^*U = P_1$, $UU^* = P_2$ となる $U \in R(\pi)$ が存在するときに限る．

c) π^{E_1} と π^{E_2} が互いに素であるのは $R(\pi)$ の中心に射影 P が存在して，$PP_1 = P_1$ かつ $(1-P)P_2 = P_2$ になる場合に限る．

表現 π が，互いに素な部分表現を持たないとき**アイソタイプ**であるという．このことは，次の意味で $R(\pi)$ が因子環であるといっているのと同値である．

定義 4 因子環 M とはフォンノイマン環で，その中心がスカラー $\mathbb{C}$ となっているものである．

命題とボレル関数解析の他の直接の系として次が挙げられる．

π が既約であるためには，$R(\pi) = \mathbb{C}$ であることが必要十分である．

3. 有限次元フォンノイマン環 M を有限次元フォンノイマン環とする．表現しているヒルベルト空間を忘れて，これを代数閉体 $\mathbb{C}$ の上の半単純環と見ることにする．するとこれは行列環の有限個の直和である．
$$M = \bigoplus_{k=1}^{q} M_{n_k}(\mathbb{C})$$
ここで等号は次の定義の意味で使われている．

定義 5 M_i をそれぞれ空間 $\mathfrak{H}_i$ ($i=1,2$) 上のフォンノイマン環とする．M_1 から M_2 への環としての同型 θ が存在して，$\theta(x^*) = \theta(x)^*$ ($\forall x \in M_1$) になるとき，M_1 は M_2 に**代数的同型**であるという．

G を群，π を G の有限次元ヒルベルト空間 $\mathfrak{H}_\pi$ 上のユニタリ表現とする．す

ると $R(\pi)$ は有限次元で分解 $M = \bigoplus_{k=1}^{q} M_{n_k}(\mathbf{C})$ に対し対応する π の,多重度 n_k のアイソタイプな部分 π_k への分解がある.

4. 多様体上の離散群の作用 V を多様体 Γ を V に微分同相写像として作用する離散群とする.次の仮定を置く.

(∗) すべての $g \in \Gamma$, $g \neq 1$ に対し,集合 $\{x \in V; gx = x\}$ は測度 0.

X を集合 V/Γ とし,$p : V \to X$ を商写像とする.すべての $\alpha \in X$ に対し $\mathfrak{H}_\alpha = \ell^2(p^{-1}(\alpha))$ とおく.構成から,$\mathfrak{H}_\alpha$ には正規直交基底 e_x ($x \in V$, $p(x) = \alpha$) がある.

定義 6 ランダム作用素 $A = (A_\alpha)_{\alpha \in X}$ とは有界作用素の族 $A_\alpha \in \mathcal{L}(\mathfrak{H}_\alpha)$ で関数
$$a(x,y) = \langle A_{p(x)} e_x, e_y \rangle \quad (x, y \in V,\ p(x) = p(y))$$
が可測であるものである.

以後 $\|A\| = \text{ess sup} \|A_\alpha\|$ と書く[3].

命題 7 M を有界ランダム作用素の同値類(ほとんどいたるところ同値を法として)の ∗-環で,その演算は次で定義されるものとする.
$$(A+B)_\alpha = A_\alpha + B_\alpha, \quad (A^*)_\alpha = (A_\alpha)^*, \quad (AB)_\alpha = A_\alpha B_\alpha$$
すると M はフォンノイマン環 (つまり,∗-環として,あるヒルベルト空間上のフォンノイマン環に同型)になる.さらに,M の中心は可換環 $L^\infty(X)$ に同一視される.ただし X はルベーグ族の像を持つ.

還元理論[4]

$\mathfrak{H}$ を可分ヒルベルト空間,$\mathfrak{F}$ を因子環 $M \subset \mathcal{L}(\mathfrak{H})$ の全体の集合とする.$\mathfrak{F}$ 上にはボレル構造が存在し,標準ボレル空間となっている.(X, B) を標準ボレル空間,μ を (X, B) 上の確率測度,$t \mapsto M(t)$ を X から $\mathfrak{F}$ へのボレル写像とす

---

[3] 訳注:$\|A\| < +\infty$ であるとき A は**有界**であるという.
[4] 1939 年にフォンノイマンによって書かれ,1949 年に公表された [176].

る．M を，その要素 $x \in M$ は有界ボレル切断 $t \mapsto x(t) \in M(t)$ でほぼいたるところ μ で等しいとき (μ-a.e.) 同一視され，自明な演算とノルム

$$\|x\| = \operatorname{ess\,sup} \|x(t)\|$$

を備えた C^* 環とする．この C^* 環 M はフォンノイマン環であること（つまり，適当な空間上のフォンノイマン環に代数的に同型であること）が示せる．たとえば M の，空間

$$L^2(X,\mu) \otimes \mathfrak{H} = L^2(X,\mu,\mathfrak{H})$$

への作用で

$$(\pi(x)\xi)(t) = x(t)\xi(t) \qquad (\forall \xi \in L^2(X,\mu,\mathfrak{H}))$$

によって定義されるものを考えればよい．M の構成は要約すれば

$$M = \int_X M(t)\mathrm{d}\mu(t)$$

と書ける[5]．

定理 8 M を可分ヒルベルト空間上のフォンノイマン環とする．すると M は因子環の直積分

$$\int_X M(t)\mathrm{d}\mu(t)$$

に代数的同型．

フォンノイマンによるこの定理から因子環というものが，すでにフォンノイマン環としてのすべての特徴を含んでいることがわかる．よって，すべてのフォンノイマン環を因子環の「一般化された直和」として再構成することができるのである．

G を群，π を G の可分ヒルベルト空間上のユニタリ表現とする．因子環の直積分としての $R(\pi)$ の分解には，アイソタイプ表現の直積分としての π の分解が対応する．

---

5 M は族 $(M(t))_{t \in X}$ の測度 μ に関する**直積分**であるといわれる．

部分表現の比較および射影と相対次元関数の比較

G を群,π を G の可分ヒルベルト空間 $\mathfrak{H}_\pi$ 上のユニタリ表現とする.π がアイソタイプと仮定する.すると有限次元の場合同様に,π が,π の部分表現である既約表現 π^E の積であると考えるのは自然である.π の部分表現と射影 $P \in R(\pi)$ の間の対応を考えたとき,既約表現が $R(\pi)$ の極小射影と対応しているのが簡単にわかる.

$\quad\quad\quad\quad\quad\quad\quad$ π が既約部分表現を持つ
$\iff\quad$ 因子環 $R(\pi)$ が極小射影を持つ
$\iff\quad$ ヒルベルト空間 $\mathfrak{H}_1$ と $\mathcal{L}(\mathfrak{H}_1)$ から $R(\pi)$ への同型が存在する

既約部分表現を持つすべてのアイソタイプ表現はこの部分表現の積である.$\mathfrak{H}$ 上の極小射影を持つすべての因子環 M に対し,$\mathfrak{H}$ は

$$M = \{T \otimes 1;\ T \text{ は } \mathfrak{H}_1 \text{ 上の作用}\}$$

となるように,テンソル積 $\mathfrak{H} = \mathfrak{H}_1 \otimes \mathfrak{H}_2$ に分解される.しかしながら,アイソタイプ表現 π を持つが既約部分表現を持たない群 G が存在する.この現象は,G が実半単純リー群で π が連続,またはより単純に,G がコンパクトで π が連続であるときは起こらない.しかしながら,多数の離散群の正則表現に対しては起こっている.Γ を可算離散群,Δ を Γ の共役類の有限和とする.すると Δ は Γ の正規部分群.$\Delta = \{1\}$ と仮定する.λ' を Γ の右正則表現とおく.すると $\mathfrak{H}_{\lambda'} = \ell^2(\Gamma)$ はヒルベルト空間で $(\varepsilon_g)_{g \in G}$ を正規直交基底として持ち,次のようにおく.

$$\lambda(g)\varepsilon_k = \varepsilon_{gk}, \quad \lambda'(g)\varepsilon_k = \varepsilon_{kg^{-1}}$$

フォンノイマン環 $R(\lambda')$ は作用素 $\lambda(g)$ ($g \in \Gamma$)によって生成されること,およびベクトル ε_1 は $R(\lambda')$ に対して巡回的かつ分離的,つまり $R(\lambda')\varepsilon_1$ および $R(\lambda')'\varepsilon_1$ は $\mathfrak{H}$ で稠密ということが示せる.$T \in R(\lambda') \cap R(\lambda')'$ としたとき,$T\varepsilon_1$ の座標は Γ の共役類上定数になる.$\Delta = \{1\}$ であるので,$T\varepsilon_1 \in \mathbb{C}\varepsilon_1$ となり,ε_1 は分離的なので,$T \in \mathbb{C}$ になる.

したがって,$R(\lambda')$ は因子環で,λ' はアイソタイプ.$R(\lambda')$ が因子環 $\mathcal{L}(\mathfrak{H})$ に同型ではないことを見るために,次の概念を用いる.

定義9 因子環 M の**トレース** τ とは正線形形式ですべての $A, B \in M$ に対し $\tau(AB) = \tau(BA)$ を満たすもののことである.

$\mathcal{L}(\mathfrak{H})$ 上には 0 でないトレースは,$\mathfrak{H}$ が有限次元であるときのみ存在する. これは $\mathfrak{H}$ が無限次元ならば,すべての $\mathcal{L}(\mathfrak{H})$ の要素は交換子の線形結合であることからわかる. ここで,$R(\lambda')$ 上に τ を
$$\tau(A) = \langle A\varepsilon_1, \varepsilon_1 \rangle \qquad (\forall A \in R(\lambda'))$$
と定義できる.

性質 $\tau(AB) = \tau(BA)$ は A, B がそれぞれ $\lambda(g)$ $(g \in \Gamma)$ の形である場合にはあきらかで,一般の場合には双線形性と連続性から証明できる. $\tau(1) = 1$ であるので,無限次元因子環 $R(\lambda')$ 上の 0 でないトレースが構成できた.

したがって,無限次元因子環で極小射影を持たないものが存在する.

M を因子環とする. 命題 3 のように同値表現の概念と表現の直和を射影子の言葉に言い換えることで,次の概念が得られる.

1) 射影子 $P_1, P_2 \in M$ に対し,$U \in M$ で $U^*U = P_1$ および $UU^* = P_2$ を満たすものが存在するとき,かつそのときに限り成立する同値関係 $P_1 \sim P_2$ に関する P の同値類を $[P]$ で表す.
2) 射影子 P_1 と P_2 で $P_1 P_2 = 0$ を満たすものに対し,$[P_1] + [P_2]$ によって P_1 と P_2 の類にのみ依存する $P_1 + P_2$ の共役類 $[P_1 + P_2]$ を表す.

M が因子環であるという前提から射影子の類の集合には,$P_1' \leq P_2'$ になる代表元があるときに $[P_1] \leq [P_2]$ と定義される関係により,全順序が入る. この全順序集合は,n と m を正整数としたとき $[P] = (n/m)[Q]$ というような等式に意味を与えることが可能になる部分的な演算則を備えている.

定義10 射影子 $P \in M$ は,$Q \sim P$ かつ $Q \leq P$ であれば $Q = P$ になるとき**有限**であるという.

この性質は P の類にのみ依存する. 表現論の言葉では,次の定義を採用する. 表現 π は,π に同値なすべての部分表現 π^E が π に等しいとき有限という. もし π が有限でなければ,π に同値な部分表現は無限個あり,逆に次が成り立つ.

定理 11（マレー–フォンノイマン） M を可分前共役を持つ因子環とする．M の射影の集合から $\overline{\mathbb{R}}_+ = [0, +\infty]$ への写像 D が存在して，スカラー倍 $\lambda > 0$ を除き一意で，次を満たす．

a) $P_1 \sim P_2 \iff D(P_1) = D(P_2)$
b) $P_1 P_2 = 0 \implies D(P_1 + P_2) = D(P_1) + D(P_2)$
c) P が有限 $\iff D(P) < +\infty$

さらに，正規化の定数を除き，D の値域は次に挙げる $\overline{\mathbb{R}}_+$ の部分集合のうち一つである．

$\{1, \cdots, n\}$,	このとき M を	I_n 型 という
$\{1, \cdots, \infty\}$		I_∞ 型
$[0, 1]$		II_1 型
$[0, +\infty]$		II_∞ 型
$\{0, +\infty\}$		III 型

M が極小射影を持っていることと，I 型であることが同値であることがわかる．もし M が I_n 型 $(n < \infty)$ なら，M は $M_n(\mathbb{C})$ で，$D(P)$ は射影 $P \in M_n(\mathbb{C})$ の値域になる $\mathbb{C}^n$ の部分空間の通常の次元になる．もし $n = \infty$ ならば $\mathfrak{H}$ を無限次元かつ可分として $M = \mathcal{L}(\mathfrak{H})$，かつ $D(P)$ は P の値域の次元．

II_1 の場合に顕著なことは，次元が $[0,1]$ の任意の値をとりうるということである．

因子環 M は I_∞ 型部分因子環を持たない場合，有限である．これは M が $\mathrm{I}_n (n < \infty)$ 型または II_1 型のどちらかであるといっているのと同じことである．とくに，もし M が無限である（有限でない）場合には M 上には $\tau(1) = 1$ になるトレース τ は存在しない．

この逆が，マレー–フォンノイマンの第一論文のすばらしい結果の一つである．

定理 12（マレー–フォンノイマン） もし M が II_1 型因子環ならば，M 上に $\tau(1) = 1$ になるトレース τ が一意に存在する．

さらに，$\tau \in M_*$ である．イードン（F. J. Yeadon）[249] による証明は，リル–ナルゼヴスキ（Ryll-Nardzewski）の強力な結果にこの定理を帰着させるもの

である.バナッハ空間 X のすべての $\sigma(X,X^*)$-コンパクト凸部分集合では,凸集合のすべてのアフィン等長作用素によって不動な点が存在する.$\varphi \in M_*$ が $\|\varphi\| = \varphi(1) = 1$ を満たすと,M の内部自己同型写像の作用の下での φ の軌道の閉凸包 K(M_* で考えることになる)は $\sigma(M_*,M)$-コンパクトになることを示すことにより上の結果を適用できる.

これより $\tau \in M_*$ で,$\tau(1)=1$ であり,u を M のユニタリ元,$x \in M$ としたとき,$\tau(uxu^*) = \tau(x)$ となるものの存在がいえる.

代数的同型と空間的同型

M_1 と M_2 をそれぞれフォンノイマン環,θ を M_1 から M_2 への $*$-環としての同型とする.すると θ は等長(なぜなら M_1 および M_2 は C^* 環で $\|T\|^2 = \|T^*T\| = T^*T$ のスペクトル半径)であり,前共役は一意に定まるので,θ は $\sigma(M_i, M_{i*})$-連続.もし M_i がヒルベルト空間 $\mathfrak{H}_i$ ($i=1,2$)にそれぞれ作用しているならば,同型 θ は空間的同型である必要はない.というのは,同型であっても,M_1 および M_2 は非同型の可換子環を持ちうるからである.M を固定して考えよう.M が可分前共役を持つと仮定し,M から $\mathcal{L}(\mathfrak{H})$ のフォンノイマン部分環への同型すべてを記述することを試みてみよう.ただし $\mathfrak{H}$ は可分ヒルベルト空間である.還元理論を使うことにより,M が因子環の場合に制限してさらに問題を簡略化する.

これより同値を除き M のヒルベルト空間 $\mathfrak{H}_\pi$ 上の,M に $\sigma(M, M_*)$ 位相,$\mathcal{L}(\mathfrak{H}_\pi)$ に $\mathcal{L}(\mathfrak{H}_\pi)_*$ の双対位相を考えたときに連続となる,表現 π を研究すればよい.M が因子環であるので,可換子環 $R(\pi) = \pi(M)'$ もまた因子環で,π はアイソタイプ.結果として,$\pi_1 \oplus \pi_2$ を作ることにより,二つの表現 π_1 と π_2 が互いに素になることはなく,また M のすべての表現 π は,ある特定の無限表現の部分表現になっていることがわかる.この結果は M が因子環と限らない場合にも拡張される.M の($\sigma(M, M_*)$ および $\sigma(\mathcal{L}(\mathfrak{H}_\pi), \mathcal{L}(\mathfrak{H}_\pi)_*)$ に対し連続な)すべての表現 π は(可換子環 $R(\rho)$ が I_∞ 型部分因子環を含むという意味において)**真に無限かつ忠実**[6] である表現 ρ の部分表現であり,この ρ は選び方にはよらないので,たとえば M から $\mathcal{L}(\mathfrak{H})$ のフォンノイマン部分環への同型 α か

ら始めて $\rho = \alpha \oplus \alpha \oplus \cdots$ とすればよい.

したがって,いったん M が代数的にわかると,M の $\mathcal{L}(\mathfrak{H})$ のフォンノイマン部分環 (第9節を参照) への同型すべてを決定するのに深刻な障害はない.真の問題は**代数的同型を除く**フォンノイマン環の分類である.

II_1 型因子環の最初の2例,超有限因子環,性質 Γ

Γ が可算離散群でその共役類はすべて無限,λ' をその右正則表現とすると,フォンノイマン環 $R(\lambda')$ は II_1 型因子環となるのであった.これを $R(\Gamma)$ と書く.

論文 On Rings of Operators, IV [174] で,マレーとフォンノイマンは,局所有限 (つまり,有限群の増大有向族の合併集合) である Γ に対して,すべての因子環 $R(\Gamma)$ は同型,および,Γ が二つの生成元による自由群ならば,それらに同型ではない因子環を得る,ということを示した.N を II_1 型因子環,τ を N で ($\tau(1) = 1$ から) 一意に定まるトレースとする.N 上のヒルベルト-シュミット (Hilbert-Schmidt) ノルムを

$$\|x\|_2 = \tau(x^*x)^{1/2}$$

で定義する.(これは行列 (a_{ij}) の (線形空間としての) ノルム $\left(\sum |a_{ij}|^2\right)^{1/2}$ の類似である.)

これが N 上の前ヒルベルト空間ノルムで対応する距離は d_2 で表される.

マレー-フォンノイマンの結果は次の通りである.

定理 13(マレー-フォンノイマン [174]) 可分前共役を持ち,次を満たす II_1 型因子環が同型を除き一意に存在する.$(\forall x_1, \cdots, x_n \in N, \quad \forall \varepsilon > 0)$ $\exists$ 有限次元部分 C^* 環 K ですべての j に対し,$d(x_j, K) \leq \varepsilon$ になる.

この一意に定まる因子環を R で表し,あきらかな理由から**超有限因子環**と呼ぶ.

マレーとフォンノイマンは彼らの論文で任意の無限次元因子環は R の複製を含むことを示した.局所有限,可算離散的な Γ に対しては $R(\Gamma)$ が定理の条件

---

6 「忠実表現」という用語はしばしば「表現 π でその核が 0 になるもの」($\pi(x) = 0 \Rightarrow x = 0$) のかわりに使われる.

を満たし，したがって R と同型になることが簡単にわかる．Γ をうまく選ぶと，さらに R が**性質 Γ** と呼ばれる次の条件を満たすことがわかる．

$\forall x_1, \cdots, x_n \in R$，$\forall \varepsilon > 0$ に対して，R のユニタリ元 u が存在して次を満たす．
$$\tau(u) = 0, \quad \|x_j u - u x_j\|_2 \leq \varepsilon \quad (j = 1, \cdots, n)$$

マレーとフォンノイマンは，$\Gamma = \mathbb{Z}^{*2}$ が生成元二つの自由群であるならば，因子環 $R(\Gamma)$ は性質 Γ を満たさないことを証明した．後でわれわれはこの性質に戻ってくるが，これはマレーとフォンノイマンにとっては単なる道具に過ぎなかった．彼らの論文から引用する．『II_1 型の場合には，いくつかの因子環の代数的不変量 §4.6 の 1) と 2)，および性質 Γ ができる．はじめの二つはおそらく，より一般的な重要性を持つが，しかし最後の一つは，実用に供するには程遠い．』事実，彼らが挙げた 1) と 2) の不変量とは次である．

1) N が N 自身に反同型(つまり，反同型環 N° ($x, y \in N^\circ$ に対して積が $x \cdot y = yx$ である環)に同型)であるかどうか．

2) $\mathbb{R}_+^*$ の部分群 $F(N)$ で次のように構成されるもの．$\tilde{N} = N \otimes K$, ただし K は I_∞ 型因子環とおく．すると，$\tilde{N}$ 上で，相対次元関数 D の値域は $\overline{\mathbb{R}}_+$ となり，もし $\theta \in \mathrm{Aut}\,\tilde{N}$ ならば実正数 $\lambda = \mathrm{mod}\,\theta$ が**一意**に存在し，すべての射影 P に対して $D(\theta(P)) = \lambda D(P)$ になる．群 $F(N) = \{\mathrm{mod}\,\theta;\ \theta \in \mathrm{Aut}\,\tilde{N}\}$ はあきらかに N の代数的不変量になっている．

実際，[35] のあと反自己同型ではない II_1 型因子環の例は，上で定義された群 F が $\mathbb{R}_+^*$ と異なる II_1 型因子環の存在 [42] (計算可能な例ではつねに $F = \mathbb{R}_+^*$ になる)と同様に，長い間得られなかった．

最後に，このマレー－フォンノイマンの結果のレビューを終わらせるため，彼らが III 型因子環を提示することには成功したものの，次のように述べていたことに触れておく．『純粋に無限の場合，つまり III 型の場合はもっとも手に負えないもので，少なくとも現状ではほとんど研究の道具がない．』(例 4 の記号を使うと，$V = P_1(\mathbb{R})$ および Γ としてホモグラフィック変換で作用する $PSL(2, \mathbb{Z})$ ととることができる．すると M は III 型因子環である．)

3.2 C^* 環表現

この理論は 1943 年ゲルファントとナイマルク (Naĭmark) の論文に始まる. (ストーン (M. H. Stone)[223] も参照せよ.)

定義 1 C^* 環とは, $\mathbb{C}$ 上のバナッハ環で次を満たす反線形対合 $x \mapsto x^*$ を持つもののことである. $x, y \in A$ に対して
$$(xy)^* = y^*x^* \quad \text{かつ} \quad \|x^*x\| = \|x\|^2$$
である.

A を**可換** C^* 環でさらに A には単位元があるとする. A から $\mathbb{C}$ への準同型 χ で $\chi(1) = 1$ になるものの集合 $\mathrm{Sp}\,A$ は, A 上の各点収束の位相で**コンパクト**になる[7].

定理 2 A を可換 C^* 環で単位元を持つもの, $X = \mathrm{Sp}\,A$ をそのスペクトルとする. ゲルファント変換 $x \in A \mapsto$ 関数 $\hat{x}(\chi) = \chi(x)$, ($\chi \in \mathrm{Sp}\,A$) は, A から X 上の連続複素数値関数による C^* 環 $C(X)$ への同型.

したがって, すべてのコンパクト空間 X に C^* 環 $C(X)$ を対応させる反変関手 C は連続写像付きのコンパクト空間の圏と, 可換で単位元を持つ C^* 環で単位元を保存する準同型があるものの圏の逆順の圏との間に同値を実現する. 連続写像 $f: X \to Y$ には, $h \in C(Y)$ を $h \circ f \in C(X)$ に写す準同型 $C(f): C(Y) \to C(X)$ が付随する. とくに, 二つの可換 C^* 環が同型になるのは, それぞれのスペクトルが同相であるときのみである.

測度論での鍵になる定理はリースの表現定理である. ここでは X がコンパクトかつ可測の場合についてのみ記述する (このとき, X が可測 $\Leftrightarrow C(X)$ が可分).

---

[7] 訳注:直後に出てくるように $\mathrm{Sp}\,A$ は A の**スペクトル**といわれる.

定理 3 X をコンパクト可測空間,L を $C(X)$ 上の正線形形式,つまり,
$$f \in C(X), \quad f(x) \geq 0 \quad (\forall x \in X) \implies L(f) \geq 0$$
が成り立つものとする.すると X のボレル集合の σ-加法族(つまり,X の閉集合によって生成される σ-加法族) B 上に次を満たす正測度 μ が一意に存在する.
$$L(f) = \int f \, d\mu \quad (\forall f \in C(X))$$

とくに,ヒルベルト空間 $L^2(X, B, \mu)$ および,$C(X)$ の L^2 上の乗法による表現 π を構成できる.さらに $\pi(C(X))$ により生成されるフォンノイマン環はわかっている.それはちょうど $L^\infty(X, B, \mu)$ の要素による乗法環である.μ の σ-加法性は次の等式で言い換えられる.
$$\varphi\left(\sum_{\alpha \in I} e_\alpha\right) = \sum_{\alpha \in I} \varphi(e_\alpha)$$
ただし φ は L から $L^\infty(X, B, \mu)$ へ自然に拡張されたもの,また $(e_\alpha)_{\alpha \in I}$ は,任意の相互に直交する射影子 $e_\alpha \in L^\infty(X, B, \mu)$ の可算個の族.

ここで A を単位元を持つ**非可換** C^* 環としよう.上ででてきた正元,正線形形式,σ-加法性の概念についてはまったくの対応物があり,非可換積分理論の出発点になる.

C^* 環の正元

$\mathfrak{H}$ をヒルベルト空間,$T \in \mathcal{L}(\mathfrak{H})$ とする.次の条件は同値である.
a) $T = T^*$ かつ $\operatorname{Spectrum} T \subset [0, +\infty)$
b) すべての $\xi \in \mathfrak{H}$ に対し $\langle T\xi, \xi \rangle \geq 0$

C^* 環で単位元を持つ A およびその元 $x \in A$ に対し,次の条件は同値である.
1) $x = x^*$ かつ $\operatorname{Spectrum} x \subset [0, +\infty)$
2) $x = a^* a$ となる $a \in A$ が存在
3) $a^* = a$ かつ $x = a^2$ となる $a \in A$ が存在
4) $\|x - \lambda 1\| \leq \lambda$ となる $\lambda \geq 0$ が存在

このとき x は正であるといい $x \geq 0$ と書く．条件 4) は正元の集合は A のなかで閉凸錐となることを示している．この集合を A^+ と書く．もし $A = C(X)$ ならば，$A^+ = \{f;\, f(x) \geq 0\ (\forall x \in X)\}$ である．

C^* 環上の正線形形式

A を上と同じとし，A^* をそのバナッハ空間としての双対とする．$L \in A^*$ は $L(x) \geq 0\ (\forall x \geq 0)$ であるとき正であるという．A^*_+ によって A 上の正線形形式の $\sigma(A^*, A)$-閉凸錐を表す．リースの表現定理の類似は，(ゲルファント，ナイマルク，セガールによる) 次の構成[8]である．

L が正であることと，条件 2) から

$$L(x^*x) \geq 0 \qquad \forall x \in A$$

である．これにより，半双線形形式 $\langle x, y \rangle_L = L(y^*x)$ は A 上に前ヒルベルト空間の構造を定義する．$\mathfrak{H}_L$ を完備分離ヒルベルト空間，$x \in A$ に対し，$\pi_L(x)$ を

$$\pi_L(x)y = xy \qquad \forall y \in A$$

によって定義される左乗法作用素とする．$\|x\|^2 - x^*x \geq 0$ から導き出される不等式 $L(y^*x^*xy) \leq \|x\|^2 L(y^*y),\ y \in A$ によって，π_L はヒルベルト空間 $\mathfrak{H}_L$ 上の A の表現を定義する．

ちょうど可換の場合と同様に，線形形式 L はボレル関数 $f \in \mathcal{L}^\infty(X, B, \mu)$ で拡張される．ここでは線形形式 L は $\pi_L(A)$ によって生成されるフォンノイマン環 $\pi_L(A)''$ 上の線形形式に拡張され，この拡張を $\overline{L}$ で表す．$\overline{L}$ は次のような σ-加法性を持つ．

定義 4 M をヒルベルト空間 $\mathfrak{H}$ 上のフォンノイマン環，ψ を M 上の正線形形式とする．任意の相互に直交する射影の族 $(e_\alpha)_{\alpha \in I}$ に対して，次が成り立つとき，ψ が**正則**であるという．

$$\psi\left(\sum_{\alpha \in I} e_\alpha\right) = \sum_{\alpha \in I} \psi(e_\alpha)$$

---

8 訳注：しばしば GNS 構成(法) と略される．

ここで $\sum e_\alpha$ は,すべての有限和 $\sum_{i=1}^{n} e_{\alpha_i}$ を押さえる最小の射影子を表す.これは M の要素である.ψ が正則であるためには,それが M の前共役 M_* から来ることが必要十分であることが証明できる.

C^* 環に戻ろう.A を単位元を持つ C^* 環とする.ハーン-バナッハ (Hahn-Banach) の定理を,内部が空ではない凸錐 A^+ に適用すると,A の状態の集合

$$S = \{\varphi \in A_+^*; \varphi(1) = 1\}$$

が A の点を分離する空ではない凸集合であることが示される.こうして「正値測度」の存在および,GNS 構成法により,$\mathfrak{H}$ をヒルベルト空間としたときの環 $\mathcal{L}(\mathfrak{H})$ の C^* 部分環としての A の**等長**表現の存在が保証された.

さらに,S は $\sigma(A^*, A)$-コンパクトで,次によって特徴づけされる極値点,**純粋状態**の集合の閉凸包になる.

> φ が純粋状態 $\iff$ 表現 π_φ が既約

実際,より一般的に,錐 A_+^* の中の φ の面とフォンノイマン環 $R(\pi_\varphi)$ の正元の集合の間に一対一対応が次の形で存在する.

> $\psi(a) = \langle \pi_\varphi(a)1, y1 \rangle$ であるとき $\psi \in A_+^*$ は $y \in R(\pi_\varphi)^+$ に付随する.

ここで $1 \in \mathfrak{H}_\varphi$ は A の単位元に対応するベクトルを表す.

したがって,すべての C^* 環 A は十分に多くの既約表現を持つ.可換の場合には,A の既約表現は A から $\mathbb{C}$ への準同型と一致する.非可換の場合には,一つ固定されたヒルベルト空間上の A の既約表現の間の同値関係の性質が,C^* 環の特権的なクラスを定める.次のグリム (J. Glimm) の定理が基本的である.

> **定理 5** [77] A を可分 C^* 環とする.A についての次の条件は同値である.
> 1) A のヒルベルト空間 $\mathfrak{H}_\pi$ 上のすべてのアイソタイプ表現 π は既約表現の定数倍.
> 2) A のすべての既約表現 π に対し,像 $\pi(A)$ は $\mathfrak{H}_\pi$ 上のコンパクト作用素のイデアル $k(\mathfrak{H}_\pi)$ を含む.
> 3) $\mathfrak{H}$ を可分ヒルベルト空間,$\mathrm{Rep}(A, \mathfrak{H})$ を A の $\mathfrak{H}$ 上の既約表現のボレル空間とすると,表現の同値関係による商は可分分離的.

4) π_1 と π_2 を同じ核を持つ A の二つの既約表現とすると，それらは同値になる．

上の同値条件を満たす C^* 環をポストリミナルと呼ぶ．

3.3 非可換積分の代数的枠組みと荷重の理論

有限とは限らない正値測度を考えるためには，無限正値測度の非可換類似物を導入しなければならない．

フォンノイマン環 M と，次の意味での M 上の荷重 φ からなる組 (M,φ) が非可換積分の初期データになる [34][182][105]．

定義1 フォンノイマン環 M 上の**荷重**(あるいは**重み**)とは M_+ から $\overline{\mathbb{R}}_+ = [0,+\infty]$ の中への加法的正値斉次写像 φ で，次を満たすもののことをいう．
a) φ は半有限，つまり，$\{x \in M_+; \varphi(x) < \infty\}$ は $\sigma(M, M_*)$-トータル[9]．
b) φ は正則，つまり，M_+ の要素のすべての単調増加有界有向列に対し
$$\varphi(\sup x_\alpha) = \sup \varphi(x_\alpha)$$ である．

もっとも簡単な無限荷重の例は，ヒルベルト空間 $\mathfrak{H}$ 上の有界作用素の通常のトレースの例でもある．$M = \mathcal{L}(\mathfrak{H})$ とおくと，すべての $T \in M_+$ および $\mathfrak{H}$ のすべての正規直交基底 $(\xi_\alpha)_{\alpha \in I}$ に対し次のようにおく．

$$\operatorname{Trace} T = \sum \langle T\xi_\alpha, \xi_\alpha \rangle = \sup_{0 \leq A \leq T} \{\operatorname{Trace} A; \ A \text{ はランク有限}\}$$

実際，最初に研究された無限荷重は次の意味でのトレースであった．

定義2 フォンノイマン環 M 上の荷重は，M の内部自己同型写像によって不変であるとき，**トレース**と呼ばれる．

したがって，M 上の単一性を持つすべての荷重はトレースになる．古典的理論での，ほとんどいたるところで収束という概念および L^p-空間($p \in [1,\infty]$)の

---

[9] 訳注：部分集合の線形包がある位相で稠密であるとき，トータルであるという．

類似は，**トレース**に対して，主にディクスミエ [75] とセガール [214] によって得られた．

もし φ がトレースならば，集合 $C_p = \{x \in M;\ \varphi(|x|^p) < \infty\}$ は M の両側イデアルで，$\|x\|_p = \varphi(|x|^p)^{1/p}$ は C_p 上のセミノルムを定義する．完備化された空間 $L^p(M, \varphi)$ はヒルベルト空間上の p 乗可積分作用素の，可換あるいは古典的な場合の一般化である数多くの性質を持つ．とくに，もし $x \geq 0$ かつ $\varphi(x) = 0$ から $x = 0$ がいえるなら（この場合 φ は**忠実**と呼ばれる），M の前共役 M_* は空間 $L^1(M, \varphi)$ と同一視される．さらに，共通部分 $L^2(M, \varphi) \cap L^\infty(M, \varphi)$ はヒルベルト環である

定義3 ヒルベルト環とは $*$-環 $\mathcal{A}$ で可分前ヒルベルトの内積 $\langle\ ,\ \rangle$ が次を満たすもののことをいう．
1) $\langle x, y \rangle = \langle y^*, x^* \rangle$ $(\forall x, y \in \mathcal{A})$．
2) $\mathcal{A}$ 上の $\mathcal{A}$ の左乗法による表現は，有界かつ対合的かつ非退化．

条件 1) は $\mathcal{A}$ の完備化であるヒルベルト空間 $\mathfrak{H}$ から自身への反線形等長 J を定義する．条件 2) によって $\mathcal{A}$ の $\mathfrak{H}$ 上の左正則表現 λ について議論することができる．したがって $\mathfrak{H}$ 上のフォンノイマン環 $\lambda(\mathcal{A})''$ が付随する．すると，
a) $\lambda(\mathcal{A})$ の可換子環は右乗法環 $\lambda'(\mathcal{A}) = J\lambda(\mathcal{A})J$ により生成される．
b) ヒルベルト環 $L^2(M, \varphi) \cap L^\infty(M, \varphi)$ に付随するフォンノイマン環は M と同一視できる．
c) すべてのヒルベルト環 $\mathcal{A}$ に対し，フォンノイマン環 $\lambda(\mathcal{A})''$ 上の忠実トレース τ で
$$\tau(\lambda(y^*)\lambda(x)) = \langle x, y \rangle \qquad (\forall x, y \in \mathcal{A})$$
となるものが存在し，$\mathcal{A}$ は τ に付随するヒルベルト環に同値．

一般には，フォンノイマン環 M は忠実トレースを持たない．たとえば，M が因子環の場合，忠実トレースを持つのはそれが III 型でない場合のみである．忠実トレースを持つときフォンノイマン環 M は半有限であるという（M が可分空間に作用しているときは，この条件は M は III 型ではない因子環の直積分ということと同値である）．

半有限な M に対し，ヒルベルト環の理論からくる補助的な道具によって，た

とえば次のような一般には取り扱えないような場合の結果が得られる.

定理 4 M_i を $\mathfrak{H}_i$ 上のフォンノイマン環とする ($i = 1, 2$). すると可換子環 $(M_1 \otimes M_2)'$ は $M_1' \otimes M_2'$ によって生成される.

半有限フォンノイマン環 M_1 と M_2 に対し,この結果はヒルベルト環に対する可換性 a) の帰結である.同様にして,もし G がユニモジュラ局所コンパクト群で dg が G 上のハール測度であれば,コンパクト台連続関数の畳み込み代数はヒルベルト環となり,また可換性 a) によって,

定理 5 G の $L^2(G, \mathrm{d}g)$ 上の右正則表現 λ' の可換子環 $R(\lambda')$ は,左正則表現によって生成される.

この定理 5 は,ユニモジュラとは限らない局所コンパクト群に対し,ディクスミエによって証明されたが,彼はこの際,準ヒルベルト環の概念を導入した.定理 4 は半有限とは限らないフォンノイマン環に対して,冨田によって 1967 年に証明された.実際,彼の一般化ヒルベルト環の理論は,トレースとは限らない荷重に対する非可換積分理論全体の基礎である.冨田理論は,非常に理解しにくい原論文を読みやすく書き下した竹崎正道によるところが大きい [226].

冨田 - 竹崎理論の本質は次の定義と定理に集約される.

定義 6 **左ヒルベルト環**とは *-環 $\mathcal{A}$ で,正定値前ヒルベルト空間としての内積を持ち,次を満たすものである.
1) 作用素 $x \mapsto x^*$ は**可閉**
2) $\mathcal{A}$ の $\mathcal{A}$ 上の左乗法による表現は有界かつ対合的かつ非退化

したがって,ヒルベルト環との唯一の違いは作用素 $x \mapsto x^*$ の閉包 S の絶対値が $|S| \neq 1$ となることである.
$$\Delta = (S \text{ の共役}) \circ S$$
を S の絶対値の二乗とする.すると J を等長な対合として $S = J \Delta^{1/2}$ と書ける.基本的な結果は次の通り [226].

定理 7 $\mathcal{A}$ を左ヒルベルト環，M を $\mathcal{A}$ の左正則表現によって生成されるフォンノイマン環とする．すると $JMJ = M'$ であり，またすべての $t \in \mathbb{R}$ に対し
$$\Delta^{it} M \Delta^{-it} = M$$

さらに，ちょうどヒルベルト環がトレースに付随しているように，左ヒルベルト環は荷重に付随する [34]．

$\mathcal{A}$ を左ヒルベルト環，M を付随するフォンノイマン環．すると M 上の忠実荷重 φ が存在して
$$\varphi(\lambda(y^*)\lambda(x)) = \langle x, y \rangle \qquad (\forall x, y \in \mathcal{A})$$
となる．

逆に，M をフォンノイマン環，φ を M 上の忠実荷重とする．すると
$$\mathcal{A}_\varphi = \{x \in M; \; \varphi(x^*x) < \infty, \quad \varphi(xx^*) < \infty\},$$
は M の乗法と内積 $\langle x, y \rangle = \varphi(y^*x)$ を持ち，左ヒルベルト環になる．付随するフォンノイマン環は M と同一視でき，また対応する荷重は φ と同一視できる．

すべてのフォンノイマン環は忠実荷重を持っているので(実際に，M が可分空間に作用しているならば，M は忠実状態を持つ)，このことからとくにすべてのフォンノイマン環は，左ヒルベルト環の左正則表現により生成されるフォンノイマン環に同型である．

まさにここに冨田理論に関連した竹崎とウィンニンクのすばらしい発見，より正確に言えば，量子統計力学における基礎的方程式 $\sigma_t(x) = \Delta^{it} x \Delta^{-it}$ により定義されるフォンノイマン環 M の 1 径数自己同型群が位置づけられる．もちろん自己同型写像群 σ_t は一意ではない．それはヒルベルト環 $\mathcal{A}$ に，つまり，M 上の忠実荷重 φ に依存している．

定義 8 φ をフォンノイマン環 M 上の忠実荷重とする．M 上の**モジュラ自己同型群**とは左ヒルベルト環 $\mathcal{A}_\varphi$ に付随する M の 1 径数自己同型群 $(\sigma_t^\varphi)_{t \in \mathbb{R}}$ のことである．

有限系の量子統計力学では，絶対温度 T における平衡状態は，環 $M = M_n(\mathbb{C})$ の次の等式によって表される状態である．

$$\varphi(x) = \frac{\text{Trace}(xe^{-\beta H})}{\text{Trace}(e^{-\beta H})}$$

ただし Trace は通常のトレース,$\beta = 1/kT$,k はボルツマン定数,H はハミルトニアン,つまり,系の 1 径数発展群の生成元,$\alpha_t(x) = e^{itH}xe^{-itH}$ ($x \in M, t \in \mathbb{R}$).この場合状態 φ は,発展 α に関連した次の条件により特徴づけられることが簡単に示せる.

($\forall x, y \in M$) $\exists F_{x,y}(z)$,$0 < \text{Im}\, z < 1$ において正則,$0 \leq \text{Im}\, z \leq 1$ において連続かつ有界,また次を満たす.
$$F_{x,y}(t) = \varphi(x\alpha_t(y)), \qquad F_{x,y}(t+i\beta) = \varphi(\alpha_t(y)x) \qquad (\forall t \in \mathbb{R})$$

これが久保 - マーチン - シュウィンガー条件[10]である.無限系に対しては,観測量の環の発展群 $(\alpha_t)_{t \in \mathbb{R}}$(これは C^* 環になる)と,平衡状態の間に同じ関係が成り立つことが期待できる.こうしてハーグ(Haag),フーゲンホルツ(Hugenholtz),ウィンニンクは三つ組 (A, φ, α) に対する上の条件を提出した.ただし A は C^* 環,φ は A 上の状態,α は A の 1 径数自己同型群である.

定理 9(竹崎 - ウィンニンク [226]).M をフォンノイマン環,φ を M 上の忠実正則状態とする.するとモジュラ自己同型群 $(\sigma_t^\varphi)_{t \in \mathbb{R}}$ は一意に定まる M の 1 径数自己同型群で KMS 条件を $\beta = 1$ で満たす.

3.4 パワーズ因子環,荒木 - ウッズ因子環,クリーガー因子環

確率空間の非可換類似物は,M をフォンノイマン環,φ を M 上の忠実正則状態とした組 (M, φ) になる.もっとも簡単な例は $M = M_n(\mathbb{C})$ の場合である.M 上のすべての状態 φ は,ρ を固有値の和が 1 である正値行列として $\varphi = \text{Tr}(\rho \cdot)$ の形に書ける.つまり
$$\varphi(x) = \text{Tr}(\rho x) \qquad (\forall x \in M_n(\mathbb{C}))$$

---

10 訳注:すでに第 1 章で出てきたように KMS 条件と略される.

したがって ρ は,固有値 $\lambda_i > 0$ が i 番目の行にあり, $\lambda_1 \geq \lambda_2 \geq \cdots \geq \lambda_n > 0$ と並んでいる対角行列であるとしてよい. ρ の固有値のリストは φ の不変量になる. φ のモジュラ自己同型群は $H = \mathrm{Log}\,\rho$ として
$$\sigma_t^\varphi(x) = e^{itH} x e^{-itH}$$
によって与えられる.とくに, e_{ij} で標準的な行列単位を表すとすると,
$$\sigma_t^\varphi(e_{kl}) = \left(\frac{\lambda_k}{\lambda_l}\right)^{it} e_{kl}$$
この組 (M, φ) は有限個の点からなる確率空間の類似である.より面白い例を得るためにもっとも単純な手続きは,測度の無限積の構成をまねることである.

そのために, $(M_\nu, \varphi_\nu)_{\nu \in \mathbb{N}}$ を組(行列環,忠実状態)の列, A を C^* 環 $M_1 \otimes M_2 \otimes \cdots M_\nu = A_\nu$ の帰納極限とする.ただし写像 $x \mapsto x \otimes 1$ によって $A_\nu \subset A_{\nu+1}$ とする.単位元を持つ C^* 環 A 上で,次の等式で状態 $\varphi = \bigotimes_{\nu=1}^\infty \varphi_\nu$ を定義する.
$$\varphi(x_1 \otimes x_2 \otimes \cdots \otimes x_\nu \otimes 1 \cdots) = \varphi_1(x_1)\varphi_2(x_2)\cdots\varphi_\nu(x_\nu)$$
これによってこの章の第 3 節にあったように組 (A, φ) に付随する組 $(M, \varphi) = ($フォンノイマン環,正則状態$)$ を考える.すべての φ_ν が忠実ならば φ も忠実,かつ (M, φ) のモジュラ自己同型群は
$$\sigma_t^\varphi(x_1 \otimes \cdots \otimes x_\nu \otimes 1 \cdots) = \sigma_t^{\varphi_1}(x_1) \otimes \cdots \otimes \sigma_t^{\varphi_\nu}(x_\nu) \otimes 1 \cdots$$
によって与えられる.

実は,このフォンノイマン環の構成はフォンノイマン自身によるものである.しかしながら,この構成が基本的であることがあきらかになるためには 1967 年まで待たねばならなかった.フォンノイマン環の誕生から 30 年の間は,わずかに三種類の相互に同型でない III 型因子環が知られるのみであった.物理学者として教育を受けたパワーズが,1967 年に $M_2(\mathbb{C})$ と $\varphi((a_{ij})) = \alpha a_{11} + (1-\alpha)a_{22}$ の組に等しいすべての組 (M_ν, φ_ν) をとると,連続パラメータ $\alpha \in \left(0, \dfrac{1}{2}\right)$ を持つ相互に同型でない III 型因子環の族 R_λ, $(\lambda = \alpha/(1-\alpha) \in (0,1))$ を得る [193] という事実を示すことに成功した.パワーズの発見以後,荒木とウッズは,行列環の無限テンソル積である因子環の同型を除く分類を進めた [3]. とくに φ_ν の固有値のリスト $(\lambda_{\nu,j})_{j=1,\cdots,n_\nu}$ から,次の二つの不変量が計算できることを証明した.

3.4 パワーズ因子環,荒木‐ウッズ因子環,クリーガー因子環

$$r_\infty(M) = \{\lambda \in (0,1);\ M \otimes R_\lambda \text{ は } M \text{ に同型}\}$$
$$\rho(M) = \{\lambda \in (0,1);\ M \otimes R_\lambda \text{ は } R_\lambda \text{ に同型}\}$$

さらに彼らは,$r_\infty(M)$ が $\mathbb{R}_+^*$ の閉部分群で,等式 $r_\infty(M) = \lambda^{\mathbb{Z}}$ が行列環の無限テンソル積でのパワーズ因子環 R_λ を特徴づけることを示した.さらに,$\rho(M)$ の研究からウッズは,実数値ボレル不変量による因子環の分類は不可能であることを示すことに成功した.

一方,クリーガー(W. Krieger)はエルゴード理論に関連した因子環についての組織的研究に着手していた.標準ボレル空間 (X, B) 上の可算軌道の同値関係と準不変測度 μ を出発点とする,彼のフォンノイマン環の構成から説明する.この構成はマレーとフォンノイマンの最初の構成の一般化であったが,この最初の構成そのものも体の中心単純環の接合積の理論に触発されたものであった.最終的な形はフェルドマン(J. Feldman)とムーア(C. Moore)による [92].

したがって,(X, B, μ) を確率化標準ボレル空間とし,$\mathcal{R} \subset X \times X$ を可算軌道を持つ同値関係のグラフとする.このグラフは解析的と仮定しよう.μ は,$\mathcal{R}$ による無視可能な(つまり測度 0 の)ボレル集合の飽和はふたたび無視可能になるという意味で準不変とする.$\mathcal{R}$ から $\mathbb{C}$ への有界ボレル関数の左ヒルベルト環で,ある $n < \infty$ に対し,集合 $\{j;\ f(i,j) \neq 0\}$ はすべての i に対し濃度 $\leq n$ となるものを考える.ただし内積は $L^2(\mathcal{R}, \tilde{\mu})$ のもので,$\int f(i,j) \mathrm{d}\tilde{\mu} = \int \sum_j f(i,j) \mathrm{d}\mu(i)$ である.畳み込み積は

$$(f * g)(\gamma) = \sum_{\gamma_1 \gamma_2 = \gamma} f(\gamma_1) g(\gamma_2)$$

で与えられる.ただし $\gamma_1, \gamma_2 \in \mathcal{R}$ に対し,$\gamma_1 \gamma_2 = \gamma$ は $\gamma_1 = (i_1, j_1)$,$\gamma_2 = (i_2, j_2)$,$j_1 = i_2$,$\gamma = (i_1, j_2)$ とおく.

左ヒルベルト環 $\mathcal{A}$ はしたがって,正方行列の環の一般化として現れる.この環は単位元($i \neq j$ なら $f(i,j) = 0$,すべての i に対し $f(i,i) = 1$ になる f)を持つので,$\mathcal{A}$ に組 (M, φ) が対応する.ただし M はフォンノイマン環,φ は M 上の忠実正規状態である.簡単のため $M = L^\infty(\mathcal{R}, \tilde{\mu})$ と書く.ただし $\mathcal{R}$ は亜群の規則 $\gamma_1 \gamma_2 = \gamma$ による同値関係のグラフを表す.発見的視点から,(古典的積分において)**空間 X** が果たした役割を(非可換積分で)$\mathcal{R}$ に負わせることは,興味深いことである.**非可換性**は $\mathcal{R}$ 上の非自明な亜群規則の存在による(集合

X 上の自明な規則は,すべての $x \in X$ に対して $x \cdot x = x$).同型を除き,フォンノイマン環 $L^\infty(\mathcal{R}, \mu)$ は測度 μ の族にのみ依存する.こうして次のように定義をすることができる.

定義 1 $(X_i, B_i, \mu_i, \mathcal{R}_i)$, $(i=1,2)$ は,上のように可算軌道を持つ同値類.X_1 から X_2 へのボレル全単射 θ で $\theta(\mu_1)$ は μ_2 に同値で,かつ,ほとんどいたるところ,
$$\theta(x \text{ の族}) = \theta(x) \text{ の族}$$
が成り立つものが存在するとき,$\mathcal{R}_1$ は $\mathcal{R}_2$ に**同型**といわれる.

もし T が標準ボレル空間 (X, B) のボレル変換で,μ が T で準不変な測度とすると,X における T の軌道は同値類 $\mathcal{R}_T$ を定義する.$\mathcal{R}_{T_1}$ が $\mathcal{R}_{T_2}$ に同型であるとき,T_1 は T_2 に**弱同値**であるという.

定理 2 [84] 不変測度を持つ任意のエルゴード的変換は弱同値である.

T をこのような変換とする.フォンノイマン環 $L^\infty(\mathcal{R}_T, \mu)$ の(不変測度に付随する)状態 φ はトレースで,$M = L^\infty(\mathcal{R}_T, \mu)$ は,$\mathcal{R}_T$ がエルゴード的なので因子環となり,II_1 型になる.ダイ(H. Dye)は,さらに,これが超有限因子環であることを示した.

1967 年頃,クリーガーは (X, B, μ, T) の,μ が T の下で準不変な場合の変換の弱同値の組織的研究を行なった.彼は,二つの不変量を導入した [151].

$$r(T) = \Big\{ \lambda \in [0, +\infty);\ \forall \varepsilon > 0,\ \forall A \subset X,\ \mu(A) > 0,$$
$$\exists B \subset A,\ \mu(B) > 0,\ \text{および } n \in \mathbb{Z} \text{ が存在して}$$
$$\left| \frac{d\mu(T^n x)}{d\mu(x)} - \lambda \right| \leq \varepsilon\ \big(\forall x \in B\big)\ \text{かつ}\ T^n B \subset A \Big\},$$
$$\rho(T) = \Big\{ \lambda \in \mathbb{R}_+^*;\ \exists \nu \sim \mu \text{ 次を満たす } \frac{d\nu(Tx)}{d\nu(x)} \in \lambda^{\mathbb{Z}}\ (\forall x \in X) \Big\}$$

さらに彼は,r および ρ は弱同値の下での不変量であるばかりではなく,実際は $r(T)$ は $M = L^\infty(\mathcal{R}_T, \mu)$ としたときの荒木-ウッズ不変量 $r_\infty(M) = \{\lambda;\ M \otimes R_\lambda$ は M に同型$\}$ であり,同様に $\rho(T) = \rho(M)$ であることを証明した.

3.4 パワーズ因子環, 荒木-ウッズ因子環, クリーガー因子環

これはまさに荒木-ウッズの結果の一般化である. $(M_\nu, \varphi_\nu)_{\nu \in \mathbb{N}}$ を組 (行列環, 忠実状態) の列, $(\lambda_{\nu,j})_{j=1,\cdots,n_\nu}$ を対応する固有値リストとする. すると無限テンソル積フォンノイマン環 $\bigotimes_{\nu=1}^{\infty}(M_\nu, \varphi_\nu)$ はクリーガーの構成により次の空間と同値関係から同様にして得られる.

$$X = \prod_{\nu=1}^{\infty} X_\nu, \text{ ただし各 } \nu \text{ に対し, } X_\nu = \{1, \cdots, n_\nu\}$$

$\mathcal{B}$ は積位相によって生成される σ-加法族

$$\mu = \prod_{\nu=1}^{\infty} \mu_\nu, \text{ ただし } j \in X_\nu \text{ に対して } \mu_\nu(j) = \lambda_{\nu,j}$$

$\mathcal{R}$ は同値関係 $x = y \iff$ 充分大きい i に対して $x_i = y_i$

関係 $\mathcal{R}$ は実際は $\mathcal{R}_T$ に等しい. ここで T は p-進整数において 1 を足す作用を一般化した変換[11]. Tx を計算するためには, x の最初の座標 x_i で, その値が最大値 n_i ではないものを選び, これを $x_i + 1$ に置き換え, すべての x_j ($j < i$) をすべて 1 に置き換えればよい.

実際に, 行列環の無限テンソル積ではないクリーガー因子環, つまり, $L^\infty(\mathcal{R}_T, \mu)$ の形の因子環は存在する. クリーガーの理論の頂点は, 後で議論する因子環の不変量を使い 1973 年頃証明された次の定理である.

定理 3 (クリーガー [152]) $(X_i, \mathcal{B}_i, \mu_i, T_i)$ $(i = 1, 2)$ をエルゴード的変換とする, ただし μ_i は準不変量かつ $(X_i, \mathcal{B}_i)$ は標準ボレル空間. このとき, T_1 が T_2 に同型(つまり, $\mathcal{R}_{T_1}$ が $\mathcal{R}_{T_2}$ に同型)となるのは因子環 $L^\infty(\mathcal{R}_{T_i}, \mu_i)$ が同型になるときのみ.

この結果があきらかに示すことは, 可算軌道を持った同値関係 $\mathcal{R}$ について, あるボレル変換 T により $\mathcal{R}_T$ と書けるかどうかを知る必要があるということである. クリーガーと私は, $\mathcal{R}$ が離散群 Γ の作用により得られるものである場合に, Γ が可解群ならば $\mathcal{R}$ は $\mathcal{R}_T$ の形をしていることを示した [161]. Γ がアメナブル群である場合はオルンシュタイン(D. Ornstein)とヴァイス(B. Weiss)[180] によって解決され, 最終的な解答はフェルドマン, ヴァイスと私によって得ら

---

[11] 訳注:加算機変換とも呼ばれる.

れた [59].

定理 4 $\mathcal{R}$ が $\mathcal{R}_T$ の形であることは, $\mathcal{R}$ がツィマー(Zimmer)の意味でアメナブル [251] であることと同値.

ツィマーの定義は, フォンノイマン環 $L^\infty(\mathcal{R},\mu)$ のアメナブル性(第 7 節参照)を単純に言い換えただけなので, 上の二つの定理から次の系が導かれる [59].

系 5 アメナブル因子環 $M = L^\infty(\mathcal{R},\mu)$ の任意のカルタン部分環は, M の自己同型写像.

ここで, カルタン部分環とは M の極大可換部分環 A で,
a) A の正規化元は M を生成する(A はしたがって正則と呼ばれる)
b) M から A の上への正則条件付期待値 E が存在する
を満たすものをいう.

条件 b)は M が II_1 型であれば自動的に満たされているので, 次がいえる.

超有限因子環 R は, 共役を除き, 唯一の極大可換正規部分環を持つ.

さらに注意しておくと, ジョーンズと私自身による最近の結果から, アメナブルではない同値関係 $\mathcal{R}_1$, $\mathcal{R}_2$ に対して, 同型 $L^\infty(\mathcal{R}_1,\mu_1) \approx L^\infty(\mathcal{R}_2,\mu_2)$ から関係 $\mathcal{R}_1$ と $\mathcal{R}_2$ の同型を導くことはできないことがわかっている. したがって(半単純リー群のエルゴード的作用からくる同値関係 [252] についての)ツィマーの剛性を, 対応する因子環の剛性定理へと直接言い換えることは期待できない. 彼の証明を因子環の場合に適用させることは, 本質的な未解決問題である(第 10 節).

3.5 ラドン‐ニコディムの定理と III_λ 型因子環

ラドン‐ニコディムの定理

冨田‐竹崎理論によりフォンノイマン環 M 上のすべての忠実荷重 φ に,
$$\sigma_t^\varphi(x) = \Delta_\varphi^{it} x \Delta_\varphi^{-it}$$

で定義される M のモジュラ 1 径数自己同型群 σ_t^φ が付随している.ただし Δ_φ は対合 $x \mapsto x^*$ を,$\{x \in M;\ \varphi(x^*x) < \infty\}$ の内積 $\langle x, y \rangle = \varphi(y^*x)$ に対する完備化の空間 $L^2(M, \varphi)$ の非有界作用素と考えたときの絶対値の二乗のモジュラ作用素である.

一方,荒木とウッズの理論はすべての因子環 M に二つの不変量 r_∞ と ρ を対応させた.
$$r_\infty(M) = \{\lambda;\ M \otimes R_\lambda \sim M\}$$
$$\rho(M) = \{\lambda;\ M \otimes R_\lambda \sim R_\lambda\}$$
さて,荒木 - ウッズ因子環に対して,彼らの仕事をもとに直接計算ができ次の等式が得られる.

(1)　　$r_\infty(M) = \bigcap \text{Spectrum } \Delta_\varphi$　　(φ は M 上の忠実正則状態)
(2)　　$\rho(M) = \{\exp(2\pi/T_0);\ \exists \varphi : M \text{ 上の忠実正則状態で } M \ni \sigma_{T_0}^\varphi = 1\}$

もちろんこれら二つの等式は,任意の因子環 M に対し次の定義を示唆する.

> $S(M) = \bigcap \text{Spectrum } \Delta_\varphi$　　(φ は M の**正則状態**)
> $T(M) = \{M \text{ の}\textbf{モジュラ自己同型群}\text{の可能な周期}\}$

あきらかにはじめに出てくる問題は,荒木 - ウッズ因子環に対し成り立つ等式 $r_\infty = S$ および $\rho = \exp(2\pi/T)$ が一般にも正しいかということである.深く関係している問題として,不変量 S と T の計算がある.不変量 S と T を計算するためには,上の定義から,M 上の忠実正則状態すべてを見てからモジュラ自己同型群を計算しなければならないことがわかる.ここで一般に,かつ,この章の第 4 節の因子環に対してあきらかなように,因子環は,Δ_φ および σ_t^φ の計算が簡単になるような特別な状態または荷重によって与えられる.したがって,ここにおいての問題は群 σ^φ がどの程度 φ に依存しているかを正確に調べることであった.

この問題に対する完全な解答はラドン - ニコディムの定理の精密な非可換版を構成する.

定理 1 [37] M をフォンノイマン環, φ を M 上の忠実荷重, $\mathcal{U}$ を M のユニタリ群で $\sigma(M, M_*)$ 位相を持つものとする.

a) M 上のすべての忠実荷重 ψ に対し, 次を満たす $\mathbb{R}$ から $\mathcal{U}$ への連続写像が一意に存在する.

$$u_{t+t'} = u_t \sigma_t^\varphi(u_{t'}) \qquad (\forall t, t' \in \mathbb{R})$$

$$\sigma_t^\psi(x) = u_t \sigma_t^\varphi(x) u_t^* \qquad (\forall t \in \mathbb{R},\, x \in M)$$

$$\psi(x) = (\varphi(u_t^* x u_t))_{t=-i/2} \qquad (\forall x \in M)$$

これを $u_t = (D\psi : D\varphi)_t$ と書く.

b) 逆に, $t \mapsto u_t$ を $\mathbb{R}$ から $\mathcal{U}$ への連続写像で

$$u_{t+t'} = u_t \sigma_t^\varphi(u_{t'}) \qquad (\forall t, t' \in \mathbb{R})$$

を満たす. すると M 上に一意に定まる荷重 ψ が存在して $(D\psi : D\varphi) = u$ である.

もし M が可換で, $M = L^\infty(X, \mathcal{B}, \mu)$ ならば, φ および ψ は μ に同値な X 上の正値測度. したがってラドン-ニコディム微分 $h : X \to \mathbb{R}_+$ が存在する. h^{it} ($t \in \mathbb{R}$) は $M = L^\infty(X, \mathcal{B}, \mu)$ の要素で $h^{it} = (D\psi : D\varphi)_t$ である.

M を半有限, τ が M 上の忠実トレースとすると, M に属する二つの正値作用素 $\varphi = \tau(\rho_\varphi \cdot)$, および $\psi = \tau(\rho_\psi \cdot)$ が存在して,

$$(D\psi : D\varphi)_t = \rho_\psi^{it} \rho_\varphi^{-it}$$

を満たす. 性質 $\sigma_t^\psi(x) = u_t \sigma_t^\varphi(x) u_t^*$ ($\forall x \in M$) により, モジュラ自己同型群は一般に φ に応じて変化するものの, 内部自己同型写像を法としたクラスは変化しないことがわかる. したがって, このクラスが自明なものであるかどうかを問わねばならない. しかしながら, 上の定理に基づく簡単な議論により

$$T(M) = \{T_0;\ \sigma_{T_0}^\varphi は内部自己同型写像\}$$

がわかる. さらに, ディクスミエと竹崎 [226] の定理から, M_* が可分であると仮定すると,

$$T(M) \neq \mathbb{R} \iff M \text{ は半有限ではない}.$$

よって, M の自己同型写像の内部自己同型写像を法としたクラスの群 $\operatorname{Out} M = \operatorname{Aut} M / \operatorname{Int} M$ を導入し, すべてのフォンノイマン環 M に $\mathbb{R}$ から $\operatorname{Out} M$ への

3.5 ラドン–ニコディムの定理と III_λ 型因子環

標準的な準同型
$$\delta(t) = \sigma_t^\varphi \text{のクラス} (\varphi \text{の選び方によらない})$$
を対応させることができる．とくに，$T(M) = \text{Ker}\,\delta$ は $\mathbb{R}$ の部分群．実際，δ の値域は群 $\text{Out}M$ の中心に含まれさえしている．

さらに，M 上の忠実荷重 φ 一つだけから $T(M)$ を計算することができる．なぜなら σ_t^φ が内部自己同型写像となる t を決定するのにそれで十分だからである．たとえば，もし M が荒木–ウッズ因子環ならば $M = \bigotimes_{\nu=1}^\infty (M_\nu, \varphi_\nu)$ で，$\varphi = \bigotimes_{\nu=1}^\infty \varphi_\nu$ に対するモジュラ自己同型群はわかっている．それは
$$\sigma_t^\varphi = \bigotimes_{\nu=1}^\infty \sigma_t^{\varphi_\nu}$$
である．φ_ν の固有値リスト $(\lambda_{\nu,j})_{j=1,\cdots,n_\nu}$ をもとにした単純な計算から
$$T_0 \in T(M) \iff \sum_{\nu=1}^\infty \left(1 - \left|\sum_j \lambda_{\nu,j}^{1+iT_0}\right|\right) < \infty$$
がわかる．このことから，たとえば $T(R_\lambda) = \{T_0;\ \lambda^{iT_0} = 1\}$ を導くことができる．

M がクリーガー因子環，またはより一般的に，ある同値関係 $\mathcal{R}$ に対し $M = L^\infty(\mathcal{R}, \mu)$ (第 4 節参照．$\mathcal{R}$ が $\mathcal{R}_T$ の形であることを要請しない）の場合に，同様に簡単な計算によって $T(M) = 2\pi / \text{Log}\,\rho(\mathcal{R})$ を確かめることができる．ただし $\rho(\mathcal{R})$ は $\mathcal{R}$ の軌道を保つすべてのボレル変換 S に対し，ラドン–ニコディム微分 $\dfrac{d\nu(Sx)}{d\nu(x)}$ が $\lambda^\mathbb{Z}$ にはいっているような $\nu \sim \mu$ が存在するような $\lambda > 0$ の集合，つまり，クリーガーの不変量 ρ である．二番目の計算から容易に，等式 $\rho(M) = \exp(2\pi/T(M))$ は一般には成立しないことがわかる．

最後に強調しておくと，ラドン–ニコディムの定理の類似である定理 1 により，数多くのフォンノイマン環に対し，**すべての正則荷重**とそれらのモジュラ自己同型写像の群を具体的に表示することができる．

したがって，第 1 節の例 4 を再び取り上げることにしよう．$X = V/\Gamma$ 上のランダム作用素のフォンノイマン環 M 上のすべての正則荷重を，どう表現するかを見ることにする．ヒルベルト空間 $\mathfrak{H}$ 上の 2 次形式とは $\mathfrak{H}$ から $[0, +\infty]$ への写像 q で

 a) $q(\xi + \eta) + q(\xi - \eta) = 2q(\xi) + 2q(\eta) \quad (\forall \xi, \eta \in \mathfrak{H})$

b) $q(\lambda\xi) = |\lambda|^2 q(\xi) \quad (\forall \xi \in \mathfrak{H}, \lambda \in \mathbb{C})$

を満たすものであった.

さらに $\text{Dom } q = \{\xi \in \mathfrak{H}; q(\xi) < \infty\}$ は $\mathfrak{H}$ で稠密,かつ q は下半連続であることを仮定する.すると正値非有界作用素 T で $q(\xi) = \|T^{1/2}\xi\|^2 \; (\forall \xi \in \mathfrak{H})$ になるものが対応する.

定義 2 ランダム形式とは,すべての $\alpha \in X$ およびすべての $\nu \in \bigwedge^n T_\alpha(X)$ に対し[12],次を満たす $\mathfrak{H}_\alpha$ 上の 2 次形式 $q_{\alpha,\nu}$ により構成されるものである.
1) $q_{\alpha,\lambda\nu} = |\lambda| q_{\alpha,\nu} \quad (\forall \lambda \in \mathbb{R})$
2) V から $\mathbb{R}$ への写像 $x \mapsto q_{p(x),\nu(x)}(\xi_x)$ を満たすものはすべての可測切断 ν および ξ に対して可測.

よって $\int q = \int_V q_{p(x)}(e_x)$ とおける.定理 1 から次が証明できる.

定理 3
1) q をランダム形式,すべての組 (α, ν) に対し $T_{\alpha,\nu}$ を,2 次形式 $q_{\alpha,\nu}$ が付随した空間 $\mathfrak{H}_\alpha$ の正値非有界作用素とする.

もし $\int q = 1$ ならば次の等式が M 上の正則状態 φ_q を定義する.すべてのランダム作用素 $A = (A_\alpha)_{\alpha \in X} \in M$ に対し,

$$\varphi_q(A) = \int_V \langle A_{p(x)} T^{1/2}_{p(x)} e_x, T^{1/2}_{p(x)} e_x \rangle$$

2) 写像 $q \mapsto \varphi_q$ は正規化されたランダム形式 $q\, (\int q = 1)$ と M 上の正則状態の間の全単射.
3) φ_q が忠実になるのは作用素 $T_{\alpha,\nu}$ が $\nu \neq 0$ およびほとんどすべての $\alpha \in X$ に対し非特異である場合に限る.
4) M 上のすべての忠実正則状態 $\varphi = \varphi_q$ に対し,モジュラ自己同型群 σ_t^φ は

$$(\sigma_t^\varphi(A))_\alpha = T^{it}_{\alpha,\nu} A_\alpha T^{-it}_{\alpha,\nu} \quad \forall A = (A_\alpha) \in M$$

で与えられる.

---

[12] $n = \dim V$ であり,Γ の各軌道に沿ってファイバー $T(V)$ を自明化するために,V 上の Γ の作用の微分を使っている.

III$_\lambda$ 型因子環

ラドン-ニコディムの定理によって,M 上の忠実正則荷重 φ 一つだけから不変量 $S(M)$ を計算することができるようになる.φ の中心化群 M_φ は等式

$$M_\varphi = \{x \in M;\ \sigma_t^\varphi(x) = x\ (\forall t \in \mathbb{R})\}$$

によって定義される.すべての射影子 $e \neq 0$, $e \in M_\varphi$ に対して,被約フォンノイマン環 $eMe = \{x \in M;\ ex = xe = x\}$ 上の忠実荷重 φ_e が等式

$$\varphi_e(x) = \varphi(x) \qquad (\forall x \in eMe,\ x \geq 0)$$

によって定義される.これから公式

$$S(M) = \bigcap_{e \neq 0} \mathrm{Spectrum}\, \Delta_{\varphi_e}$$

が得られる.ただし e は M_φ のすべての 0 でない射影を動く.さらに,e が φ と可換であることより,$\sigma_t^{\varphi_e}$ の(したがって Δ_{φ_e} のスペクトルの)計算は直接できる.

$$\sigma_t^{\varphi_e}(x) = \sigma_t^\varphi(x) \qquad (\forall x \in eMe)$$

したがって上の公式により,たとえば,$M = L^\infty(\mathcal{R}, \mu)$ であるときの $S(M)$ を計算することができ,等式

$$S(M) = r(\mathcal{R})$$

を得る.ただし r はクリーガーによって定義されたラドン-ニコディム微分の本質的値の集合としての不変量.よって,一般に $S(M) \neq r_\infty(M)$ となる.さらに $S(M)$ の,モジュラ準同型 δ のスペクトルとしての,より満足できる解釈がある.

前共役 M_* が可分であるとしよう.すると,M の 1 径数自己同型群 $(\alpha_t)_{t \in \mathbb{R}}$ は,すべての t に対し Out M での α_t のクラス $\varepsilon(\alpha_t)$ が $\delta(t)$ に等しいとき,またそのときに限り,M 上のある忠実荷重 φ に対して σ_t^φ の形に書ける.

別のいい方をすると,M 上の忠実荷重に対するすべてのモジュラ自己同型群の集合はまさに δ の掛け算ボレル切断の集合になっている.

すべての忠実荷重 φ に対し,Δ_φ のスペクトルは σ^φ のスペクトルに次の意味で同一視される.

$$\text{Spectrum}\,\sigma^\varphi = \{\lambda \in \mathbb{R} \text{ の双対群};\ \int f(t)\sigma_t^\varphi \mathrm{d}t = 0 \text{ を満たす}$$
$$\text{すべての } f \in L^1(\mathbb{R}) \text{ に対し } \hat{f}(\lambda) = 0\}$$

(σ^φ のスペクトルは,関数 $t \mapsto \sigma_t^\varphi(x)$ のフーリエ変換であるシュワルツ超関数の台によって定義することもできる.この方法によって M 上に値を持つシュワルツ超関数が得られ,また Spectrum σ^φ は $\sigma^\varphi(x)$ の台の和集合の閉包になる.)

上の公式でもう一つ注目すべき点は,$\mathbb{R}_+^*$ は等式 $\langle \lambda, t\rangle = \lambda^{it}$ ($\lambda \in \mathbb{R}_+^*$, $t \in \mathbb{R}$)によって $\mathbb{R}$ の双対群に同一視される.正確に式を書くと

$$\text{Sp}\,\Delta_\varphi \cap \mathbb{R}_+^* = \text{Spectrum}\,\sigma^\varphi$$

である.したがって

$$\mathbb{R}_+^* \cap S(M) = \bigcap_{\varepsilon \circ \alpha = \delta} \text{Spectrum}\,\alpha$$

であり,この公式は,M が因子環である場合に,$\mathbb{R}_+^* \cap S(M)$ が $\mathbb{R}_+^*$ の部分群であることを示している.さらに,$0 \in S(M)$ は M が III 型であることと同値で,次のように場合分けされる.

III$_0$ 型 $S(M) = \{0, 1\}$,
III$_\lambda$ 型 $\lambda \in (0, 1)$: $S(M) = \lambda^{\mathbb{Z}} \cup \{0\}$,
III$_1$ 型 $S(M) = [0, +\infty)$.

ある意味では,上に出てきた λ は M と半有限因子環の距離を表している.実際,λ は,単調かつ一対一の対応によって,M 上のトレースの存在の障害を表す量に関連付けられる.

$$d(M) = (\mathfrak{S}/\text{Int}\,M) \text{ の直径}$$

ただし $\mathfrak{S}$ は M 上の正則状態のなす距離空間(距離は $d(\varphi_1, \varphi_2) = \|\varphi_1 - \varphi_2\|$)を表し,Int M は $\mathfrak{S}$ に $\varphi \mapsto u\varphi u^*$ (u は M のユニタリ元)によって作用する.III$_1$ 型の M に対して,$d(M) = 0$ であるため [67],閉であることと,内部自己同型写像の下で不変であるという性質だけでは III$_1$ 型因子環の二つの状態は区別できない.

ここで $S(M)$ の他の発見的観点からの解釈を引用しよう.はじめに「モジュラ自己同型写像」という用語の原点に立ちかえってみる.左ヒルベルト環の最初の例は,局所コンパクト群 G 上のコンパクト台連続関数の畳み込み代数であ

る．dg を G 上の左ハール測度としよう．群のモジュラスはしたがって G の dg 上の右作用に付随した，G から $\mathbb{R}_+^*$ への準同型 δ_G になる．さらに，左ヒルベルト環のモジュラ作用素は空間 $L^2(G, dg)$ の関数 δ_G をかける掛け算作用素であるから，そのスペクトルは δ_G の値域の閉包．こうして，つねに発見的観点からではあるが，不変量 $S(M)$ を因子環 M に対し「M の像のモジュラス」として解釈できる．

III_λ 型因子環，$\lambda \in (0,1)$ は，等式 $S(M) = \lambda^{\mathbb{Z}} \cup \{0\}$ によって特徴づけられる．ここで簡単にわかることは，G が局所コンパクト群で，G の δ_G の像のモジュラスが $\lambda^{\mathbb{Z}}$ であるならば，G はユニモジュラ群 $H = \mathrm{Ker}\, \delta_G$ の，H 上のすべてのハール測度に λ を掛けるという自己同型写像 $\alpha \in \mathrm{Aut}\, H$ による半直積となることである．逆に，H をユニモジュラ，α を H 上のすべてのハール測度に λ をかける掛け算作用素としたときの，すべての組 (H, α) は半直積によって，$\delta_G(G) = \lambda^{\mathbb{Z}}$ として局所コンパクト群 $G = H \rtimes_\alpha \mathbb{Z}$ を与える．次の定理によってこの類推が拡張される．

定理 4 [37] $\lambda \in (0,1)$ とする．
a) M を III_λ 型因子環とする．II_∞ 型因子環 N およびすべての N のトレースに λ を掛ける $\theta \in \mathrm{Aut}\, N$ が存在し（これより $\mathrm{mod}\, \theta = \lambda$ と書く），M が，θ による N の接合積に同型となる．
b) N を II_∞ 型因子環，$\theta \in \mathrm{Aut}\, N$ を $\mathrm{mod}\, \theta = \lambda$ となるものとする．すると θ による N の接合積は III_λ 型因子環である．
c) 二つの組 (N_i, θ_i) $(i = 1, 2)$ は，N_1 から N_2 への同型 σ が存在して，N_2 の内部自己同型を法として $\sigma \theta_1 \sigma^{-1}$ と θ_2 のクラスが等しい場合に限り同型因子環を与える．

因子環分類問題においてこの定理がどういう役割をするかを確かめる前に，III_λ 型因子環の一般理論に関した重要な情報を述べておこう．トレースの概念は次で置き換えられる．

定義 5 III_λ 型$(\lambda \in (0,1))$の因子環 M 上の，**一般化トレース** φ とは忠実荷重 φ で $\mathrm{Sp}\, \Delta_\varphi = S(M)$ かつ $\varphi(1) = +\infty$ であるものをいう．

M 上の一般化トレースの存在は,不変量 $T(M)$ と $S(M)$ との間の関係を探り,また $S(M) = \{0,1\}$ の場合を除いて(III_0 型の場合には,$T(M)$ は $\mathbb{R}$ の,閉とは限らない任意の可算部分群にとれる),不変量 $T(M)$ は $S(M)$ により決定されることを示すことで証明できる [37].

さらに,次のような一意性定理が成り立つ.φ_1 および φ_2 を M 上の一般化トレースとすると,**内部自己同型写像 α が存在して φ_2 が $\varphi_1 \circ \alpha$ の定数倍になる**.

定理の II_∞ 型フォンノイマン環 N は,一般化トレース φ の中心化群 M_φ 以外のなにものでもない.M でのその場所は**内部自己同型を除き一意的**で,極大半有限部分環として特徴づけることができる [37].

定理 4 から III_λ 型因子環の分類問題は次に帰着することがわかる.
1) II_∞ 型因子環の分類.
2) II_∞ 型因子環 N が与えられたとき,$\text{Out}\, N = \text{Aut}\, N/\text{Int}\, N$ の中で $\text{mod}\,\theta = \lambda$ となる θ の共役類を定める.

これら二つの問題が,この後の第 6 節と第 7 節および非可換エルゴード理論に含まれる問題 2) の主な動機づけである.

3.6 非可換エルゴード理論

(X, B, μ) を,確率測度 μ の標準ボレル空間,T を (X, B) の μ を不変にするボレル変換とする.$M = L^\infty(X, B, \mu)$ とし,φ を μ に付随した状態とする.すると T は,等式
$$\theta(f) = f \circ T^{-1}$$
によって M の自己同型写像で φ を保存するものを定める.逆に,すべての M の自己同型写像で φ を保存するものはこのようにして得られる.したがって,古典的エルゴード理論は,変換の後では M の,φ を固定した共役を除いた自己同型の研究ということになる.実際,この理論の正当化の理由の一つに,すべての三つ組 (X, B, μ)(言い換えるとすべての組 (M, φ) ですべての $x \in X$ に対し $\mu(\{x\}) = 0$ となるもの)は同型であるということがある.したがって,このような三つ組の異なる構成それぞれに (X, B, μ) の自己同型写像の族が対応するが,問題はそれらを比較することである.同様にして,非可換積分理論の枠組

の中で，数多くの異なる超有限因子環 R の構成法が存在する．たとえば局所有限離散群の正則表現(第1節)として，あるいは τ_n を $\tau_n(1) = 1$ によって正規化されたトレースとして，組 $(M_n(\mathbb{C}), \tau_n)$ の無限テンソル積として，またはダイの定理(第4節)によって．それぞれの構成法に対して，R の自己同型写像が対応する．事実，R は実ヒルベルト空間 E 上の標準的な反可換関係からも構成することができ，したがって直交群 E から $\mathrm{Aut}\, R$ の中への単射的準同型を含む．このことから $\mathrm{Out}\, R$ はすべての可分局所コンパクト群を含むことがわかる．

もちろん，$\sigma \in \mathrm{Aut}\, R$ としたとき，誰も θ と $\sigma\theta\sigma^{-1}$ の形の自己同型写像を区別したいとは思わないだろう．そこで次の一般的な定義を採用することにしよう．

定義 1 M をフォンノイマン環，$\theta_1, \theta_2 \in \mathrm{Aut}\, M$ を M の二つの自己同型写像とする．
a) θ_1 と θ_2 は，$\sigma \in \mathrm{Aut}\, M$ が存在して $\theta_2 = \sigma\theta_1\sigma^{-1}$ となるとき**共役である**という．
b) θ_1 と θ_2 は，$\sigma \in \mathrm{Aut}\, M$ が存在し $\mathrm{Int}\, M$ を法として $\theta_2 = \sigma\theta_1\sigma^{-1}$ であるとき**外部共役である**という．

M が可換のとき，$\mathrm{Int}\, M = \{1\}$ であるので，二つの定義は一致する．一般の場合には，共役と外部共役という二つの問題を抱えることになる．まずは古典的エルゴード理論の重要な結果を，非可換に拡張したものを引用することから始めたい．そのあと非可換に特有な現象について議論することにする．R の自己同型写像についてのみ興味がある読者は，このあと定理14の前まで読み飛ばしてかまわない．

ロホリンの定理

(X, B, μ) を確率化標準ボレル空間，T を (X, B) のボレル変換で μ を保つものとする．すると本質的に一意な X の分解 $X = \bigcup_{i=1}^{\infty} X_i$ が存在して，X_i は T で不変かつ次を満たす．

1) すべての $i > 0$ に対し，T の X_i への制限は周期的でその周期は i.
$$\mathrm{card}\{T^j x\} = i \qquad (\forall x \in X_i)$$

2) $i=0$ に対し,T の X_0 への制限は**非周期的**,つまり,
$$\mathrm{card}\{T^j x\} = \infty \qquad (\forall x \in X_0)$$

ロホリン(Rokhlin)の定理は次のように述べることができる.T を (X,B,μ) の非周期的変換とする.すべての $\varepsilon > 0$ と $n > 0$ に対し,ボレル集合 E が存在して $E, T(E), \cdots, T^{n-1}(E)$ は互いに共通部分を持たず
$$\mu\left(X\setminus \bigcup_{j=0}^{n-1} T^j(E)\right) < \varepsilon$$

となる.ここで,組 (N,τ) を(フォンノイマン環,$\tau(1) = 1$ で規格化された忠実トレース)の組,θ を N の自己同型写像で τ を保つものとする.すると N の 1 の分解が存在して,$\sum_{j=0}^{\infty} e_j = 1$.ただし e_j はどれも N の**中心**にはいる θ 不変な射影,かつ次を満たす.

a) すべての $j > 0$ に対して,θ の被約フォンノイマン環 N_{e_j} への制限は,θ^j が内部という条件を満たし,かつ,$k < j$ およびすべての 0 でない射影子 $e \le e_j$ に対して,0 でない射影子 $f \le e$ が存在して
$$\|f\theta^k(f)\| \le \varepsilon$$
である.

b) $j = 0$ に対し,θ のフォンノイマン環 N_{e_0} への制限は非周期的.すべての $k > 0$,すべての 0 でない射影子 $e \le e_0$,すべての $\varepsilon > 0$ に対し,0 でない射影子 $f \le e$ が存在して
$$\|f\theta^k(f)\| \le \varepsilon$$
を満たす.

可換の場合と同様,この分解は一意である.$e_0 = 1$ の場合,θ は**非周期的**であるといわれる.

定理 2 [39]　(N,τ) を(フォンノイマン環,規格化された忠実トレース)の組,θ を N の非周期的自己同型写像で τ を保つものとする.すべての自然数 $n > 0$ とすべての $\varepsilon > 0$ に対し,N の 1 の分解 $\sum_{j=0}^{n-1} E_j = 1$ が存在する.ただし E_j は射影で,
$$\|\theta(E_j) - E_{j+1}\|_2 \le \varepsilon \qquad (j = 0, 1, \cdots, n-1,\ E_n = E_0)$$
を満たす.

ここで，第 1 節と同様に，すべての $x \in N$ に対して $\|x\|_2 = (\tau(|x|^2))^{1/2}$ と書く．

エントロピー [56][68][64]

(X, B, μ, T) を上と同様とし，$\mathcal{P}$ を X のボレル分割とする．T に相対的な $\mathcal{P}$ のエントロピー T とは $\mathcal{P}, T\mathcal{P}, \cdots, T^{n-1}\mathcal{P}$ によって構成される分割の要素数の対数を漸近的に $1/n$ 回数えたスカラー量 $h(T, \mathcal{P})$ のことをいう．つまり

$$h(T, \mathcal{P}) = \lim_{n \to \infty} \frac{1}{n} h(\mathcal{P} \vee T\mathcal{P} \vee \cdots \vee T^{n-1}\mathcal{P})$$

ただし，分割 $Q = (q_j)_{j \in \{1,\cdots,k\}}$ に対して，$h(Q) = \sum \eta(\mu(q_j))$ かつ $\eta(t) = -t \log t \ (\forall t \in [0,1])$ である．

T のエントロピーは $h(T, \mathcal{P})$ の上限として定義される．これはコルモゴロフ–シナイ (Kolmogoroff–Sinai) 定理によって計算可能な不変量である．すべての分割 $\mathcal{P}$ で $T^j \mathcal{P}$ がボレル族 B を生成するものに対して，$h(T) = h(T, \mathcal{P})$ となる．とくに，ベルヌーイのずらしを考えよう．これは $\prod_{\nu \in \mathbb{Z}}(X_\nu, \mu_\nu)$ において 1 だけずらす変換である．ただし X_ν はすべて $\{1, \cdots, p\}$ であり，μ_ν はすべて同じ測度 $j \in \{1, \cdots, p\} \mapsto \lambda_j$ である．すると $h(T) = \sum_{j=1}^{p} \eta(\lambda_j)$ を得る．

さて，ベルヌーイのずらしにも非可換類似がある．整数 p に付随するもっとも簡単な場合を取り上げよう．無限テンソル積 $\bigotimes_{\nu \in \mathbb{Z}}(M_\nu, \varphi_\nu)$ を考える．ただし，すべての ν に対して，$M_\nu = M_p(\mathbb{C})$ は $p \times p$ 行列全体のなす環で，φ_ν はその規格化されたトレースである．ずらし S_p は組 (R, τ) の自己同型写像を与える，ただし R は超有限因子環かつ τ はその規格化されたトレースである．次のような問題を提起することができる．

「S_p は相互に共役か？」

この問題は，スターマー (E. Størmer) と共に私をエントロピーおよびコルモゴロフ–シナイ定理の一般化に導いた．これにより共役を除く自己同型写像 S_p の区別ができる．

こういった最初の結果はユニモジュラの場合に限定されていた．ただし可測空間 (X, B, μ) は有限トレース τ を持つフォンノイマン環 M にとって代わられ，自己同型写像 $\theta \in \text{Aut } M$ は τ を保存する．空間 X の有限分割 $Q = (q_j)$ の役

割は，有限次元部分環 $K \subset M$ によって演じられるが，同時に完全に新しい困難にぶつかることになる．非可換の場合，二つの有限次元部分環 K_1 と K_2 によって生成される M の部分環が，再び有限次元になるということは一般に正しくない．(たとえば，群 $\Gamma = \mathbb{Z}_2 * \mathbb{Z}_3 = PSL(2,\mathbb{Z})$ のフォンノイマン環 $R(\Gamma)$ は二つの部分環 $K_1 = \mathbb{C}(\mathbb{Z}_2)$ と $K_2 = \mathbb{C}(\mathbb{Z}_3)$ から生成されるが，それぞれ 2 次元と 3 次元である．) したがって可換の場合と同様に多重分割 $\mathcal{P}_1 \vee \mathcal{P}_2$ の概念を使うことは不可能である．この困難を解消する鍵は情報の非可換理論から，とくにウィグナー－柳瀬－ダイソン (Wigner-Yanase-Dyson) 予想，つまり汎関数
$$I_p(\rho, T) = \tau([\rho^p, T]^*[\rho^{1-p}, T]), \text{ ただし } p \in (0, 1), \text{ および } T \in M$$
の変数 $\rho \in M_+$ による凹性の，リープ (E. Lieb)[156] による解法からくる．リープの結果の直接の系として次の汎関数の凸性がわかる．
$$S(\rho_1, \rho_2) = \tau(\rho_1(\log \rho_1 - \log \rho_2)) \qquad (\rho_j \in M^+)$$
これによってスターマーと私は，K_j を任意の M の有限次元部分代数として，関数 $H(K_1, \cdots, K_n) \in [0, \infty)$ を定義することができた．この関数は，$H(K_1 \vee K_2 \vee \cdots \vee K_n)$ の役を演じる，つまり，次の諸性質を持つ．

a) $j = 1, \cdots, k$ に対し $N_j \subset P_j$ ならば，$H(N_1, \cdots, N_k) \leq H(P_1, \cdots, P_k)$．

b) $H(N_1, \cdots, N_k, N_{k+1}, \cdots, N_p) \leq H(N_1, \cdots, N_k) + H(N_{k+1}, \cdots, N_p)$．

c) $P_1, \cdots, P_n \subset P \Longrightarrow H(P_1, \cdots, P_n, P_{n+1}, \cdots, P_m) \leq H(P, P_{n+1}, \cdots, P_m)$．

d) 極小射影のすべての族 $e_\alpha \in N$ で $\sum e_\alpha = 1$ であるものに対し，$H(N) = \sum \eta(\tau(e_\alpha))$．

e) $(N_1 \cup N_2 \cup \cdots \cup N_k)''$ が互いに可換なフォンノイマン部分環 $P_j \subset N_j$ により生成されているとき，$H(N_1, \cdots, N_k) = H((N_1 \cup \cdots \cup N_k)'')$ となる．

汎関数 H はさらに次の不等式を満たすという意味で連続．

f) $H(N_1, \cdots, N_k) \leq H(P_1, \cdots, P_k) + \sum_j H(N_j | P_j)$,

ただし相対エントロピー汎関数 $H(N|P)$ は

$\qquad$ すべての $\varepsilon > 0$，$n \in \mathbb{N}$ に対し，$\delta > 0$ が存在して次を満たす．
$\qquad\qquad \dim N = n, \forall x \in N, \|x\| \leq 1, \exists y \in P \ni \|x - y\|_2 \leq \delta$
$\qquad \Longrightarrow \qquad\qquad H(N|P) < \varepsilon$

を満たす．(この N_j の摂動の下での $H(N_1, \cdots, N_k)$ の安定性は，汎関数 $H((N_1 \cup N_2 \cup \cdots \cup N_k)'')$ によっては満たされない．) よって，組 (M, τ) のすべての自己

同型写像 θ に対し,次の量

$$H(N,\theta) = \lim_{k\to\infty} \frac{1}{k} H(N,\theta(N),\cdots,\theta^k(N))$$
$$H(\theta) = \sup_N H(N,\theta)$$

を定義するのは簡単である.さらに,もし M が超有限ならば次のコルモゴロフ–シナイの定理の類似を得る

定理 3 N_k を M の有限次元部分環の増大列で,$\bigcup N_k$ が M 上弱稠密なものとする.すると組 (M,τ) のすべての自己同型写像 θ に対し

$$H(\theta) = \sup_k H(N_k,\theta)$$

性質 d) と e) を使うと,次の系が簡単に得られる.

系 4 超有限因子環 R のずらし S_n は,どの二つも共役ではなく,$H(S_n) = \log n$ となる.

読者には,他のエントロピーの計算について [68][187] を薦める.古典的な場合のように,相対エントロピー $H(N|P)$ は,ある無限次元の組 (N,P) に対し意味を持ち,[187] では重要な役割を果たす.

ここまでわざと汎関数 H の具体的な定義 [68] を書かずにきた.というのは,[56] で与えられ [64] で発展した一般(非ユニモジュラ)の場合の解を与えてからしかその概念的な形に到達できないからで,これからその場合を記述する.

M を有限とは限らないフォン・ノイマン環とする.先に定義した汎関数 $S(\rho_1,\rho_2)$ はこの場合も意味を持つ [2].しかし,ρ_1,ρ_2 はもはや M の正元ではなく,**正線形形式** $\varphi_1,\varphi_2 \in M_*$ に代わられる.この汎関数 $S(\varphi_1,\varphi_2)$ の凸性は完全な形で保たれている.これについては単純な証明 [49][194] がある.

非ユニモジュラの場合の取り扱いを可能にする鍵となるのは完全正値写像の**エントロピー欠損**という概念である.

定義 5 A,B を C^* 環とする.線形写像 $T: A \to B$ はすべての n に対し,写像 $1 \otimes T : M_n(A) \to M_n(B)$ が正であるとき**完全正値**と呼ばれる.

さらなる情報については [7] を薦める．この概念の主なありがたみとしては，C^* 環と $*$-準同型の圏は相対的に少ない射しか持たず，一般の C^* 環を**可換**C^* 環につなぐためには不十分であるのに対し，C^* 環と**完全正値写像**の圏はより柔軟で，しかもスタインスプリング-カスパロフ（Stinespring-Kasparov）の定理 [7][142] のおかげで，今問題にした圏と大きい違いはないことがわかる．したがって，たとえば，B が可換で単位元を持つ C^* 環，$X = \mathrm{Sp}(B)$ を B のスペクトル（コンパクト空間となる）とすると，C^* 環 A から B の中への完全正値写像 T で $T(1) = 1$ となるものは，X から A の状態の空間 $\mathcal{S}(A)$, $\mathcal{S}(A) \subset A^*$ の中への弱連続写像．A が有限次元 C^* 環で φ が A 上の状態ならば，φ に，φ の固有値リストと呼ばれる正実数値の列 (λ_i) が対応する．このリストは，e_i を A の極小射影で和が 1 となり，A 上の φ の中心化群 A_φ に含まれるものとして，$\lambda_i = \varphi(e_i)$ として得られる．この多重度をこめたリストは e_i の選択によらず，$\sum \lambda_i = 1$ である．

$$S(\varphi) = \sum \eta(\lambda_i)$$

とおく．A および B を有限次元 C^* 環で，B は可換，μ を B の状態（つまり，$X = \mathrm{Sp}(B)$ 上の確率測度），T を A から B への完全正値写像で $T(1) = 1$ となるものとする．

定義 6 T のエントロピー欠損は次のスカラー量で定義される．

$$s_\mu(T) = S(\mu) - \int_X S(T^*\mu, T_x^*) \mathrm{d}\mu(x)$$

（ここで $T^*\mu = \mu \circ T$ かつ T_x^* は $x \in X = \mathrm{Sp}(B)$ に付随する B 上の純粋状態の T^* の像．）

$s_\mu(T) \geq 0$ であることを示すことができる．この数値が量子系 (A, φ) の変換 T による**情報の欠落**を表している．ただし，古典系 (X, μ) に対しては $\varphi = T^*\mu = \mu \circ T$．この情報の欠落 $s_\mu(T)$ が 0 である典型的な場合は，T が A から φ の中心化群の極大可換部分環 B への条件付期待値という場合である．

命題 7

a) $T_1, T_2 : A \to B$ が完全正値かつ, $\mu \circ T_i = \varphi$ を満たすならば, すべての $\lambda \in [0, 1]$ に対して,
$$s_\mu(\lambda T_1 + (1-\lambda)T_2) \geq \lambda s_\mu(T_1) + (1-\lambda)s_\mu(T_2)$$

b) すべての $x \in X = \mathrm{Sp}(B)$ に対して状態 T_x^* が純粋ならば,
$$s_\mu(T) = S(\mu) - S(T^*\mu)$$

c) $T_1 : A_1 \to A$ が完全正値かつ 1 を保つならば,
$$s_\mu(T \circ T_1) \geq s_\mu(T)$$

d) すべての部分環 $B_1 \subset B$ に対し, E_1 を B から B_1 の上への μ に付随した条件付期待値, さらに $T_{B_1} = E_1 \circ T$ とする. するとすべての B の部分環の組 B_1, B_2 に対し
$$s_\mu(T_{B_1 \vee B_2}) \leq s_\mu(T_{B_1}) + s_\mu(T_{B_2})$$
である (ただし $B_1 \vee B_2$ は B_1 および B_2 によって生成される部分環を表す).

決定的役割を果たすのは性質 d) である. M をフォンノイマン環, φ を M の忠実正則状態とする. 命題 7 によって N_k を M の有限次元部分環として, もっとも一般的に汎関数 $H(N_1, \cdots, N_k)$ を定義できる. この汎関数は φ の選択に依存するため, H_φ と書く. $H_\varphi(N_1, \cdots, N_k)$ を与える公式は [68] の公式の類似だが, エントロピー欠損のアイデアによって概念的に明確になっている.

$H_\varphi(N_1, \cdots, N_k)$ を

(*) $$S(\mu | \vee B_j) - \sum_j s_\mu(T_j)$$

の上限として定義する. ただし, (X, μ) は有限確率空間, $B = C(X)$, T は A から B への完全正値写像で $T^*\mu = \varphi$ であるもの, B_j は B の部分環, $s_\mu(T_j)$ は N_j から B_j への写像 $T_j = (E_j \circ T)|N_j$ のエントロピー欠損である.

言い換えれば, 可換な状況 $(B, \mu, (B_j))$ と比較する状況 $(M, \varphi, (N_j))$ の**可換な変換**を最適化するのである. 可換の場合, 自然な量とは情報量, あるいは分割 B_j によって生成されるエントロピー $S(\mu | \vee B_j)$ である. しかしながら, 変換による情報の欠落により, $\sum_j s_\mu(T_j)$ の分だけ差し引かなければならず, 公

式(*)が出る.

非常に多くの場合に, (*)の, すべての可換な変換をわたる最大値 $H_\varphi(N_1,\cdots,N_k)$ が実効的に計算できるということは注目すべきことである. この最大値 $H_\varphi(N_1,\cdots,N_k)$ は**有限**で, 上記の性質 a), b), c), d), e) と類似の性質を満たす [64]. もちろん φ がトレースである場合は, これは [68] の汎関数 H に一致する.

とくに, $\theta \in \mathrm{Aut}\, M$ が φ を保存する自己同型写像ならば, 極限

$$H_\varphi(N,\theta) = \lim_{k\to\infty} \frac{1}{k} H_\varphi(N,\theta(N),\cdots,\theta^k(N))$$

が存在し, すべての有限次元部分環 $N \subset M$ に対して, 有限. さらに $H_\varphi(\theta) = \sup_N H_\varphi(N,\theta)$ とすると, 次の定理3の類似を得る.

> **定理 8** M をフォンノイマン環, φ を M 上の忠実正則状態, $\theta \in \mathrm{Aut}(M)$ を $\varphi \circ \theta = \varphi$ となるものとする. M の有限次元部分環の単調増加列 $N_k \subset N_{k+1}$ で, その和集合は M で弱稠密(このとき M は超有限であるといわれる)が存在するとする. すると
>
> $$H_\varphi(\theta) = \lim_{k\to\infty} H_\varphi(N_k,\theta)$$
>
> である.

こうして, コルモゴロフ－シナイ理論の非可換類似が用意できた. 関連するもっとも重要な未解決問題は, コルモゴロフ－シナイエントロピーが熱力学の定式化に使われているのと同じ形で, この類似を量子統計力学に使うことである [206]. この点には第10節で帰ってくることにする.

ここでは非可換性によって引き起こされる**簡易化**についての議論を取り上げよう. 後で, たとえば, すべての自己同型写像 S_p は外部共役であることを見る.

近似的内部自己同型写像

M をフォンノイマン環, M_* をその前共役とする. ノルム位相を持つ $\mathrm{Aut}\, M$ の M_* 上の作用は同程度連続である. このことから M_* のノルムによる各点収

束の位相により Aut M は**位相群**となる.

これから先,Aut M を位相群として扱う場合,つねにこの位相を使う.この構造が Aut M 上の正しい構造であることを確かめるには,M_* が可分ならば群 Aut M が**ポーランド空間**[13]となることを見れば十分である.

一般的に,群 Int $M \subset$ Aut M は閉ではない.たとえば,超有限因子環 R に対しては,$\overline{\text{Int } R} = $ Aut R である.より詳しくは,M が有限で,Int M が Aut M で閉であるためには,M が第1節の性質 Γ を満たさないことが必要十分条件である [36][209].

M が II_1 型因子環のとき,M の近似的内部自己同型写像は次の同値な条件で特徴づけられる.

定理 9 [38] N を II_1 型因子環で可分前共役を持ち,ヒルベルト空間 $\mathfrak{H} = L^2(N, \tau)$ に作用するものとする.ただし τ は N の規格化されたトレースを表す.自己同型写像 $\theta \in$ Aut N に対して,次の各条件は同値である.
 a) $\theta \in \overline{\text{Int } N}$,つまり,$\theta$ は近似的内部自己同型
 b) $a_1, \cdots, a_n \in N$ および $b_1, \cdots, b_n \in N'$(N の可換子環)に対して
$$\|\sum_{i=1}^n \theta(a_i)b_i\| = \|\sum_{i=1}^n a_i b_i\|$$

条件 (b) から N と N' により生成される C^* 環 $C^*(N, N')$ の自己同型写像 α で,$\alpha(a) = \theta(a)\ (\forall a \in N)$ および $\alpha(b) = b\ (\forall b \in N')$ となるものが存在することが示せる.

系 10 $(N_i)_{i=1,2}$ を II_1 型因子環で可分前共役を持つものとし,$(\theta_i)_{i=1,2}$ をそれぞれ N_i の自己同型写像とする.すると
$$\theta_1 \otimes \theta_2 \text{ が近似的内部} \iff \theta_1 \text{ かつ } \theta_2 \text{ が近似的内部}$$
となる.

---

13 訳注:可分完備距離付き空間に同相な空間.ポロネーズといわれることもある.

局所的自己同型写像

N を II_1 型因子環で可分前共役を持つもの,τ をその規格化されたトレース,θ を N の近似的内部自己同型写像,$\theta \in \overline{\text{Int } N}$ とする.すると N のユニタリ元の列 $(u_k)_{k\in\mathbb{N}}$ ですべての $x \in N$ に対し,$L^2(N,\tau)$ の位相で

$$\theta(x) = \lim_{k\to\infty} u_k x u_k^*$$

となるものが存在する.ノルムは $\|x-y\|_2 = (\tau(|x-y|^2))^{1/2}$ で与えられている.

この性質は N を含むフォンノイマン環を次のように導入することで,等式
$$\theta(x) = uxu^* \qquad (\forall x \in N)$$
の形で表すことができる.

定義 11 すべての超フィルター $\omega \in \beta\mathbb{N}\setminus\mathbb{N}$ に対して N^ω を超積とする.N^ω はフォンノイマン環 $\ell^\infty(\mathbb{N},N)$ を $\lim_{n\to\omega} \|x_n\|_2 = 0$ となる数列 $(x_n)_{n\in\mathbb{N}}$ のイデアルで割ったものと定義する.

一般に,上で述べた両側イデアルは $\sigma(\ell^\infty, \ell_*^\infty)$-閉ではないが,超積は有限フォンノイマン環になることが証明できる [83][238] が.さらに,N は,$x \in N$ に定数列 $(x)_{n\in\mathbb{N}}$ を付随させることによって超積 N^ω に標準的に埋め込まれる.ユニタリ元の列 $(u_k)_{k\in\mathbb{N}}$ はユニタリ元 $u \in N^\omega$ を定義し,もちろん,すべての $x \in N$ に対し $\theta(x) = uxu^*$ である.この等式は u を,直後に決定的な役回りで出てくる N^ω のフォンノイマン部分環のユニタリ群を法として,一意的に定める.

定義 12 N と ω を上の通りとする.N の ω に対する**漸近中心化環**は N の N^ω での可換子環 N_ω として定義される.
$$N_\omega = \{y \in N^\omega;\ yx = xy\ (\forall x \in N)\}$$

N_ω の構成は圏論的であるので,N のすべての自己同型写像 θ は N_ω の自己同型写像 θ_ω を定義する.上のように $\theta \in \overline{\text{Int } N}$ とおき,ユニタリ元 $u \in N^\omega$ を
$$\theta(x) = uxu^* \qquad (\forall x \in N)$$
を満たすものとする.ここで現れる問題は次のようになる.

「u を $\theta^\omega(u) = u$ となるように選べるか?」

3.6 非可換エルゴード理論

等式 $\theta(x) = uxu^*$ $(x \in N)$ を変化させることなく u に N_ω のユニタリ元 v を掛けることができる．したがって，$w = u^*\theta^\omega(u)$ とおくことで，問題は $v \in N_\omega$ で $v^*\theta_\omega(v) = w$ となるものを探すことに帰着される．構成から，w は N_ω のユニタリ元である．よって問題はさらに，N_ω のユニタリ元で，$v \in N_\omega$ が存在して，$v^*\theta_\omega(v)$ の形に表されるものの特徴づけに置き換えられる．非可換エルゴード理論に対するロホリンの定理が，この問題に対する完全な解答を次のような形で与える．

1) N_ω の自己同型写像 θ_ω に付随する N_ω の中心の 1 の分割は $e_j = 1$ ただ一つによってなされ，$k < j$ のとき θ_ω^k は外部，$k = j$ に対しては 1．

2) ユニタリ元 $w \in N_\omega$ が，$v^*\theta_\omega(v)$, $v \in N_\omega$ の形に表されるためには，$w\theta_\omega(w) \cdots \theta_\omega^{j-1}(w) = 1$ であることが必要十分．

さらに，整数 j は θ にのみ依存し，$\omega \in \beta\mathbb{N}\backslash\mathbb{N}$ にはよらない．これを $p_a(\theta)$ と表し，θ の漸近周期という．これは N の自己同型写像群 Aut N の，次の意味で**局所的**である正規部分群 Ct N を法とする θ の周期である．

> $\theta \in$ Ct N であるのは，（ある $\omega \in \beta\mathbb{N}\backslash\mathbb{N}$ に対して，または同値であるが，すべての $\omega \in \beta\mathbb{N}\backslash\mathbb{N}$ に対して）$\theta_\omega = 1$ であるとき，かつそのときに限る．

この定義を与えておいて，上に挙げた問題に戻ることにする．問題は $j = p_a(\theta)$ かつ $w = u^*\theta^\omega(u)$ の場合に $w\theta_\omega(w) \cdots \theta_\omega^{j-1}(w) = 1$ であるかどうかを知ることである．

これは $(\theta^\omega)^j(u) = u$ となるかどうかに帰着される．ここで，θ^ω の周期は θ の周期に等しいが，問題はこれが $p_a(\theta)$ の周期と等しいかどうかである．わかっていることは，

$$\theta^{p_a} = 1, \quad \theta \in \overline{\text{Int } N} \implies \exists N \text{ のユニタリ元 } (u_n)_{n \in \mathbb{N}} \text{ で次を満たす}$$

$$\theta(u_n) - u_n \to 0 \quad n \to \infty,$$

$$\theta(x) = \lim_{n \to \infty} u_n x u_n^* \quad \forall x \in N$$

ということである．

とくに，$p_a = 0$ ならば条件は満たされている．このことが群 Ct N を一般に定めようと考える主な動機となっている．次の定理は [38] からも導き出される．

定理 13 N を II_1 型因子環で可分前共役を持ち, $\mathfrak{H} = L^2(N,\tau)$ に作用するものとする, $\theta \in \operatorname{Aut} N$, U を $L^2(N,\tau)$ 上の θ に付随するユニタリ元(L^2 の構成は圏論的). $p = p_a(\theta)$ を θ の漸近周期, $\lambda \in \mathbb{C}$, $|\lambda| = 1$ とする. すると, $\lambda^p = 1$ であるためには, N, N' と U によって生成される C^* 環の自己同型写像 α_λ が存在して, 次を満たすことが必要十分である.

$$\alpha_\lambda(U) = \lambda U, \qquad \alpha_\lambda(A) = A \qquad \forall A \in C^*(N,N')$$

N が超有限因子環 R ならば, $\operatorname{Ct} R = \operatorname{Int} R$ となる. 上の定理は $\theta_1 \otimes \theta_2 \in \operatorname{Ct}(N_1 \otimes N_2)$ となるのは, θ_1 および θ_2 が局所的である場合に限るということも示している. II_1 型因子環 N で, ε を商写像 $\operatorname{Aut} N \to \operatorname{Out} N$ としたとき $\varepsilon(\overline{\operatorname{Int} N})$ が非可換となるものに対する $\operatorname{Ct} N$ のその他の興味深い特徴づけとして次がある [39].

$\varepsilon(\operatorname{Ct} N)$ は $\varepsilon(\overline{\operatorname{Int} N})$ の $\operatorname{Out} N$ での可換子群.

(つねに $\operatorname{Int} N \subset \operatorname{Ct} N$ であるから, $\operatorname{Ct} N$ を知るためには, $\varepsilon(\operatorname{Ct} N)$ がわかれば十分である.)

障害因子 $\gamma(\theta)$

M を因子環とし, $\theta \in \operatorname{Aut} M$ とする. $p_0(\theta) \in \mathbb{N}$ を内部自己同型写像を法とした θ の周期とおく.

$$\theta^j \in \operatorname{Int} M \iff j \in p_0 \mathbb{Z}$$

これは外部共役を除く θ の不変量である. $p_0 \neq 0$ と仮定し, θ に外部共役な θ' で $\theta'^{p_0} = 1$ となるものをみつけてみよう. これは $\mathbb{Z}/p_0\mathbb{Z}$ から $\operatorname{Out} M$ への準同型なので, $\operatorname{Aut} M$ の問題に持ち上げることができる. M のユニタリ群 $\mathcal{U}$ の中心はトーラス $\mathbb{T} = \{z \in \mathbb{C}, |z| = 1\}$ に等しいので, この問題に付随する障害因子は $H^3(\mathbb{Z}/p_0\mathbb{Z}, \mathbb{T})$ の要素で, $\mathbb{T}$ 上の $\mathbb{Z}/p_0\mathbb{Z}$ の作用は自明とする. この障害因子 $\gamma(\theta)$ は実際 $\mathbb{C}$ での 1 の p_0 乗根で, 等式

$$u \in \mathcal{U}, \quad \theta^{p_0}(x) = uxu^* \quad (\forall x \in M) \implies \theta(u) = \gamma u$$

によって特徴づけられる. 重要な点はしたがって自己同型写像 θ の存在と, 超有限因子環のような, 障害因子 $\gamma(\theta) \neq 1$ となる因子環の存在である. 次の例に

よって，この存在を簡単に確かめられる．$(X, B, \mu, (F_t)_{t\in\mathbb{R}})$ からはじめる．ただし (X, B, μ) は確率化標準ボレル空間かつ $(F_t)_{t\in\mathbb{R}}$ は測度 μ を保つボレル変換の(ボレル) 1 径数群とする．F_t $(t \neq 0)$ はすべてエルゴード的と仮定する(たとえばベルヌーイ流をとればよい [212])．すると $L^\infty(X, \mathcal{B}, \mu)$ の F_1 に付随する自己同型写像による接合積 R は超有限因子環．フォンノイマン環 $L^\infty(X, \mathcal{B}, \mu)$ は R に含まれ，F_1 に対応するユニタリ元 $U \in R$ は次を満たす．

1) $UfU^* = f \circ F_1 \qquad (\forall f \in L^\infty(X, \mathcal{B}, \mu))$
2) $L^\infty(X, \mathcal{B}, \mu)$ と U は，R を生成する．

F_t $(t \in \mathbb{R})$ は F_1 と可換なので，R の自己同型写像 θ_t で
$$\theta_t(U) = U \quad かつ \quad \theta_t(f) = f \circ F_t \quad (f \in L^\infty(X, \mathcal{B}, \mu))$$
となるものを定義する．さらに，絶対値 1 の任意の λ に対し，R の自己同型写像 σ_λ で
$$\sigma_\lambda(f) = f \quad (\forall f \in L^\infty(X, \mathcal{B}, \mu)) \quad かつ \quad \sigma_\lambda(U) = \lambda U$$
となるものを定義する．構成から，θ および σ は互いに可換で $\theta_1(x) = UxU^*$ $(\forall x \in R)$．$\alpha = \theta_{1/p}\sigma_\gamma$，ただし $p \in \mathbb{N}$，とおく．すると $\alpha^p = \theta_1 \sigma_{\gamma^p}$ で，$\gamma^p = 1$ ならば $\alpha^p(x) = UxU^*$ $(\forall x \in R)$ かつ $\alpha(U) = \gamma U$ となる．これから $p_0(\alpha) = p$ および $\gamma(\alpha) = \gamma$ がわかる．

この不変量 $\gamma(\theta)$ の興味ある性質は，これが一般に実ではない複素数となることである．とくに，θ を，M ではなく，λx $(\lambda \in \mathbb{C}, x \in M)$ を $\bar{\lambda}x$ で置き換えて得られる因子環 M^c に作用させると，$\gamma(\theta^c) = \bar{\gamma}(\theta)$ となる．実際，これが最初の $\mathbb{R}$ 上の $\mathbb{C}$ の自己同型写像 $z \mapsto \bar{z}$ を反映する不変量であって，これにより自分自身に反同型ではない因子環(III 型または II_1 型 [35])を構成することができた．(第 1 節を参照．環 M^c は写像 $x \mapsto x^*$ によって M° に同型).

外部共役を除く R の自己同型写像のリスト

超有限因子環 R に対して，$\overline{\text{Int } R} = \text{Aut } R$ かつ $\text{Ct } R = \text{Int } R$ である．とくに，$p_a(\theta) = p_0(\theta)$ $(\forall \theta \in \text{Aut } R)$．したがって外部共役である二つの不変量，整数 $p_0(\theta)$ および 1 の p_0 乗根 $\gamma(\theta)$ $(p_0(\theta) = 0$ ならば 1 とおく)がわかっている．一方で，R の自己同型写像でアプリオリに与えられる不変量の組 (p_0, γ) を持つものの存在はすでに見た．

定理 14 [39]　θ_1 と θ_2 を R の二つの自己同型写像とする．すると θ_1 と θ_2 は
$$p_0(\theta_1) = p_0(\theta_2), \quad \gamma(\theta_1) = \gamma(\theta_2)$$
であるとき，またそのときに限り，外部共役である．

$p_0 = p \neq 0$ および $\gamma \in \mathbb{C}$ かつ $\gamma^p = 1$ に対して，R の自己同型写像 s_p^γ で次の不変量を持つものは，共役を除き一意に存在する．$p_0(s_p^\gamma) = p$ および $\gamma(s_p^\gamma) = \gamma$ で，その周期はこれらの条件に両立する最小のもの，つまり，$p \times (\gamma\text{の階数})$ に等しい．とくに，R のすべての外部対称性 $\theta \in \text{Aut } R$, $\theta^2 = 1$, $\theta \notin \text{Int } R$, は相互に共役．対称性 s_2^1 のもっとも簡単な実現法はすべての $x, y \in R$ に対し $x \otimes y$ から $y \otimes x$ への $R \otimes R$ の自己同型写像をとることである．$p_0 = 0$ に対しては，非周期的自己同型写像 $\theta \in \text{Aut } R$（つまり，$p_0(\theta) = 0$）が，外部共役を除き，一意に存在する．とくに，すべてのベルヌーイのずらし S_p は，エントロピーによって共役を除き，どれも区別されるものの，外部共役である．

系 15　群 $\text{Out } R$ は単純群で，可算無限個の共役類を持つ．

実際，上の定理よりさらに一般的な結果は，等式 $\overline{\text{Int } R} = \text{Aut } R$ および $\text{Ct } R = \text{Int } R$ の果たした役割をあきらかにしている．はじめにわかるのは，すべての可分前共役 M_* を持つ因子環 M に対する次の同等性である．

$$\overline{\text{Int } M}/\text{Int } M \text{ が非可換} \iff M \text{ は } M \otimes R \text{ に同型}$$

この場合に，$\theta \in \overline{\text{Int } M}$ をとる．θ が適当な p と γ に対して $M \otimes R$ の自己同型写像 $1 \otimes s_p^\gamma$ と外部共役であるために，$p_0(\theta) = p_a(\theta)$ であることが必要十分である．さらに，$\theta \in \text{Aut } M$ が $\theta \otimes s_q^1 \in \text{Aut}(M \otimes R)$ に外部共役であるために，q が漸近周期 $p_a(\theta)$ を割り切ることが必要十分である．とくに，M のすべての自己同型写像 θ は $\theta \otimes 1$ に外部共役．これらの結果が不変量

$$\chi(M) = \frac{\overline{\text{Int } M} \cap \text{Ct } M}{\text{Int } M}$$

の利点を表している．この不変量を使い，自分自身に反同型でない II_1 型因子環の存在 [35] が示される．

ほかにもあるこの方面の発見の中から，次のものだけ挙げておこう．ジョーンズ [130] は，コホモロジー的起源を持つ不変量（一般の場合には，巡回の場合に

比べてかなり腐心しなければならないが)を導入して,因子環 R 上の任意の有限群の作用を(共役を除いて)完全に分類した. 次に,オクネアヌ(A. Ocneanu)[178]は,オルンシュタインとヴァイス[180]によって導入された(アメナブル群の)タイリングの技法を使い,アメナブル離散群の,外部共役を除く外部作用の分類に成功した. ジョーンズによる反例は非アメナブル群の作用の分類は望めないことを示している. 最後に,一方ではジョーンズとジョルダノ(T. Giordano)[97]が,そしてもう一方ではスターマー[224]が,R には,共役を除き,ちょうど一つの対合的反自己同型写像があることを示している.

上の結果を II_∞ 型荒木-ウッズ因子環に適用しよう.

II_∞ 型荒木-ウッズ因子環 $R_{0,1}$ の自己同型

I_∞ 型因子環による超有限因子環 R のテンソル積 $R_{0,1}$ は II_∞ 型の一意に定まる荒木-ウッズ因子環[3]である. II_∞ 型因子環 N のすべての自己同型写像 θ に対し,N 上のすべてのトレース τ に対し $\tau \circ \theta = \lambda\tau$ として一意に定まる $\lambda \in \mathbb{R}_+^*$ を $\mathrm{mod}\,\theta$ と書いたのであった. $N = R_{0,1}$ に対して,
$$\overline{\mathrm{Int}\,R_{0,1}} = \mathrm{mod}\text{ の核} = \{\theta;\ \mathrm{mod}(\theta) = 1\}$$
である.

さらに,$\mathrm{Ct}\,R_{0,1} = \mathrm{Int}\,R_{0,1}$. これより,次が導かれる.

定理 16 [39]

a) θ_1 と θ_2 を $R_{0,1}$ の二つの自己同型写像とする. θ_1 が θ_2 に外部共役であるためには,
$$\mathrm{mod}\,\theta_1 = \mathrm{mod}\,\theta_2, \qquad p_0(\theta_1) = p_0(\theta_2), \qquad \gamma(\theta_1) = \gamma(\theta_2)$$
であることが必要十分である.

b) mod, p_0, γ 相互の関係式は次のものに限る.
$$\mathrm{mod}\,\theta \neq 1 \quad \Longrightarrow \quad p_0 = 0,\ \gamma = 1$$
$$p_0 = 0 \quad \Longrightarrow \quad \gamma = 1$$

$\mathrm{mod}\,\theta = 1$ の場合,上で扱った場合に帰着されるが,すべての $\lambda \neq 1$ に対しては[69]と上の定理のa)から自己同型写像 $\theta \in \mathrm{Aut}\,R_{0,1}$ で $\mathrm{mod}\,\theta = \lambda$ をみたすものすべてが(外部共役であるばかりではなく)**共役**となる. これは注目す

べき現象である．実際，**整数**である λ に対し，θ の性質を，$\lambda \times \lambda$ 行列環の無限テンソル積上のずらしとして，正確に記述することができる．したがって，$\mathrm{mod}\,\theta = \lambda$ のとき，$R_{0,1}$ に $\lambda \times \lambda$ 行列環が存在する．これを $K \subset R_{0,1}$ と書くことにする．これは次を満たす．

1) $\theta^j(K)$ は相互に可換．
2) $\theta^j(K)$ フォンノイマン環 $R_{0,1}$ を生成し，この性質は θ にモジュラス 1 の自己同型写像を掛けたものに対しても正しい．

結局，III$_\lambda$ 型因子環の節の問題 2)(128 ページ)の解答にたどり着いたことになる．結論として，それぞれの $\lambda \in (0,1)$ に対して，付随する II$_\infty$ 型因子環が $R_{0,1}$ となる III$_\lambda$ 型因子環は一意に存在する．パワーズ因子環 R_λ に対して直接確かめられることは，付随する II$_\infty$ 型因子環が $R_{0,1}$ であることである．これから III$_\lambda$ 型因子環の項で出てきた問題 1) に含まれていた次の問題の重要性がわかる．

「II$_\infty$ 型因子環の中から因子環 $R_{0,1}$ を特徴づけよ．」

次のように定義をする．

定義 17 可分前共役を持つフォンノイマン環 M は，有限次元部分環の増大列により生成されているとき**超有限**と呼ばれる．

(同様に [89]，M のすべての有限部分集合が，有限次元部分環によって近似可能であると要請できる．)

これより直接 $R_{0,1}$，より一般にはすべての荒木 - ウッズ因子環，およびすべてのクリーガー因子環も，超有限であることがわかる．上記の問題は次のように再定式化することができる．

問題 18 $R_{0,1}$ は唯一の II$_\infty$ 型超有限因子環であるか？

この問題は，因子環の可換子環にもこの近似的性質があるかどうかを知ることに帰着する．1967 年頃，ゴロデツ(V. Ya. Golodets)はこのことの証明ができたと表明した．残念ながら，その証明には修復できない間違いがあった．しかしながら，他の論文で，同じ著者はこの結果を使い，非可換群による接合積は上の近似的性質に影響を与えないと推論した．証明されていない仮定に立脚

しているものの，彼の推論 [99] は III_λ 型因子環 M が超有限ならば，付随する II_∞ 型因子環もまた超有限であることを示している．上記の問題への興味はこれによって増される[14]．

この節を終わるに当たり，II_∞ 型因子環 N（$\lambda \in (0,1)$）が $R_{0,1}$ に同型であると仮定しないと，$\mathrm{Out}\, N$ には一般にモジュラス λ の無限個の自己同型写像 θ の共役類が存在することを注意しておく [36][186]．これらのクラスそれぞれに，III_λ 型因子環が対応し，対応する因子環は相互に同型ではない．

3.7　アメナブルフォンノイマン環

この節では，有限次元環によるフォンノイマン環 M の近似に関する諸性質を概観する．実際にはそれらはフォンノイマン環として同じクラスを定義するということを示そう．

有限次元環による近似

定義により，フォンノイマン環 M は有限次元部分環の増大列により生成されるとき，超有限であるという．このクラスが重要である理由は次の，グリムの定理の証明に基づく，マレシャル（O. Maréchal）による結果にある．

> **定理 1** [161]　A をポストリミナルでない可分 C^* 環とする．すると，0 でない有限トレースを持たないすべての超有限フォンノイマン環 M に対し，$\pi_\varphi(A)$（第 2 節）によって生成されるフォンノイマン環が M に同型であるような状態 $\varphi \in A^*$ が存在する．

したがって，非可換積分理論は，ポストリミナルな C^* 環にばかりではなく，つまり I 型フォンノイマン環に対しても超有限フォンノイマン環すべてを呼び出してしまう．逆に，2×2 行列環の無限テンソル積である C^* 環 A に対して，A によって生成されるフォンノイマン環はすべて超有限であることはすぐにわかる．

---

[14] 訳注：どうしてこのような書き方をしたか不明だが，あとで出てくるように（153 ページ）この問題はコンヌ本人により解決されている．

シュワルツの性質 P，羽毛田 - 富山の性質 E，単射性

1963 年までは同型でない II 型因子環の例は，わずかに二つ（もちろん可分前共役を持つもの）が知られるのみであった．したがって，性質 Γ が超有限因子環 R と，二つの生成元による自由群の正則表現により生成される因子環 Z を区別していた．1963 年に，シュワルツ（J. T. Schwartz）はある性質を導入し，それによってどちらも性質 Γ を持っている R と $Z \otimes R$ とを区別することができるようになった．R のこの性質 P は局所有限群がアメナブルであることに立脚している．事実，シュワルツは離散群 Γ に関する次の条件が同値であることを示した．

1) Γ はアメナブル，つまり，$\ell^\infty(\Gamma)$ 上の状態 Φ で，変換により不変であるものが存在する．

2) $\mathfrak{H} = \ell^2(\Gamma)$ に作用する $M = R(\Gamma)$ は次の性質 P を持つ．すべての $T \in \mathcal{L}(\mathfrak{H})$ に対して，u を M' のユニタリ元として，uTu^* の $\sigma(\mathcal{L}(\mathfrak{H}), \mathcal{L}(\mathfrak{H})_*)$-閉凸包にはいる M の要素が存在する．

さらに彼は，2)を満たす $\mathfrak{H}$ 上のすべてのフォンノイマン環 M に対し，$\mathcal{L}(\mathfrak{H})$ から M へのノルム 1 の上への線形射影 P で，$P(aTb) = aP(T)b$ （$\forall a, b \in M$, $\forall T \in \mathcal{L}(\mathfrak{H})$）となるものを構成した．

すべての超有限フォンノイマン環がシュワルツの性質 P を満たすことを確かめるのは簡単である．富山のすばらしい結果から，フォンノイマン環 N からフォンノイマン部分環 M へのすべてのノルム 1 の射影 P に対し，次の条件は自動的に成立することがわかる [234]．

$$P(aTb) = aP(T)b \qquad (\forall a, b \in M,\ T \in N)$$

[112] で羽毛田と富山は，シュワルツの性質 P より見た目には弱い性質を定義した．

> **定義 2** ヒルベルト空間 $\mathfrak{H}$ 上のフォンノイマン環 M は，バナッハ空間 $\mathcal{L}(\mathfrak{H})$ からバナッハ空間 $M \subset \mathcal{L}(\mathfrak{H})$ への，ノルム 1 の射影が存在するとき**性質 E** を持つという．

もちろん $P \Rightarrow E$ である．また上に挙げた富山の定理から，$R(\Gamma)$ の性質によって離散 Γ のアメナブル性を特徴づける際に E は P と同じ役割を演じる．さ

らに性質 E は，M が作用しているヒルベルト空間 $\mathfrak{H}$ に依存せず，またアーヴェソン(W. Arveson)の定理 [7] から，圏(フォンノイマン環，完全正値写像)の単射的対象を特徴づける．こういった理由により，性質 E を満たすフォンノイマン環もまた**単射的**と呼ばれる．

性質 E のありがたみは記述しきれるものではない．見た目にはフォンノイマン環 M について非常にわずかなことをいっているようにしか見えないが，驚くべき安定性がある．

1) M がヒルベルト空間 $\mathfrak{H}$ に作用する単射的フォンノイマン環ならば，M の可換子環 M' は単射的.
2) $(M_\alpha)_{\alpha \in I}$ が単射的フォンノイマン環の減少有向族ならば，$\bigcap_{\alpha \in I} M_\alpha$ は単射的.
3) $(M_\alpha)_{\alpha \in I}$ が単射的フォンノイマン環の増加有向族ならば，$\bigcup_{\alpha \in I} M_\alpha$ の閉包も単射的.
4) M をフォンノイマン環で可分前共役を持つもの，$M = \int_X M(t) \mathrm{d}\mu(t)$ を M の因子環 $M(t)$ への直積分分解とすると，

 M が単射的 $\Leftrightarrow M(t)$ がほとんどすべての $t \in X$ に対し単射的．
5) M をフォンノイマン環，N をフォンノイマン部分環，$\mathcal{G}$ を M 上の N の正規化部分群とする．N と $\mathcal{G}$ が M を生成し，N は単射的，$\mathcal{G}$ は離散群としてアメナブルであると仮定する．すると M は単射的.
6) M を単射的フォンノイマン環，Γ を自己同型写像で M に作用するアメナブル離散群とすると，

$$N = M^\Gamma = \{x \in M;\ gx = x \ (\forall g \in \Gamma)\}$$

は単射的.

性質 2) と 3) により $\mathfrak{H}$ を可分ヒルベルト空間とすると，I 型フォンノイマン環によって生成された単調なクラスは単射的フォンノイマン環のみを含む．性質 4) により本質的に単射的環の分類問題は，単射的因子環の分類に帰着させることができる．性質 5) はすべてのユニタリ元のアメナブル群が，単射的フォンノイマン環を生成することを示している．最後に，性質 6) から，III_λ 型 $(\lambda \in (0,1))$ 因子環 M に対し，単射的であるためには，付随する II_∞ 型因子環が単射的であることが必要十分であることが簡単にわかる．

単射的フォンノイマン環のなかでももっとも重要な例として,次のようなものがある.
a) 可換フォンノイマン環のアメナブル局所コンパクト群による接合積
b) 連結局所コンパクト群のすべての連続ユニタリ表現のフォンノイマン環の可換子環
c) **核型** C^* **環**(定義は後でする)の表現により生成されるフォンノイマン環

半離散フォンノイマン環

M をヒルベルト空間 $\mathfrak{H}$ 上の I 型因子環とする. この M に対応して $\mathfrak{H}$ のテンソル積としての分解 $\mathfrak{H} = \mathfrak{H}_1 \otimes \mathfrak{H}_2$ がある. ただし $M = \mathcal{L}(\mathfrak{H}_1) \otimes 1$ かつ $M' = 1 \otimes \mathcal{L}(\mathfrak{H}_2)$ であるようにとれる. こうして M と M' のテンソル積として $\mathcal{L}(\mathfrak{H})$ が再構成できる. マレーとフォンノイマンの初期の論文の中で, $\mathfrak{H}$ 上のすべての因子環 M に対し,**代数的**テンソル積

$$M \odot M' = \left\{ \sum_{i=1}^n a_i \otimes b_i,\ a_i \in M,\ b_i \in M' \right\}$$

から $\mathcal{L}(\mathfrak{H})$ への準同型 η で,

$$\eta(\sum a_i \otimes b_i) = \sum a_i b_i \in \mathcal{L}(\mathfrak{H})$$

によって定義されるものは**単射的**で, $\sigma(\mathcal{L}(\mathfrak{H}), \mathcal{L}(\mathfrak{H})_*)$-稠密な値域を持つことが示された.

エフロスとランス(C. Lance)は [86] で,**距離**の観点から η を研究することにより,解析をさらに推し進めることに成功した. A(あるいは B)を単位元を持つ C^* 環で, ヒルベルト空間 $\mathfrak{H}_A$(あるいは $\mathfrak{H}_B$)に作用しているものとする. 代数的テンソル積 $A \odot B$ 上の, $\mathfrak{H}_A \otimes \mathfrak{H}_B$ 上の作用からくるノルムを考える. この $A \odot B$ 上のノルムは C^* 環を完備化し, A の $\mathfrak{H}_A$ 上および B の $\mathfrak{H}_B$ 上の(忠実)表現の選び方によらず, また, たいへん有用な竹崎の定理によって完備化が C^* 環となる $A \odot B$ 上の**最小の**ノルムとして特徴づけられる. 完備化 C^* 環 [225] に対しては $\|\cdot\|_{\min}$, および $A \otimes_{\min} B$ と書く. C^* 環 A は, $\|\cdot\|_{\min}$ が, すべての B に対し $A \odot B$ 上の唯一の前 C^* ノルムであるとき, **核型**と呼ばれる.

エフロスとランスは M の前共役 M_* に対して距離の近似的性質を強化する

ある性質によって，上の写像 η が**等長**となる因子環 M の特徴づけに成功した．前共役 M_* は(錐 M_*^+ に対する)順序空間であるというばかりではなく，テンソル積ベクトル空間 $M_* \otimes M_n(\mathbb{C})$ が，すべての n に対して $M \otimes M_n(\mathbb{C})$ の前共役として順序づけられている，という意味において**行列順序**空間でもある．M_* から M_* 自身への完全正値写像 T は，定義から，$T \otimes 1_{M_n}$ がすべての n に対し正である線形写像である．エフロスとランスの結果 [86] は次のようになる．

定理3 M をヒルベルト空間 $\mathfrak{H}$ に作用している因子環とする．$\eta: M \otimes_{\min} M' \to \mathcal{L}(\mathfrak{H})$ が等長であるために，M_* の恒等写像がランク有限完全正値写像のノルムで各点極限であることが必要十分である．

上に挙げた前共役 M_* の近似的性質によって**半離散的**フォンノイマン環を定義する．ここで，因子環 M について，M も M' も I_∞ 型あるいは II_∞ 型のどちらでもなく，かつ，$\mathfrak{H}$ が可分であるという場合，竹崎の定理の min-ノルムに関する系によって次が示される．

系4 可分ヒルベルト空間 $\mathfrak{H}$ に作用している因子環 M で，M も M' も I_∞ 型および II_∞ 型ではないとき，M が半離散的となるのは $\mathfrak{H}$ 上の M および M' によって生成された C^* 環 $C^*(M, M')$ が単純(つまり，非自明な両側イデアルを持たない)である場合，およびその場合に限る．

この系は性質 Γ を持たない II_1 型因子環の，次の特徴づけの際に大変重要である．

定理5 [38] M を II_1 型因子環で可分な前共役を持ち，$L^2(M, \tau) = \mathfrak{H}$ に作用しているものとし，$C^*(M, M')$ を M と M' によって生成される C^* 環とする．すると，

M が性質 Γ を持たない
$\iff C^*(M, M')$ がコンパクト作用素のイデアル $k(\mathfrak{H})$ を含む

$C^*(M, M')$ がイデアル $k(\mathfrak{H})$ を含む II_1 型因子環の例はアッケマン(C. Akemann)とオストランド(P. Ostrand)によって得られた [1]．したがって，系から，

定理はすべての半離散的 II_1 型因子環が性質 Γ を持つことを示している．事実，エフロスとランスは論文 [86] において，すべての荒木 - ウッズ因子環は半離散的であることを証明した．彼らは同じく次の包含関係を証明した．

$$\text{半離散的} \Longrightarrow \text{単射的}$$

こうしてそれぞれの性質の間の，有限次元近似的に相対的な関係は図式の形でまとめられる．

$$\begin{array}{c} \text{超有限} \\ \Downarrow \\ \text{シュワルツの性質 } P \qquad \text{半離散的} \\ \Downarrow \qquad \not\Downarrow \\ \text{羽毛田 - 富山の性質 } E \\ = \text{単射性} \end{array}$$

さいわいにして，状況は実際驚くほど単純である．

定理 6 [38]　$\mathfrak{H}$ を可分ヒルベルト空間とする．$\mathfrak{H}$ に作用しているフォンノイマン環に対し，上に挙げた四条件は同等である．

次の節でこの定理の分類問題に関連した系を述べる．まず用語の問題から始めよう．われわれは，非可換積分理論にとって都合のよいフォンノイマン環のクラスをたしかに手にしている．実際，マレシャルの定理によって，この理論は少なくとも超有限の場合を包括し，さらに，エフロス - ランスの結果から，「性質 E」の場合は核型 C^* 環に付随するすべてのフォンノイマン環を説明するのに十分である．[38] では，「単射的フォンノイマン環」がこのクラスを記述するために使われた．この選択は性質 E による定義の簡明性によるものである．しかしこの語には，近似的性質が問題になっているという事実も，離散群のアメナブル性の類似であることも想起させないという欠点がある．解決法としては「アメナブルフォンノイマン環」という用語を採用するのがいいように思う[15]．

15　訳注：ちなみにアメナブルは英単語 amenable「従順な」であり，仏語では moyannable「平均化可能な」，あるいは，「手の打ちようのある」という．フォンノイマン環としては同値であるため，日本では AFD (Approximately Finite Dimensional, 有限次元近似的＝超有限) といわれることが多い．

さいわい，この語は上の四条件と，もう一つ，次の定義の同等性によって正当化される．

定義7 フォンノイマン環 M は，すべての M 上の正則双対バナッハ両側加群 X に対し，X に係数を持つ M の微分はすべて内部であるとき，**アメナブル**と呼ばれる．

読者には，バナッハ両側加群に係数を持つフォンノイマン環のコホモロジーの基礎を確立したジョンソン(B. Johnson)，カディソン(Kadison)，リングローズ(Ringrose)の論文を薦める [126][127]．

われわれのフォンノイマン環のクラスを表すのに，**アメナブル**という語を認めると，[86] および [38] の簡単な帰結として次の系を得る．

系8 A を可分 C^* 環とする．すると，A が核型 $\Leftrightarrow$ すべての A 上の状態 φ に対し，$\pi_\varphi(A)$ により生成されるフォンノイマン環 $\pi_\varphi(A)''$ がアメナブル．

[126] で，ジョンソンはアメナブル C^* 環の概念を，定義7の類似で，**正則**という性質を除くことによって導入した．ハーゲラップは，任意の C^* 環に対してのグロタンディークの不等式の彼のすばらしい証明(これがグロタンディークとピジエー(Pisier)の仕事を完成させた)によって，C^* 環はそれが核型であるときに限りアメナブルであることを証明することに成功した [41][106][107]．

3.8 アメナブル因子環の分類

この節を通して，考えるフォンノイマン環は可分前共役を持っていると仮定する．アメナブルフォンノイマン環 M は，アメナブル因子環の直積分 $\int_\oplus M(t)\mathrm{d}\mu(t)$ である．

以下にアメナブル因子環の型ごとの完全なリストを与える．

II_1 型因子環

同型を除きアメナブル II_1 型因子環は一意に存在し，これは超有限因子環 R になる．実際，**超有限**および**アメナブル**という用語を正当化する次のような特

徴づけがある．

定理 1 [38] $\mathfrak{H}$ を可分ヒルベルト空間，N を $\mathfrak{H}$ 上の（無限次元）因子環とする．すると

N と R が同型 $\iff$ $\mathcal{L}(\mathfrak{H})$ 上の状態 Φ が存在して次を満たす

$$\Phi(xT) = \Phi(Tx) \qquad (\forall x \in N,\ T \in \mathcal{L}(\mathfrak{H}))$$

Φ は N 上のトレースより良いので，これにより「超有限」という用語は正当化され，「アメナブル」という用語もまた正当化される．実際，離散群に対する「アメナブル性」の類似は非常に有用である．そのような群 Γ は，$\ell^\infty(\Gamma)$ 上の，変換によって不変な状態 ψ が存在する場合にアメナブルである．ここでは，Γ の持っていた役割は N によって，また $\ell^\infty(\Gamma)$ の役割はフォンノイマン環 $\mathcal{L}(\mathfrak{H})$，（ただし $\mathfrak{H} = L^2(N,\tau)$）によって演じられ，超トレースの存在は不変平均の存在に対応づけられる．**離散**アメナブル群を特徴づけるフェルナー（Følner）の条件とは，n を任意として，すべての $g_1,\cdots,g_n \in \Gamma$，および $\varepsilon > 0$ に対し，Γ の空でない有限部分集合 F が存在して

$$\|\chi_F - g_i\chi_F\|_2 \leq \varepsilon\|\chi_F\|_2$$

を満たす．ただし χ_F は F の特性関数，$\|\ \|_2$ は空間 $\ell^2(\Gamma)$ のノルムを表す．この条件は $\mathfrak{H} = L^2(N,\tau)$ に作用している N についての次の条件に対応するものである．すべての $x_1,\cdots,x_n \in N$，およびすべての $\varepsilon > 0$ に対して，$\mathfrak{H}$ 上の有限次元射影 P が存在して

$$\|x_iP - Px_i\|_{\text{HS}} \leq \varepsilon\|P\|_{\text{HS}}$$

を満たす．ただし $\|T\|_{\text{HS}} = (\text{Trace}(|T|^2))^{1/2}$ はヒルベルト-シュミットノルム．この条件からわかるのは，たとえば，そのような N は半離散的ということである．これより次の結果に非可換エルゴード理論の定理を使う．$N \otimes N$ 上に，

$$\sigma_N(x \otimes y) = y \otimes x \qquad (\forall x, y \in N)$$

によって定義される境（正一郎）の対称性 $\sigma_N \in \text{Aut}(N \otimes N)$ は $\sigma_N \in \overline{\text{Int}(N \otimes N)}$ を満たす．

さらなる情報については [38][108][191] を参照してほしい．ここでは定理の系をいくつか引用する．

系 2 R のすべての部分因子環 N は有限次元(つまり，$M_n(\mathbb{C})$ に同型)であるか，あるいは R 自身に同型である．

したがって，R は他のすべての因子環に含まれる**唯一の因子環**となる．さらに，**還元理論**の帰結として，同型を除き R のすべてのフォンノイマン部分環を知っている．これらはフォンノイマン環の，C を可換環として，$C \otimes M_n(\mathbb{C})$, $n < \infty$, あるいは $C \otimes R$ という形の積となる．因子環 R はおそらく，フォンノイマン部分環のそのような分類が可能であるような唯一のものである．

系 3 Γ をアメナブルで可算な離散群とし，$R(\Gamma)$ をその $\ell^2(\Gamma)$ 上の正則表現のフォンノイマン環とする．すると $R(\Gamma)$ は，C を可換環として，環の直積 $C \otimes M_n(\mathbb{C})$ または $C \otimes R$ となる．

とくに，すべての可算離散可解群 Γ の共役類は無限個あるが，$R(\Gamma)$ と R はつねに同型である．

II_∞ 型因子環

同型を除き，アメナブル II_∞ 型因子環は一意に存在する [38]．これが荒木－ウッズ因子環 $R_{0,1}$ である．

これは第6節の最後の問題18に答えていることになり，また $R_{0,1}$ は唯一の超有限 II_∞ 型因子環であることを示している．

証明は非常に遠回りなものである．II_∞ 型の N をとり，$N = M \otimes F$, ただし M は II_1 型かつ F は I_∞ 型，と分解する．M が N から性質 E を継承するという事実だけを使って M が R に同型であることをいい，N から $R_{0,1}$ へ辿るのである．

系 4 G を連結で可分な局所コンパクト群，λ を G の $L^2(G)$ 上の正則表現とする．すると，$R(\lambda_G)$ の直積分分解に現われる因子環はすべて I 型であるか $R_{0,1}$ に同型である．

この結果は，上の定理と，$R(\lambda_G)$ の直積分分解では III 型因子環が出ないことを示したディクスミエ－プカンスキー(Dixmier-Pukanszky)の定理から導か

III_λ 型因子環, $\lambda \in (0,1)$

同型を除き，アメナブル III_λ 型因子環は一意に存在する [38]．これがパワーズ因子環 R_λ である．もし M が III_λ 型因子環で性質 E を持っていれば，付随する II_∞ 型因子環 N（第5節の定理4）もまた E を満たすことを示すことができる．よって $N = R_{0,1}$，かつ，非可換エルゴード理論の結論により，$R_{0,1}$ 上 λ ごとに自己同型写像のクラスが一意に存在することがわかり，上の結果となる．

III_0 型因子環

アメナブル III_0 型因子環の解析は，次の三つの異なる寄与の結果である．
1) すでに述べた一意性定理
2) 荷重の流れを導く因子環の不変量を使った竹崎の双対理論
3) クリーガーの変換の弱同値の理論

2)の議論はここでするには長すぎるので，クリーガー因子環と荒木－ウッズ因子環を区別するといった精密さを必要とする問題を通し，III_0 型の場合の不変量を細かく改良することに成功したという事実にだけ触れておく．（とくに [37] 参照．すべての III_0 型因子環の分解が半有限フォンノイマン環の自己同型写像による接合積として与えられている）．不変量を完全な形，可換フォンノイマン環の1径数自己同型群として求めたのは竹崎で，彼の双対理論を使ってであった [227]．この理論がクリーガーをして空間 (X, B, μ) のすべての変換 T に，流れ $W(T)$ を関連付けさせた．次がクリーガーのすばらしい結果である．

定理 5 [152] (X_i, B_i, μ_i), $i = 1, 2$, を確率化標準ボレル空間，T_i を μ_i が準不変量となるようなエルゴード的変換，$M_i = L^\infty(\mathcal{R}_{T_i}, \mu_i)$ を付随する因子環とする．すると，

$$T_1 \text{ と } T_2 \text{ が弱同値} \iff M_1 \text{ と } M_2 \text{ が同型}$$
$$\iff W(T_1) \text{ と } W(T_2) \text{ が同型}$$

となる．

さらに，III_0 型因子環に対応する流れはまさに**非推移的**なエルゴード流である．私自身の結果は次のようにまとめることができる．

定理 6 [38] III_0 型因子環がクリーガー因子環(つまり, $L^\infty(\mathcal{R}_T, \mu)$ の形)であるためには，アメナブルであることが必要十分である．

III_1 型因子環

[227] において，竹崎は，彼の接合積の双対理論を使って，III_λ 型因子環, $\lambda \in (0,1)$ を記述する第 5 節の定理 4 の完全な類似が III_1 型因子環に対して成立することを証明するのに成功した．

定理 7 [227]

a) M を III_1 型因子環とする．II_∞ 型因子環 N および N の1径数自己同型群 $(\theta_t)_{t \in \mathbb{R}}$, $\mathrm{mod}\, \theta_t = e^{-t}$ が存在して, M が θ_t によって N の接合積に同型となる．

b) N を II_∞ 型因子環, $\theta = (\theta_t)_{t \in \mathbb{R}}$ を N の1径数自己同型群ですべての $t \in \mathbb{R}$ に対し $\mathrm{mod}\, \theta_t = e^{-t}$ を満たすものとする．するとこの群による N の接合積は III_1 型因子環．

c) 二つの組 (N_i, θ_i) $(i = 1, 2)$ を b) のようにとると，1径数群 θ_i が N_1 と N_2 の同型によって共役であるときに限り，同型な因子環を与える．

付け加えると，私は竹崎と共に [69]，ここにおいてもフォンノイマン環 N が中心化群になる荷重の特別なクラス，支配的荷重を，内部自己同型を除き一意に与えた．さらに，M がアメナブル因子環であるためには，付随する II_∞ 型環 N がアメナブルであることが必要十分である．こうしてアメナブル III_1 型因子環の分類問題は $R_{0,1}$ の自己同型写像の**流れ**の非可換エルゴード理論に還元されることがわかる．

この理論を押し進めていくと深刻な困難に突き当たる．$(\theta_t)_{t \in \mathbb{R}}$ をたとえば有限因子環 N の1径数自己同型群とする．すると $\mathbb{R}$ から $\mathrm{Aut}\, N$ への準同型 $t \mapsto \theta_t$ の連続性はつねに要求されるが，これから N 上の超フィルター ω に対しての $\mathbb{R}$ から $\mathrm{Aut}\, N^\omega$ への準同型 $t \mapsto \theta_t^\omega$ の連続性を導くことはできない．にも

かかわらず，別な方向から，次の付加的条件を満たす**アメナブル III_1 型因子環**はすべて荒木 - ウッズ III_1 型因子環 R_∞ に同型であることが証明できる．

> M 上の正則状態 φ で，M のすべての有界列 (x_n) に対し $\|[\varphi, x_n]\| \to 0$ を満たすものに対し $\psi \in M_*$ で $\|[\psi, x_n]\| \to 0$ という条件を満たすものが存在すると，ある $\lambda \in \mathbb{C}$ に対し $\psi = \lambda \varphi$．

[67] を使って簡単に示せることは，この性質が M 上のある正則状態 φ に対して成り立てば，すべてに対して正しいということである．もちろんこれは $M = R_\infty$ に対しては正しい．これがすべての III_1 型因子環の場合に正しいであろうと私は予想を立てた．ハーゲラップによりこの予想は 1983 年にアメナブル因子環の場合に証明された．こうして次の定理によりアメナブルフォンノイマン環の分類は幕を閉じることができる．

> **定理 8** [109] 同型を除き，III_1 型因子環は一意に存在する．つまり荒木 - ウッズ因子環 R_∞ となる．

3.9 II_1 型因子環の部分因子環

M を II_1 型因子環，Tr_M を M 上のトレースで，$\mathrm{Tr}_M(1) = 1$ となる唯一のものとする．$L^2(M)$ をスカラー積 $\langle x, y \rangle = \mathrm{Tr}_M(y^* x)$ $(\forall x, y \in M)$ を持った分離前ヒルベルト空間 M の完備化であるヒルベルト空間とする．λ を M の $L^2(M)$ 上の左正則表現

$$\lambda(x)y = xy \qquad (\forall x \in M, y \in M)$$

となる．

ヒルベルト空間 $\mathfrak{H}$ 上の M の正則表現 π に対し，次の条件は同値．
a) $\pi(M)$ の可換子環 $\pi(M)'$ は II_1 型因子環．
b) π は表現 λ の複製の有限直和の部分表現に同値．

このような場合に，$(\mathfrak{H}, \pi)$ は有限多重度であるという．多重度 $\dim_M(\mathfrak{H}, \pi)$（あるいは簡単に $\dim_M(\mathfrak{H})$ と書く）は次元関数（第 1 節，定理 11）によって簡単に定義され，次の一般的諸条件を満たす．

3.9 II$_1$ 型因子環の部分因子環

1) $\dim_M(\mathfrak{H}, \pi) \in [0, +\infty]$, $\dim_M(L^2(M), \lambda) = 1$.
2) 表現 π と π' が同値の場合に限り, $\dim_M(\mathfrak{H}, \pi) = \dim_M(\mathfrak{H}', \pi')$.
3) $\dim_M \left(\bigoplus_{n=1}^{\infty} (\mathfrak{H}_n, \pi_n) \right) = \sum_{n=1}^{\infty} \dim(\mathfrak{H}_n, \pi_n)$.
4) もし $e \in \pi(M)'$ が射影で, π_e が π の空間 $e\mathfrak{H}$ への制限の場合,
$$\dim_M(e\mathfrak{H}, \pi_e) = \mathrm{Tr}_{\pi(M)'}(e) \cdot \dim_M(\mathfrak{H}, \pi)$$
5) $\dim_M(\mathfrak{H}, \pi) \cdot \dim_{M'}(\mathfrak{H}) = 1$, ただし M' は $\pi(M)$ の可換子環を表す.

ここで $N \subset M$ を M の II$_1$ 型部分因子環とする. M の $L^2(M)$ 上の左正則表現 λ の N への制限が有限多重度であるとき, つまり N の $L^2(M)$ に作用する可換子環 $\lambda(N)'$ が II$_1$ 型因子環である場合, N は M に**有限指数**を持つという.

定義 1 M 上の N の**指数** $[M:N]$ は, 多重度 $\dim_N(L^2(M), \lambda)$ で定義される.

命題 2

a) N を M の有限指数部分因子環とする. M のすべての有限多重度の表現 $(\mathfrak{H}, \pi)$ に対し, π の N への制限 π_N は有限多重度を持ち, かつ
$$\dim_N(\mathfrak{H}, \pi_N) = [M:N] \cdot \dim_M(\mathfrak{H}, \pi)$$
である.

b) N と M を a) と同様とし, P を N の有限指数部分因子環とする. P は M の有限指数部分因子環で,
$$[M:P] = [M:N][N:P]$$
である.

c) $N, M, \mathfrak{H}, \pi$ を a) と同様とする. すると可換子環 $\pi(M)'$ は $\pi(N)'$ の有限指数部分因子環, かつ
$$[\pi(N)' : \pi(M)'] = [M:N]$$
である.

性質 a) はすぐに出る. b) は a) から, そして c) は次元関数 $\dim_M$ の性質 5) から導かれる.

例

$\alpha)$ Γ を離散群とし，Γ のヒルベルト空間 $\ell^2(\Gamma)$ 上の右正則表現の可換子環 $R(\Gamma)$ を考える．$R(\Gamma)$ が因子環であるためには，Γ のすべての非自明共役類が無限の濃度を持つことが必要十分である．さらにこのとき，$R(\Gamma)$ は II_1 型因子環となる．フォンノイマン環として $R(\Gamma)$ は，左からの畳み込みで $\ell^2(\Gamma)$ に作用する群 Γ の群環 $\mathbb{C}\Gamma$ により，生成される．すべての有限指数部分群 $\Gamma_1 \subset \Gamma$ に対し，$\mathbb{C}\Gamma_1 \subset \mathbb{C}\Gamma$ により生成される $R(\Gamma)$ のフォンノイマン部分環 N は $R(\Gamma)$ の部分因子環で，$R(\Gamma_1)$ に同型でかつ有限指数で，
$$[R(\Gamma):N] = [\Gamma:\Gamma_1]$$
を満たす．

$\beta)$ M を II_1 型因子環，$e \in M$ を射影とする．M_e で因子環 $M_e = \{x \in M; xe = ex = x\}$ を表す．M_e が M_{1-e} と同型であるためには，$\lambda_0 = \mathrm{Tr}_M(e)$ としたとき，正実数 $\lambda_0/(1-\lambda_0)$ が群 $F(M)$ (第1節)に含まれていることが必要十分である．これを仮定した上で θ を $\theta: M_e \to M_{1-e}$ なる同型とし，
$$N = \{x + \theta(x); x \in M_e\}$$
とする．構成から N は M の部分因子環で，$\dim_N(L^2(M),\lambda)$ の直接の計算から
$$[M:N] = \frac{1}{\lambda_0} + \frac{1}{1-\lambda_0}$$
がわかる．超有限因子環 R の群 $F(R)$ は $\mathbb{R}_+^*$ に等しい．したがって上の構成は，すべての実数 $\alpha \geq 4$ に対し，R の部分因子環 N で $[R:N] = \alpha$ となるものの存在を与える．

Σ を指数 $[M:N]$ の値の集合とする．例 $\alpha)$ と $\beta)$ を合わせて，
$$\{1,2,3\} \cup [4,+\infty] \subset \Sigma$$
がわかる．さらに，ゴールドマン(Goldman)の結果から $\Sigma \cap [1,2] = \{1,2\}$ であることは示唆され，残されたのは $\Sigma \cap [2,4]$ を決定することであった．これがジョーンズの仕事の出発点となった．

ジョーンズの構成

$M, L^2(M), \mathrm{Tr}_M, \lambda$ を上と同じとする．J を $L^2(M)$ から $L^2(M)$ への等長

3.9 II_1 型因子環の部分因子環

な対合で $J(x) = x^*$ $(\forall x \in M)$ を満たすものとする.

$x \in M$ に対し $\lambda'(x)$ を,x を右から掛ける $L^2(M)$ 上の作用素 $\lambda'(x)y = yx$ $(\forall y \in M)$ とする.

すると $J\lambda(x)^*J = \lambda'(x)$ $(\forall x \in M)$ となる.さらに,$\lambda'(M)$ は $L^2(M)$ 上の $\lambda(M)$ の可換子環である(第3節).したがって,
$$\lambda(M)' = \lambda'(M) = J\lambda(M)J$$
となる.N を M の部分環,e_N を N の $L^2(M)$ での閉包への直交射影で定義される $L^2(M)$ 上の作用素とする.構成から,等式 $Je_NJ = e_N$ が成立する.さらに,次の命題を得る [228].

命題 3

a) e_N の部分空間 $M \subset L^2(M)$ への制限 E_N はフォンノイマン環 M から部分環 N へのノルム 1 の射影である.

b) すべての $a,b \in N$ および $x \in M$ に対し,
$$E_N(axb) = aE_N(x)b$$
である.

c) すべての $x \in M^+$ に対し,$E_N(x) \in N^+$.

写像 $E_N : M \to N$ は組 (M,N) に付随する正則条件付期待値である.作用素 e_N は射影で,b)から

(*) $\qquad e_N\lambda(a) = \lambda(a)e_N \qquad (\forall a \in N)$

(**) $\qquad e_N\lambda(x)e_N = \lambda(E_N(x))e_N \qquad (\forall x \in M)$

となる.

とくに,$e_N \in \lambda(N)'$ である.実際に

命題 4 $\lambda(N)'$ は $\lambda(M)'$ および e_N で生成されるフォンノイマン環.

$M_1 = J\lambda(N)'J$ とおく.命題 4 は M_1 が $L^2(M)$ 上のフォンノイマン環で $\lambda(M)$ および e_N によって生成されることを示している.

命題 5　N が M の有限指数の部分因子環であるとする.
a) M_1 は II_1 型因子環. $\lambda(M)$ は M_1 で有限指数であり, その指数は $[M_1 : \lambda(M)] = [M : N]$ である.
b) $\text{Tr}_{M_1}(e_N) = [M : N]^{-1}$
c) E_M を M_1 から $\lambda(M)$ の標準的正則条件付期待値とすると, $E_M(e_N) = \text{Tr}_{M_1}(e_N)1$
d) M_1 の線形部分空間で $\lambda(M)$ と $\lambda(M)e_N\lambda(M)$ によって生成されるものは, M_1 の弱稠密 $*$-部分環となる.
e) 準同型 $x \in N \mapsto e_N\lambda(x) \in M_1$ は N の被約フォンノイマン環
$$(M_1)_{e_N} = \{z \in M_1; e_N z = z e_N = z\}$$
の上への同型である.

ジョーンズの基本的なアイデアは, 上で組 $N \subset M$ からの組 $M \subset M_1$ を構成したのと同様の構成を反復するという点にある. この方法で II_1 型因子環の増大列 $(M_m)_{m \in \mathbb{N}}$ と, また命題 5 から簡単に性質がわかる射影子 $e_m \in M_m$ の列 $(e_m)_{m \in \mathbb{N}}$ が得られる. 増大列 $(M_m)_{m \in \mathbb{N}}$ の帰納極限となる II_1 型因子環を P, この P 上の規格化されたトレースを Tr_P と書くことにする. すると次が得られる [131].

J_1: すべての m に対し, M_m は M_{m+1} に有限指数を持ち, $[M_{m+1} : M_m] = [M : N]$
J_2: $e_m \in M_m$, $e_m = e_m^* = e_m^2$
J_3: $e_m x = x e_m$ ($\forall x \in M_{m-1}$)
J_4: M_{m+1} は M_m と e_{m+1} によって生成されるフォンノイマン環
J_5: E_m を M_{m+1} から M_m への条件付期待値とすると
$$E_{m-1}(x)e_{m+1} = e_{m+1}xe_{m+1} \qquad (\forall x \in M_m)$$
J_6: $\tau = [M:N]^{-1}$ とおくと, $E_{m-1}(e_m) = \tau$
J_7: $e_{m+1}e_m e_{m+1} - \tau e_{m+1} = 0$
J_8: $e_m e_{m+1} e_m - \tau e_m = 0$
J_9: $e_i e_j = e_j e_i$ ($|i-j| \geq 2$ のとき)
J_{10}: $e_1, \cdots, e_m$ および 1 によって生成される P の部分環 A_m は有限次元, かつ

$$E_m(A_{m+1}) \subset A_m$$

J_{11}: A_{m-1} から被約環

$$(A_{m+1})_{e_{m+1}} = \{z \in A_{m+1};\, ze_{m+1} = e_{m+1}z = z\}$$

への写像 $x \mapsto xe_{m+1}$ は同型写像

J_{12}: すべての $x \in A_m$ に対し，$\mathrm{Tr}_P(xe_{m+1}) = \tau\,\mathrm{Tr}_P(x)$

ジョーンズの定理

定理 6 M と N は II_1 型因子環で，$N \subset M$ であるとし，Σ を指数 $[M:N]$ の値の全体からなる $\mathbb{R}^+$ の部分集合とする．すると

$$\Sigma = \left\{ 4\cos^2 \frac{\pi}{n};\, n \in \mathbb{N},\, n \geq 3 \right\} \cup [4, +\infty)$$

である．

この定理を証明するため，ジョーンズは射影子 e_i により生成された AF (有限近似的) C^* 環, つまり, C^* 環 A_m の帰納極限を解析した．

非整数値指数の最初の例は $n=5$ の場合である．指数は黄金比 $\dfrac{1+\sqrt{5}}{2} = 2\cos\dfrac{\pi}{5}$ の平方で，射影子 e_i によって生成される $\mathbf{AF}C^*$ 環はペンローズタイリングのパラメータ空間に付随する C^* 環に標準的に同型(第 2 章参照)．

さらに細かい情報を知りたい読者には [100] を薦める．ジョーンズは，N の M_n 上の相対可換子環[16]を解析することで，部分因子環 $N \subset M$ に標準的に付随する，指数 $[M:N]$ よりも精密な，不変ディンキン図形を導入した．

超有限因子環の指数 $4\cos^2 \dfrac{\pi}{n}$ である部分因子環の分類は，オクネアヌとポーパ (S. Popa) によって実行された [179][182]．最後に，ジョーンズの部分因子環の解析による結び目不変量の多項式の発見 [132] が低次元トポロジーに大きな衝撃を与えた．しかし，この話題はこの本の守備範囲を越えている．

---

[16] 訳注：$N' \cap M_n$ のこと．

3.10 未解決問題[17]

N を II_1 型因子環とする．N 上の**連絡**とは，ヒルベルト空間 $\mathfrak{H}$ と $\mathfrak{H}$ 上の，それぞれ N と N° の正則表現 π と π' の組で，すべての $x, y \in N$ に対し $\pi(x)\pi'(y) = \pi'(y)\pi(x)$（つまり，$\mathfrak{H}$ は N-両側加群）を満たすものをいう．

N の表現の理論が自明であっても，連絡に関して同様であるわけではない．連絡の空間は自然な位相を持ち，次の結果が得られる．

> **定理 1** 任意の II_1 型因子環 N に対し，$\pi_N(\lambda_N)$ を N の $L^2(N)$ ($L^2(N) \otimes L^2(N)$) での左および右作用によって得られる連絡とおく．Γ を離散群で共役類が無限個のもの，$N = R(\Gamma)$ を Γ の $\ell^2(\Gamma)$ 上の二重可換子環とする．すると
> 1) Γ がアメナブル $\iff \pi_N$ が λ_N に弱包含である
> 2) Γ がカズダンの性質 T を持つ $\iff \pi_N$ が孤立している

II_1 型因子環が性質 T を持つとは連絡 π_N が孤立しているときをいう．

性質 T を持つ因子環は（カズダン群のように）注目すべき剛性を持つ．たとえば，非自明な部分因子環の列 $N_n \subset N_{n+1}$ で，$\bigcup N_n$ が N で稠密となるものは存在しない．中心となる問題は次の通りである．

> **問題 2** Γ_1 と Γ_2 が同型ではないとき，$R(\Gamma_1)$ と $R(\Gamma_2)$ が同型ではないことを示せ．

もちろん，ここで Γ_1 と Γ_2 は上に定義した意味において剛的（ただしアメナブル群に関しては，状況は根本的に逆である; 第 8 節，系 3 参照）．唯一知られている結果は，もし Γ_1 が上の意味で剛的かつ Γ_2 が $SL(2, \mathbb{R})$ 上離散であるならば，$R(\Gamma_1)$ から $R(\Gamma_2)$ への準同型写像は存在しないということだけである．

> **問題 3** $R(\Gamma)$ の基本群を Γ が剛的のとき計算せよ．

---

17 訳注：訳出の時点でどの問題も未解決のままである．

[42] の結果からこの群が $\mathbb{R}_+^*$ の可算部分群であることが示される.

フォンノイマン環の自己同型写像 $\theta \in \operatorname{Aut} M$ で, M 上状態 φ を不変にするものに関するエントロピー理論によって次の変分問題が定式化される. A を (核型) C^* 環, $\theta \in \operatorname{Aut} A$ を A の自己同型写像とする. すべての自己共役元 $V = V^* \in A$ に対し, 古典的な場合からの類推により [206], 固定した $\beta \in [0, +\infty)$ に対し次のように定義できる.

$$P_\beta(V) = \sup_{\varphi \circ \theta = \varphi} \Big(H_\varphi(\theta) - \beta \varphi(V) \Big)$$

ただし sup は, A 上の θ 不変な状態 φ のコンパクト凸集合すべてからとる.

次の等式が A の 1 径数自己同型群 σ_t を生成する微分 δ を定義するために, 自己同型写像 θ が十分に漸近加法的であるとする.

$$\delta(x) = \sum_{n \in \mathbb{Z}} [\theta^n(V), x]$$

一般的な問題としては次のようになる.

問題 4 $H_\varphi(\theta) - \beta \varphi(V) = P_\beta(V)$ となる A 上の θ 不変状態 φ と, σ_t に対して β-KMS である状態を比較せよ.

第4章

量子ホール効果

　この章の目的は，一つの例を挙げて，**安定**な量，つまり，自然なパラメータの小さい変化により不変なものを理解するために，非可換幾何で出てくる位相的不変量の役割を示すことにある．ここでの例は，固体量子物理に現れるものである．

　シュレディンガー方程式に対する位相的不変量の最初の例は，数学者ノビコフ[177]と物理学者サウレス(D. Thouless)[232]により独立に得られた．ベリサール(J. Bellissard)は非可換幾何学を使い，[177]の有理性の仮定が不要であることを示した．この章は彼の仕事[22][23]の要約である．同様にクーンツ(H. Kunz)の論文[154]も参照する．

　この章は三節に分かれる．まず初歩的な方法を使い，曲面の幾何学において積分の形で表現された位相不変量の最初の例，ガウス－ボンネの定理を説明する．次に量子ホール効果の実験結果と，注目すべきホール伝導率の定常性を述べる．第三部はより代数的でベリサールに従い，ホール伝導率を非可換トーラス上のファイバーの全曲率としてとらえ，その(e^2/hを単位とした)整数性を非可換トーラスの指数定理の系として証明する(第2章5節定理1参照)．

4.1　ガウス－ボンネの定理

　これから説明するのはガウス－ボンネの定理である．この定理が扱うのは3次元空間$\mathbb{R}^3$の中の曲線の理論であり，簡単に視覚化できる．説明のため，図13に曲線の具体例を挙げた．曲面を理解し，研究しようとする際に，曲率の基礎概念が現れる．この概念は平面曲線を対象とすれば1次元で，さらに簡単に

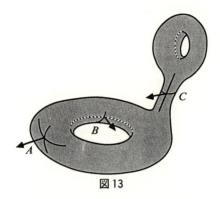

図 13

理解できるものとなる. $\mathbb{R}^3$ での話に戻る前に, 平面曲線の曲率とは何であったかを思い出しておこう.

平面曲線(図 14 に示すような開いた曲線 C で点 P を通るものとする)をよく観察すると, 点 P での曲線の法線上に中心を持つ円で, P の近傍で曲線にもっともよく寄り添うものが一つあることを確認できる. この円の半径が点 P における曲率半径と呼ばれる. 曲率としては, 曲がり方の「きつい」曲線に対して値が大きくなるようにするのが自然なので, 曲率半径の逆数をとる. したがって半径 R に対し $K = 1/R$ が曲率 K の定義となる.

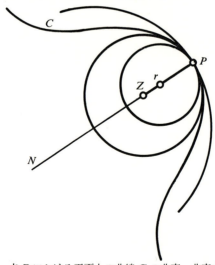

図 14 点 P における平面上の曲線 C の曲率. 曲率中心が点 Z.

今度は曲面の場合に戻ろう．曲面上の点 P をとり，その点を通る，曲面の法線を考える．次元を 1 減らして考えるため，この法線を含む平面で曲面を切断する．この交線は平面曲線となり，曲率を考えることができるが，切り方によらず一定というわけではなく，変化しうる．曲面が球であれば，完全に対称であるので曲率半径は一定となるが，図 15 にある二つの場合にはそうはならない．図 15a では二つの異なる曲率 K_1 と K_2 が出る．図 15b（馬の鞍）では，曲率が 0 となる切断面が存在する．つまり，もし曲率に符号をつけたとすれば，切断面を回転させていくとこの符号が変わる点がある．

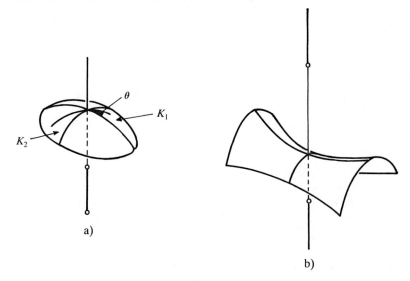

図 15

オイラーが証明した定理から，考えている点における曲面の状況を完全に把握するためには，法線を通るすべての平面を考えて曲率を知る必要はないことがわかる．ある特別な，二つの曲率 K_1 と K_2（図 16）を知れば十分である．これらは互いに直交する平面によって得られるものであり，法線を通り，たとえば K_1 を導出する平面と θ の角をなす平面によって得られる切断面の曲率はオイラーによれば次の公式で与えられる．

$$K_\theta = K_1 \cos^2 \theta + K_2 \sin^2 \theta$$

ガウス - ボンネの定理は次のように述べられる．

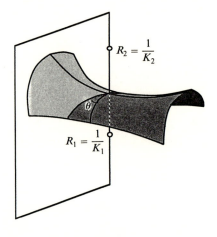

図 16

> **定理1** Σ を3次元空間 $\mathbb{R}^3$ の中に埋め込まれた向き付け可能曲面とする. Σ 上の各点 P に対し, $R(P) = K_1 K_2$ を Σ の点 P でのガウス曲率とする. すると, $\int_{\Sigma} R(P) \mathrm{d}^2 P = 2\pi(2 - 2g)$ が成立する. ここに g は Σ の種数といい, Σ の埋め込み方によらない整数である.

よって $\int_{\Sigma} R(P) \mathrm{d}^2 P$ はつねに整数性を持つと同時に, 驚くほどの安定性を持っている. このことは, この数が数多くのパラメータから算出されるものの, その選び方にはよらないことを示している.

事実, パラメータには無限性がある. たとえば, 地表面を考えてみよう. そこにちょっとしたこぶを作ると, 定理から正曲率の部分と同時に負曲率の部分ができる. 実際, こぶの頂上では正曲率になる(図17). なぜなら曲率 K_1 と K_2 が同じ方向を向いているからである. 一方ぶもとでは馬の鞍と同じ状況になっている. この周囲では全曲率 $R = K_1 K_2$ は負である. この全曲率を全体を通して積分して得られた数値は, 上に述べたようなきわだった性質を持つ. どのような関数の積分でもよいわけではない. 曲面の微少な変形でも, あるいは大きな変更でさえも位相的な性質が変わらない限り, この数値は変わらない.

私がいいたいのは, このような性質を持つような数値は他の普通の数より大きい意義を持つということである. 私の目的は, 基礎的な物理量のいくつかが,

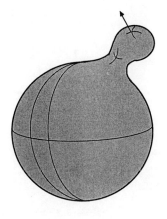

図 17

このような形で計算され，また変形に対して安定な同様の性質を持つことを示すことである．

ガウス - ボンネの定理を再確認しておく．曲面全体をわたるガウス曲率 $R = K_1 K_2$ の積分は，2π と整数の積 $2(1-g)2\pi$ という形であり，ここに g は曲面の**種数**と呼ばれる非負の整数である．この数は，問題にしている曲面の位相的特徴を表す．図 13 は種数 2 の曲面の例である．種数は，いわゆる曲面の穴の数を示す．球には穴がなく，トーラスには一つ，という具合に続く．

4.2 量子ホール効果

この節では物理実験の結果を説明しよう．この結果は今まで説明したことの延長線上にある．出てくる定理には証明は付けない．物理で「量子ホール効果」と呼ばれる問題に直接向かう．

古典的ホール効果の発見は 1879 年 [113] に溯る．実験は次のようなものであった．良導体である金属の平らな箔を考え，その厚さを δ とする．この箔に対し垂直な磁場 B をかける（図 18）．箔表面の電子は，ローレンツ力と呼ばれる運動方向に垂直な力を受ける．結果としてその軌道は一般に，加速器の形状に見られるのと同様に，円となる．

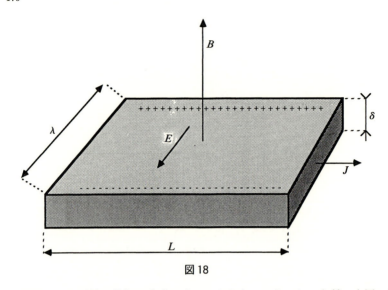

図 18

　古典的ホール効果の最初の興味は次のようなものであった．各種の金属に対し，「荷電粒子の符号」という正か負の値が対応し，これはその金属固有のものである．たとえば，鉄では「＋」，銅では「－」である．古典的な問題を扱おう．いくつかの電子によって金属箔の伝導性が実現される．表面の微小要素が受ける，力の均衡の法則を書き下そう．N を，電子あるいは荷電粒子の（一般に荷電粒子というほうがよい．というのは正電荷の移動は電子の穴によるもので，電子そのものによるものではないからである）密度とすると，問題の力に対する電場の寄与は NeE で与えられる．ただし，e は電子の電荷，N は箔の両面での電位差である．電磁場による力は電流 j と垂直磁場を表すベクトル B の外積である．よって定常状態は次で表される．

$$NeE + j \wedge B = 0$$

　これはあきらかに，垂直方向に電流のポテンシャルの差があることを示している．実験では電流というものはポテンシャルの差がある方向に流れる．とにかく，E と B の関係は有効である．この関係によって，系のホール伝導率が定義される．これは電流の絶対値とポテンシャルの差の比である．このホール伝導率には著しい数々の性質があった．とくに，この伝導率は荷電粒子数に比例したものだったのである．

すでに述べたように，方程式 $NeE + j \wedge B = 0$ によって正か負の符号が付けられる．このことは金属の種類によってポテンシャルの差が同じ方向か，逆かであることを示している．歴史的には，まず実験段階で，金属の種類による正負を定めるために古典的ホール伝導率を使っていた．これは伝導が，金のように電子の動きによるものか，あるいは鉄のように電子の穴によるものかを知る最初の方法であった．

100年後，1980年にフォンクリッツィング(K. von Klitzing)，ペッパー(M. Pepper)，ドルダ(G. Dorda)[148] は古典的支配から逃れたところでホール伝導率の実験を行える装置を作成した．量子力学は，古典論でもたとえば高温の場合には適合していたことを思い出そう．低温に降りると，得られる結果は，たとえば黒体輻射のように古典物理の公式には従わなくなる．今考えているホール効果の場合，古典的支配から逃れて実験をすることはむずかしいことであった．これにはいくつかの理由がある．大変強い電磁場，そして大変低い温度が必要であること．さらにきちんと平面を保ち，同時に導体である物体を実用的に作成するのは大変困難でもあった．

この実験の結果得られたことは，ホール伝導率と荷電粒子の密度 N の間には比例関係がないということであった．技術的には，N の代わりにフェルミ準位 μ を使う．このパラメーター μ を変化させると，伝導率に平坦な部分(プラトー)が現れた．つまり，いくつかの区間でホール伝導率は定数となる(図19)．簡単な説明はできる．プラトーの部分に沿ってパラメータ μ を増加させても，新しい状態に系が出会うまで伝導性には影響しない．つまり，これが安定性をもたらしている．

しかし，さらに驚くべきことには，このプラトーのホール伝導率を e^2/h を伝導率の単位として測ると，10^{-8} の誤差で整数になっていた．つまり，実験値(8桁)は実際に整数であることがわかったということである．よって古典的支配から逃れると，量子の出身で整数性のある現象を持つものが見つかることがわかる．(「量子」という言葉そのものに，あきらかに整数性の概念が入っている)．ここでは反抗の拠点として，量子ホール効果によって与えられる量のこの精度をとることができる．

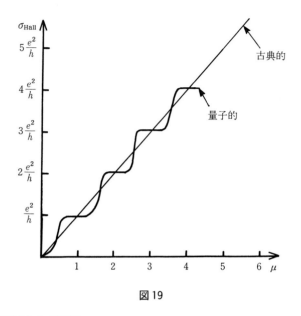

図 19

4.3 理論的な解釈

　ここで論議したい問題，そして理論物理学者ベリサールによって私のいう意味で解かれた問題とは，この現象を理論的に説明すること，この実験によって得られた数がなぜ整数となるかを理解することである．ゆえにベリサールが発見したことと，ガウス - ボンネの定理のもとにある考えを部分的に拡張することについて述べる．実際に，思いつきというものは，多くの面とあらゆる化身を持つものである．私がやりたいことは本質的に代数的な説明を試みることである．そのため，幾何学的視点からは本質的役割を果すもののかわりに，（たとえ幾何学的直感を持ち，ガウス - ボンネに関する直接的幾何学的に理解しているにせよ）この定理を表面の座標環のみを使って理解することにする．

　同様の考え方のできる例として，問題としてはまったく基本的な，三角形の中線，つまり頂点と対辺の中点を結ぶ直線が一点で交わることの証明を考えてみてほしい．二つの手法が考えられる．一つめは，純粋に幾何学的に幾何の公理のみによるエレガントな証明を求めること．もう一つは，座標系を使い二つの中線の交点を3本目が通ることを確かめること．あきらかに二つの手法とも価

値があるが,二番目の利点は,代数的取り扱いは拡張しやすいことにある.このことはこの二番目の方法が優位であることを示す.次元が高くなれば,幾何学的直感や,何をなすべきかという幾何レベルでの認識はだんだん働かなくなる.逆に計算でやるべきことは,より初等的で簡単な場合の証明により定式化してしまえば何も問題にならない.

これこそ私がやりたかったことである.これから使う代数は平面上の三角形を扱うような 2, 3 座標の簡単なものではなく,より複雑なもの,考えている表面上の関数環である.

定理 2 $\mathcal{A}$ を $\mathbb{C}$ 上の環, τ を $\mathcal{A}$ 上の 3 重線形形式で次の条件を満たすものとする.
  a) $\tau(a^1, a^2, a^0) = \tau(a^0, a^1, a^2)$ $\forall a^j \in \mathcal{A}$
  b) $\tau(a^0 a^1, a^2, a^3) - \tau(a^0, a^1 a^2, a^3) + \tau(a^0, a^1, a^2 a^3) - \tau(a^3 a^0, a^1, a^2) = 0$
     $\forall a^j \in \mathcal{A}$
すると,すべてのベキ等元 $E = E^2 \in \mathcal{A}$ に数 $\tau(E, E, E)$ を対応させる写像は, E が $\mathcal{A}$ のベキ等元をわたるとき,不変な値を持つ.

この定理は,準備として代数的量について,つまり積と和についてのみ扱えば簡単に証明できる.われわれが考える代数規則は通常のものと一つの例外を除き,同じものである.その例外とは,積の順不同,可換性ということである.われわれが考えている物理では,まったくこのことを前提にするわけにいかない.積について掛ける順序を指定しなければならないということである.積 AB は一般に積 BA とは一致しない.

こうして一般的枠組みでの代数的定理が得られ,多くの例に応用できる.

環 $\mathcal{A}$ の三つの元 a^0, a^1, a^2 を選ぶたびに,ある数 $\tau(a^0, a^1, a^2)$ が付随しているものと仮定する.たとえば,図 13 の曲面上の関数の環を考えよう.実数値関数 a^0, a^1, a^2 をとると,曲面の各点 P に対し座標 $a^0(P)$, $a^1(P)$, $a^2(P)$ を対応させることができる.この対応でこの曲面を $\mathbb{R}^3$ 内の点の集合として実現することができる. $\tau(a^0, a^1, a^2)$ をこの集合を境界とする領域の体積として計算できる.この値にはもとの曲面の向きによって符号 + または - がつけられる.この汎関数 $\tau(a^0, a^1, a^2)$ は私が調べたい量の原型となる.つまり,環の元

a^0, a^1, a^2 を3変数として持つ汎関数で，次を満たす．
 a) $\tau(a^1, a^2, a^0) = \tau(a^0, a^1, a^2)$ $\quad \forall a^j \in \mathcal{A}$
 b) $\tau(a^0 a^1, a^2, a^3) - \tau(a^0, a^1 a^2, a^3) + \tau(a^0, a^1, a^2 a^3) - \tau(a^3 a^0, a^1, a^2) = 0$
    $\forall a^j \in \mathcal{A}$

はじめの関係は巡回不変性である．二番目は少々複雑ではあるが，この汎関数が加法だけではなく積に関しても両立性があることを示している．この関係式は，トレースの次の性質を一般化したものである．

$$\tau(a^0 a^1) - \tau(a^1 a^0) = 0$$

定理が述べているのは次のようなことである．環から，射影子，あるいはベキ等元($E^2 = E$)と呼ばれる元 E をとり，上の汎関数の三つのパラメータ a^0, a^1, a^2 にすべてこの元 E を代入すると著しい安定性を持った，つまり，E が連続的に変化しても変動しない数値が得られる．証明は難かしくない．というのはすべての変形 E_t はベキ等元の族のなかでスペクトル保存でなくてはならず，$\mathcal{A}$ の適当な元 X_t に対し，

$$\frac{d}{dt} E_t = [X_t, E_t]$$

と書けるからである．

　この定理をすでに述べた例の曲面に応用することから始める．そのためにはこの曲面を幾何学的に見るだけではなく，局所座標の環を乗り越える努力をしなければならない．

　上の環そのものの中では，本当に面白く，本当に特別である元は少ないとしても，この環の 2×2 行列環を考えてその元をとると，特別な元 E，射影子($E^2 = E$)が現れるのがわかる．この射影は法線写像により与えられる．

　この付随する写像は，表面の各点 P に，この点の単位法線によって決まる単位球面の一点を対応させる．$S^2 = P_1(\mathbb{C})$ 上の一点は，特別な 2×2 行列で表されるので，この法線写像は 2×2 行列関数環の元 E である．さらに E は，すでに述べたが，射影子である．あとは上に述べた汎関数 τ を，定理に応用するだけである．

　こうしてガウス-ボンネの定理を完全に代数的に理解すること，つまり，幾何学的な出発点を忘れ，代数的に言い換えることができる．この手続きの利点

は何であろうか？ 幾何的描像を思い浮かべるのがたいへんに難しい状況でも，定理を適用して同じ結果を得られるということである．逆に，尺度を変えても，代数法則が定義できれば，計算をすることも，代数公式を使うこともできる．

ここに量子ホール効果に関係して環がでてくる．この環は楕円曲線と呼ばれるものの一般化である空間に対応している．通常，楕円曲線には一つの量しか対応しない．ここではさらに角度 θ という補助的量がはいる．この角度が有理数か無理数か，よいディオファントス近似があるかないかが重要な役割を果す．

この環 $\mathcal{A}_\theta$ の二つの生成元を，U と V と呼ぼう．この二つの間の唯一の規則(可換性を置き換えるもの)は $VU = (\exp 2\pi i\theta)UV$ である．

環 $\mathcal{A}_\theta$ のすべての元は，$a_{n,m}$ を複素係数とする2変数の級数で書くことができる．

$$a = \sum a_{n,m} U^n V^m$$

考えなければならない唯一の代数的規則は今ちょうど与えた通りである．この規則をひとたび適用すれば，すべての可能な代数計算をすることができる．θ が無理数のときは可換の場合とは逆に，非自明な射影子を見つけるために環の上の行列を経由する必要はない．さらに，通常の場合，表面上で十分に滑らかな関数を与えると，この関数の像はつねに連続で，つまり $\mathbb{R}$ 上の区間となる．しかし今定義したばかりの環の場合，関数の像はこの環の自己共役元のスペクトルになる．θ が十分に無理的ならば一般にスペクトルは完全に離散的，つまりカントール集合となる．大雑把に言えば，これは空間の目に見える像を考えると，カントール集合になるということである．とくに $T = (U+U^*)+(V+V^*)$ の形で与えられる自己共役元の場合，スペクトルは θ の関数として図20のように表される．この元 T から，スペクトルの一部を抽出する射影を考えよう．この一部が孤立したものならば，スペクトルの逆像に対応する空間の一部を考えることができる．よって射影子 E（$E^2 = E$ を満たす）を得る．これは著しいことで，汎関数 τ を通常のように体積要素ととることの類似でとると，空間の像はカントール集合になる．この現象は，まったく普通ではないことで，別の機会に数値計算をしてその結果を見て驚いた記憶がある．状況から**アプリオリ**に θ が無理数ならば，E 上での量 τ も無理数で，したがって，著しい安定性を持

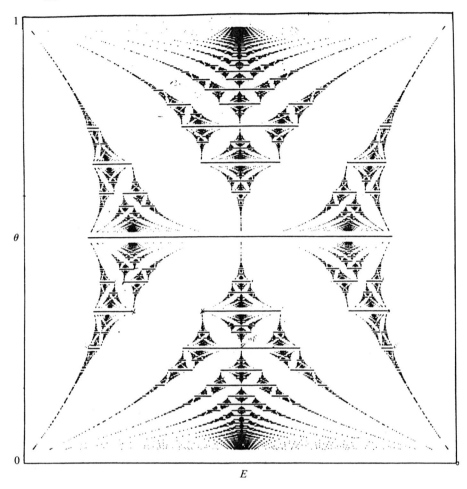

図 20　Michael Wilkinson: Critical properties of electron eigenstates in incommensurate systems, *Proc. Roy. Soc. London*, 1984 より[1]

---

[1] 訳注：これと同様の図は F.H. Claro, Spectrum of Tight Binding Electrons in a square Lattice with Magnetic Field, Phys. Stat. Sol. **B104** (1981) K31-K34 に載っている．参考文献にも出ていないのは不公平であろう．

つ値は整数のみということになるであろう．

この例は実際，非可換微分幾何の最初の兆候であり,「なにかが起こっている」ことを示していた．すでにこの汎関数 τ とは第2章で出会っており，次の公式で得られる．
$$\tau(a^0, a^1, a^2) = \tau_0(a^0(\delta_1(a^1)\delta_2(a^2) - \delta_2(a^1)\delta_1(a^2)))$$
ただし，トレース τ_0 および微分 δ_1, δ_2 は次で与えられる．

1) $\tau_0(\sum a_{n,m}U^nV^m) = a_{00}$
2) $\delta_1(\sum a_{n,m}U^nV^m) = \sum 2\pi i n a_{n,m}U^nV^m$
3) $\delta_2(\sum a_{n,m}U^nV^m) = \sum 2\pi i m a_{n,m}U^nV^m$

$\forall a = \sum a_{n,m}U^nV^m \in \mathcal{A}_\theta$

この例と量子ホール効果の相互の関係の，ベリサールによる説明を見ることにしよう．物理の問題に戻って，これを次のように扱うことにしよう．つまり場の理論の効果を無視し，電子間の相互作用を無視することで問題を熱力学の問題と考える．フェルミ－ディラック統計を仮定すると，かなり面倒な計算の後，ホール伝導率に対する久保の公式を得る．

$$\frac{h}{e^2}\sigma_H = \frac{1}{2\pi i}\tau(E_\mu, [\partial_2 E_\mu, \partial_2 E_\mu])$$

この計算での主役はこの理論のハミルトニアンによって演じられる．これはディラック作用素に電磁場に関したポテンシャルを加えることで得られる．ベリサールは，環 $\mathcal{A}$ が何か，射影子 E が何かそして汎関数 τ が何かわかっていると，この状況が，まさにガウス - ボンネの定理の代数的一般化であることを発見したのであった [23]．

では環 $\mathcal{A}$ とは何か? この環は物理的には単純な意味がある．量子力学ではエネルギーは作用素ハミルトニアンで表現される．考えている金属は，結晶格子状に原子が固定された形で，静電ポテンシャルを生成する．このポテンシャルは，磁場 B により，平面の垂直方向に電磁ポテンシャルを加える．ハミルトニアンは平面を固定するすべての並進で不変であるわけではない．平面のある特定の格子点を動かさない，整数次の変換によってのみ系は不変である．また重要なことは，これはハミルトニアンばかりでなく，並進により変わるすべてにわたるということである．よって，基本的に,「磁気的並進」と呼ばれるもの

が位相を導入するので，変換されたハミルトニアンは出発点のハミルトニアンとは可換ではない．

しかし状況はそれほど難しいものではない．実際，これらの作用素によって生成される環はよく知られたもので，以前問題にした環にコンパクト作用素をテンソル積したものである．θ は無次元量で，物理的に与えられ，考えている箔の格子の単位をわたる磁場のフラックスに等しい．この数は，したがって重要な意味を持つ．一般に，無理数である．有理数でなければならない理由はない．

それゆえ私は環を特定した．この環はある意味で並進で変化する物理量，つまりエネルギーと関数の環である．

さて，射影 E とはどのようなものか？これは次の方法で得られる．興味があるのは荷電粒子の数，あるいは（定量的には同等であるが）フェルミ準位 μ である．このエネルギーレベルはハミルトニアンのスペクトルに現れるかもしれないし，現れないかもしれない．ハミルトニアンのスペクトルの領域に関連し，あるいは新しい状態が伝導率に寄与しないことから，問題のプラトーの説明ができる．これにより非局所的状態のスペクトルに関して，0 と μ の間の部分で，コーシー積分

$$E_\mu = \frac{1}{2i\pi} \int_C (H-z)^{-1} dz$$

が計算でき，定理に適応できる射影子を得ることができる．

あとは定理に出てきた 3 重線形形式を特定すればよい．ベリサールは，ハミルトン関数の環と，その変形環 $\mathcal{A}_\theta$ に関連して，久保の公式

$$\frac{h}{e^2}\sigma_H = \frac{1}{2\pi i}\tau(E_\mu, [\partial_2 E_\mu, \partial_2 E_\mu])$$

の二番目のメンバーが今問題にしている汎関数 τ を与えることを示し，射影子 E について定理 2 の安定量 $\tau(E, E, E)$ を評価した．

まさにこの点において，物理の問題と非可換幾何は接触したのである．ホール伝導率は興味ある物理量に違いない．プラトーがあるということは，ガウス–ボンネの定理に関して私が述べた数値の安定性によるものである．著しい実験結果として 8 桁まで正しく整数値が得られているということがある．$\mathcal{A}_\theta$ 上

の射影子に対する汎関数 τ の整数性は，上の公式から生じる．私は 1980 年にこの整数性の証明を与えたが，よい説明はつけられなかった．この整数性のかなり深い数学的理由として，つぎの指数定理が挙げられる．

定理 3 $\mathfrak{H}$ をヒルベルト空間 $L^2(\mathcal{A}_\theta, \tau_0) \otimes \mathbb{C}^2$，ただし τ_0 は環 $\mathcal{A}_\theta$ の規準的トレース，また $F = \text{Sign}(D)$ とする．ここで D は $\mathfrak{H}$ 上の自己共役作用素で
$$D = \begin{bmatrix} 0 & \delta_1 + i\delta_2 \\ \delta_1 - i\delta_2 & 0 \end{bmatrix}$$
と表される．M を $\mathfrak{H}$ 上のフォンノイマン環で λ を $\mathcal{A}_\theta$ の左正則表現として $(\lambda \otimes \text{id})\mathcal{A}_\theta$ によって生成されるものとし，$E \in M$ を $E^2 = E = E^*$ および $\tau_0(|\delta_j(E)|^2) < \infty$ を満たすものとする．

交換子 $[F, E]$ はしたがってコンパクト作用素で，$F = \begin{bmatrix} 0 & F^+ \\ F^- & 0 \end{bmatrix}$ とおくとフレドホルム作用素 EF^+E の指数は次に等しい．
$$\frac{1}{2\pi i} \tau_0(E(\delta_1(E)\delta_2(E) - \delta_2(E)\delta_1(E)))$$

ソボレフ (Sobolev) の条件 $\delta_j(E) \in L^2$ で (可換な通常のトーラスの場合と同様に) 射影子 E は，$\mathcal{A}_\theta$ のノルム閉包の C^* 環 A_θ に属しているとして**矛盾を生じるわけではない**．量子ホール効果の応用に際して，この一般性のもとでの定理の証明は本質的である．というのも，ハミルトニアン H からコーシー積分 $E_\mu = \dfrac{1}{2\pi i} \displaystyle\int_C (H - z)^{-1} dz$ によって定められる射影子は，一般に C^* 環 A_θ には現れないが，径路 C が局所化された状態のみを通るのであれば，ソボレフの条件 $\delta_j(E) \in L^2$ は満たすからである．

同様に，量子ホール効果を扱うためには指数定理 (定理 3) を，C^* 環 A_θ には現れず，フォンノイマン環 M にのみ現れる射影 E に適用する必要がある．

このことから非可換リーマン幾何学の自然な枠組みは三つ組 $(\mathfrak{H}, M, D)$ によって与えられることがわかる．ただし $\mathfrak{H}$ はヒルベルト空間，M は $\mathfrak{H}$ 上のフォンノイマン環，D は $\mathfrak{H}$ 上の自己共役作用素で M の弱稠密な部分代数 A 上の K-サイクル (第 2 章定義 8) を定めるものとする．D は条件 $a \in A \mapsto [D, a]$ が有界，によって一意に定まる．

この定義はユニモジュラの場合に非可換リーマン幾何学を扱うためには十分である．実際次の第 5 章で，ディクスミエトレースを使い，すべての K-サイ

クルに対して総和可能なフォンノイマン環 M は有限であることを示す．ユニモジュラでない場合には冨田の理論の一般化が必要になる．[47] に概略が述べてあるが，この本では扱わない．

第5章

素粒子物理学と非可換幾何学

この章の目標は，もし空間が点からではなく，非可換なものから成り立っていたら，なにが物理を構築するかを発見しようとすることである．あまりこの方向に深入りはしないが，結果としてこの研究はこの時点で純粋数学であり，非可換リーマン幾何(第3,4節参照)という有効な道具に枠組みを与える．時空の可換モデルにのみ応用するものの，微分形式はすでに可換ではない．とくに，対数発散の解析に対するディクスミエトレースの有用性は驚くべきもので，物理学者にとっても有効であろうことはあきらかである．さらに(第5章で)われわれの時空の概念をわずかに変更して，より正確にいうと(図22のように)二重空間にして非リーマンな計量空間上の幾何，一般的な非可換幾何の手法が使えるようにし，ヒッグス場や電弱相互作用のワインバーグ－サラムモデルの概念的原点を与える．

非可換幾何学の一般的な定式化では，空間の点は，座標，空間の関数とその代数の概念の前に消え，これは，距離による相互作用による点粒子の力学が，局所的相互作用による場の力学の前に消えるという場の理論の一般的な定式化に似ている．よって自然に非可換空間 X が与えられると，空間 X 上の関数の環 $\mathcal{A}$ によって，X 上の場の理論の類似から始めてよい．そのためには次が必要である．

a) X 上の古典場の同定．

b) 標準的ラグランジアンの類似を書くこと．

場の理論では，次の二つの大前提に引っかからないかぎり，空間の点 x は飾り物の添字を付ける役割しか持たない．これらの大前提では，経験上点が重要な役割をする．

1) **第二空間のゲージ不変性**　理論が無限次元不変群 $\mathcal{U}$, X からコンパクトリー群 A への写像の群を許容する．この不変量は局所カレント $j(x)$ による．

2) **作用の局所性**　自由場の理論を越えていくと，物理的相互作用を記述するために，現在の自由場の局所化と，場の同じ点での値の，$\varphi(x)\psi(x)\bar{\psi}(x)$ のような結合を使った，局所的相互作用の記述が必要になる．

ゲージ不変性によって，非可換幾何の定式化は簡単になった．実際，コンパクトリー群 G（第一空間のゲージ群）は $U(n)$ $(n \geq 2)$ であり，第二空間のゲージ群 $\mathcal{U}$ は空間 X 上の関数環 $\mathcal{A}$ を定め，逆にこれによって定められる．さらにこの群は $\mathcal{A}$ 上の行列環 $M_n(\mathcal{A})$ のユニタリ群 $\mathcal{U} = \{u \in M_n(\mathcal{A}); u^*u = uu^* = 1\}$ である．$\mathcal{A}$ そのものが可換であっても，環 $M_n(\mathcal{A})$ は $(n > 1$ の場合)もはや可換ではない．これは非可換のゲージ理論の特性である．一般の場合には，非可換空間 X，つまり環 $\mathcal{A}$ のデータは，自動的にゲージ群 $\mathcal{U}_n = \{u \in M_n(\mathcal{A}); u^*u = uu^* = 1\}$（ただし環 $\mathcal{A}$ の $*$ 演算を使う）を導く．さらに非可換幾何，フレッドホルム加群，K-サイクル（第1節参照）の出発点となる情報は，まさに空間 X 上のスピノル場，およびディラック作用素を定義できなければならない．

ゲージ不変性は，ヒルベルト空間の作用素のように「ゲージボゾン」の導入を許す．困難は主に，ゲージボゾンに対して，「局所的」なゲージ不変自己相互作用を記述する点にある．作用の局所性の大前提がこの点に現れる．ゲージボゾンの自己相互作用を再構成するために，次のくりこみ理論の性質を使う．

(*) ループをひとつ含む図形に対し，得られる発散は加法的で，「カット・オフ」パラメータ Λ について**対数的**であり，$\log\Lambda$ の係数は，場の**局所的関数**で，出発点のラグランジアンと同じ形をしている．

この性質は，特徴づけには使えないが，物理的意味がない非対数的な発散を消去するために，ゲージ不変性を使う条件に出てくるくりこみ理論では正しい．この周辺に関しては [24] 225 ページを参照．

これは，周回積分の発散に特徴的な著しい性質である．紫外発散は，追加の項の形で単独に現れる．後者は，δ 関数とその微分の多項式の形をしている．

この記述はあまり正確ではないが,これは発散の次数も,ラグランジアンと反作用の項の親密性も表さないからである.

それゆえ,(第2節で) $\log \Lambda$ の係数をとる不変な方法を一つ選ぶ.ただし Λ は「カット・オフ」である.そのためには,ループのある図形の寄与は作用素のトレースと,(ディクスミエトレースと呼ばれる)うまい極限による作用素のトレースを次のように定義するディクスミエの論文 [78] を使うことをいっておけば十分である.

$$\frac{1}{\mathrm{Log}\,\Lambda}\sum_{n=0}^{\Lambda}\mu_n(T)$$

ただし μ_n は正作用素 T の固有値である.このトレースが私の主な道具である.純粋数学の問題「通常のトレースはヒルベルト空間の有界作用素の環で一意的なものであるか?」に答えることが,ディクスミエの研究の動機であったことは驚くべきことである.

可換とは限らない空間 X は,X 上の複素数値関数の $*$-環 $\mathcal{A}$ によって特定されるため,この空間の幾何学はディラック作用素の役目をする作用素の情報により特定される.第1節で,K-理論の双対理論 K-ホモロジーによって,リーマン多様体の古典的ディラック作用素が満たす重要な性質が,ホモトピー同値を除き,どのように一般的に定式化されるか説明する.これによって,リーマン幾何を私の意味で一般化するために,ある環上の p 次元 K-サイクルの概念という,強固な出発点が与えられる.もし X が古典的,つまり,環 $\mathcal{A}$ が可換であっても $\mathcal{A}$ 上のこのような K-サイクルは通常の空間 X としての計量 d を与える.

とにかく,この計量はリーマン計量である必要はないが,第5節で扱うモデルでは決定的なものである.

私は,純粋数学の結果の強力な道具である「ディクスミエトレース」(第3節)を示すことからはじめる.空間 X が「可換」である場合から遠く離れたところでおきる,対数発散という現象が,一般的で,考えている K-サイクルのホッホシルトコホモロジー類の非自明性の帰結であることを見る.

これにより(第4節)記述(∗)を逆にして,理論からゲージ不変でなければならないゲージボゾン $A=\sum a[D,b]$ $(a,b\in\mathcal{A})$ の自己相互作用を,満足いくよう

に定義する．

こうして，理論（第4節定理6）からゲージ不変なラグランジアンを書き下すことができる．「大統一」理論のラグランジアンは次のものの基礎となる．

a) 時空の距離 $g_{\mu\nu}$
b) コンパクト単純リー群 G
c) リー群 G 上のキリング (Killing) 形式

私は，こういった古典的データを次のもので置き換えることを提案する．

a) ディラック作用素 D
b) 二重空間のゲージ群 $\mathcal{U}$
c) ディクスミエトレース

この一般的手法を $\mathcal{A}$ が可換の場合の例にしか使わないが（第5節），公式はすべての場合，選択の自由に比べて制約が多い場合にも必要であることは間違いなく，第二空間の群 $\mathcal{U}$ が単純群ではなくとも，理論は一般論の部分群への制限によって得られる．したがって，数多くの制約がある．

第5節は具体的なモデルについての議論に費やされる．そこでは次の質問に完全に答える．どの対合環 $\mathcal{A}$ とどの K-サイクル $(\mathfrak{H}, D, \gamma)$ を純ゲージの作用汎関数としてとると，ヒッグスセクターのついた電弱相互作用のワインバーグ－サラムモデルが再導出できるか？この問題にはたいへん満足のいく答えがある．さらに，得られるのは**可換**空間 X で，通常空間の二重化である（図22）．問題となるのは，よって，（ユークリッド領域での）距離が $M_W^{-1} \sim 10^{-16}$ cm (M_W はボーズ中間子 W の質量である）である二葉の時空間である．この二葉の，あるいは二重の空間の**非可換**幾何学は，X 上の，とくに計量を定義するディラック作用素によって特定される．この計量は，各葉の通常の計量に一致する．

これから先も，この計量をリーマン計量として，**幾何**の名をつける資格があるものであると納得するために，多くの仕事がなされるであろう．このモデルを，最も簡単な，ファイバーがただ2点からなるカルーツァ－クラインモデルとして見ることができる．ファイバーが非連結であることから自動的に，**非自明ベクトル束**，ひいては対称性の破れという現象が生まれる．もっとも単純な非自明ベクトル束は一方の点では $\mathbb{C}$，他方では $\mathbb{C}^2$ となっているもので，これはゲージ群 $U(1) \times U(2)$ に対応している．このモデルはレプトンセクターに制

限される．クォークに適合したより複雑なモデルは，ロト [62] との共同研究で実現された．

5.1 ゲージ群，スピノルとディラック作用素

$\mathcal{A}$ を対合的環，n を整数とすると，群 $\mathcal{U}_n$ を $\mathcal{U}_n = \{u \in M_n(\mathcal{A}); u^*u = uu^* = 1\}$ とする．これは $\mathcal{A}$ に係数を持つ，$n \times n$ 行列の環 $M_n(\mathcal{A})$ のユニタリ群である．$\mathcal{A}$ が通常空間 X 上の，ある種の滑らかな（たとえば C^∞ 級の）関数環であれば，対応する群 $\mathcal{U}_n$ は X からコンパクト群 $U(n)$ への，同じ滑らかさを持った写像の群である．別の言い方をすれば $\mathcal{U}_n(C^\infty(X)) = C^\infty(X, U(n))$ である．

この群の環からの構成によって，すべての群が得られるわけではない．というのは，得られるものの著しい性質として，群として唯一の法則が $\mathcal{A}$ の環構造を本質的に含むということがあるためである．$GL_n(\mathcal{A})$，つまり $M_n(\mathcal{A})$ の可逆元のなす群に対する同様の現象が代数的 K-理論で本質的役割を果す [164]．

$\mathcal{U}_n(\mathcal{A})$ の複素化リー環は積 $[a, b] = ab - ba$ によって行列リー環 $M_n(\mathcal{A})$ と同一視される．$\mathcal{A}$ での積はたとえば次で決定される．

$$\left[\begin{bmatrix} a & 0 \\ 0 & 0 \end{bmatrix}, \begin{bmatrix} 0 & b \\ 0 & 0 \end{bmatrix}\right] = \begin{bmatrix} 0 & ab \\ 0 & 0 \end{bmatrix} \quad \forall a, b \in \mathcal{A}$$

（任意のリー環 $\mathcal{L}$ に対し $M_2(\mathcal{L}) = M_2 \otimes \mathcal{L}$ には自然なリー環の構造はない．さらに，被覆環を使って括弧積を $[a, b] = ab - ba$ で書けるが，$ab \in \mathcal{L}$ とはならない．）

代数的 K-理論のように，すべての群の列で次の包含関係があるもの $\mathcal{U}_n$ を考えるのは自然である．

$$\mathcal{U}_n \to \mathcal{U}_m \ (m \geq n) \quad \text{かつ} \quad U(n) \subset \mathcal{U}_n$$

環 $\mathcal{A}$ のユニタリ表現 π は，$\mathcal{U}$（より一般には $\mathcal{U}_n$）の表現 $u \mapsto \pi(u)$ を定義するが，こうして得られる表現はたいへん特別なものである．というのは，たとえばテンソルベキはもはや同じかたちをしていないからである．われわれは上でフェルミオンの空間の生成をみた．別の言い方をすれば，

ゲージ群の第二空間へのフェルミオンの空間での作用は，$\mathcal{A}$ の表現となる．

ディラック作用素はシュレディンガー方程式の相対論化のために発明されたが，数学のその後の発展にもかなりの衝撃を与えた．ポアンカレ群のユニタリ表現を書くときに了解されると思うが，私の考えでは，空間 X 上の K-ホモロジーの生成元としてより一般的に重要である．この理論に深く踏み込むことはしないが，イギリスのアティヤ，アメリカのシンガーとブラウン，ダグラス，フィルモア，旧ソ連のミシチェンコとカスパロフらの仕事によって，この理論が，非連結な位相多様体や作用素の摂動論で本質的役割をしていることがわかっている．驚くべきことは，この定理のもっとも簡単な構成には，出発点として空間 X 上の関数環 $\mathcal{A}$ 上のフレドホルム加群を使うことで，また，

1) X の可換性はまったく重要ではない，というより逆である（行列環 $M_n(\mathcal{A})$ が排除されてしまう）．
2) フレドホルム加群の概念の非有界への定式化は，ディラック電子の理論のハミルトニアンの定式化に適合する．

ここで環 $\mathcal{A}$ 上の非有界フレドホルム加群の正確な定義を与え，さらにその次元を定義する．用語の説明を簡単にするため，K-サイクルの言葉を使う．

定義1 $\mathcal{A}$ 上の K-サイクルとは，$\mathcal{A}$ の適当なヒルベルト空間 $\mathfrak{H}$ 上のユニタリ表現と，次を満たす $\mathfrak{H}$ 上の非有界自己共役作用素 D で与えられる．
1) すべての $a \in \mathcal{A}$ に対し，$[D, a]$ は有界．
2) $(1+D^2)^{-1}$ はコンパクト．

（もし $\mathcal{A}$ が単位元を持たなければ，2) は $a(1+D^2)^{-1}$ はすべての $a \in \mathcal{A}$ に対しコンパクトと置き換える．）

もちろんスピノル多様体上のディラック作用素は，この多様体上の関数環 $\mathcal{A}$ 上の K-サイクルを定める．多様体 M 上のスピノル束 S の二乗可積分切断のヒルベルト空間 $\mathfrak{H} = L^2(M, S)$ を得る．作用素 D は自己共役ディラック作用素で，$\mathfrak{H}$ から $\mathfrak{H}$ への非有界作用素となる．$\mathcal{A}$ の $\mathfrak{H}$ 上の作用は掛け算作用素による．$f \in \mathcal{A}$ かつ $\xi \in \mathfrak{H}$ ならば，$(f\xi)(x) = f(x)\xi(x)$ $(\forall x \in M)$ である．

ゲルファントの理論から，環 $\mathcal{A}$ の情報が位相空間 M を特徴づけることはわ

5.1 ゲージ群，スピノルとディラック作用素

かっているので，$\mathcal{A}$ 上の K-サイクル $(\mathfrak{H}, D)$ が M 上のリーマン計量を特徴づけることが簡単に確かめられる．実際，$P, Q \in M$ を M 上の二点，つまり，環 $\mathcal{A}$ の二つの指標 $p(f) = f(P)$, $q(f) = f(Q)$ $(\forall f \in \mathcal{A})$ とする．P から Q へのリーマン構造に対する幾何学的距離 $d(P, Q)$ は公式

$$d(P, Q) = \sup\{|p(f) - q(f)|; f \in \mathcal{A}, \|[D, f]\| \leq 1\}$$

で得られる．ただし，$\|[D, f]\|$ はヒルベルト空間 $\mathfrak{H}$ の作用素ノルムである．

これが示すことは，M 上のリーマン構造による局所的情報は，非有界フレドホルム加群または K-**サイクル** $(\mathfrak{H}, D)$ の作用素的情報に置き換わっても，失う情報はないということである．私の視点では，一般に非可換空間の解析での戦略は次のようになる．

1) 作用汎関数 I を最小にするように，与えられた K-ホモロジーの類を持つ K-サイクル $(\mathfrak{H}, D)$ を決める．

2) K-サイクル $(\mathfrak{H}, D)$ から出発して，D^{-1} をフェルミオンの伝播子として，つまり D をディラック作用素のようにとって使うことで，ゲージ理論のラグランジアンの類似物を造る．

段階 2) はもう一つの作用汎関数で，1) のように定義域が $(\mathfrak{H}, D)$ ではなく，$A = \sum adb$ $(a, b \in \mathcal{A})$ の形のゲージ場であるものの構成も含んでいる．

これら二つの作用汎関数の構成に対して，一方では K-サイクルの**次元**の概念，もう一方では**対数発散**の概念をより深く理解することが必要である．この後，K-サイクルの次元の概念の詳細を述べておく．対数発散の概念については第 2 節で説明する．

$(\mathfrak{H}, D)$ を $\mathcal{A}$ 上の K-サイクルとする．作用素 D をフーリエ変換の代入と考え，D の固有ベクトルによる正規直交基底 (ξ_p) すなわち $D\xi_p = E(p)\xi_p$ とし，可算「モーメント空間」を定義するものと考える．こうしてモーメント空間の収束によって加群の**次元**を測ることにする．

定義 2 $d \in [1, \infty)$ を実数とする．$\mathcal{A}$ 上の K-サイクル $(\mathfrak{H}, D)$ は降順に並べた $|D|$ の固有値 E_n が

$$\sum_{n=1}^{N} E_n^{-1} = O\left(\sum_{n=1}^{N} n^{-1/d}\right)$$

を満たすときに d^+-総和可能であるという.

$d=1$ では, $\sum_{n=1}^{N} E_n^{-1} = O(\text{Log } N)$ となり, $d>1$ では, $E_n^{-1} = O(n^{-1/d})$ となる.

この条件は K-サイクルの次元の上限を与える. 後で, 下限を与える非自明なコホモロジー的条件についても見る. この上限と下限が一致する場合に興味がある(第3節).

池原(止戈夫)のタウバー型定理は, 関数 $\zeta(s) = \text{Trace}(|D|^{-s})$ が $Re(s) > d$ の半複素平面上正則で, $Re(s) \geq d\ (s \neq d)$ 上連続かつ, $s=d$ に単純な極を持つとき K-サイクル $(\mathfrak{H}, D)$ が d^+-総和可能であることを示している.

最後に, K-サイクル $(\mathfrak{H}, D)$ が d^+-総和可能であるもうひとつの条件をあげよう. $|D|^{-1} \in \mathcal{L}^{d^+}$ ただし $\mathcal{L}^{d^+}$ はコンパクト作用素の**両側イデアル**で, 次の固有値に関する条件で定義されるものとする.

$$T \in \mathcal{L}^{d^+}(\mathfrak{H}) \iff \sum_{n=1}^{N} \mu_n(T) = O\left(\sum_{n=1}^{N}(1+n)^{-1/d}\right)$$

(ここで, $\mu_n(T)$ は $|T|=(T^*T)^{1/2}$ の n 番目の固有値である.) このイデアル $\mathcal{L}^{d^+}$ がヴォイクレスクの多変数の**散乱**に関する仕事 [240] で決定的な役割をした. この空間は古典解析での弱 L^p 空間 L_w^p の類似で, トレース族作用素のバナッハ空間 $\mathcal{L}^1$ と, コンパクト作用素のバナッハ空間 $\mathcal{K}$ との補間によって, 次の形で得られる.

$$\mathcal{L}^{d^+} = (\mathcal{L}^1, \mathcal{K})_{d,\infty}$$

これらはベクトル空間である. **アプリオリ**にはあきらかではないが, レイリー - リッツ(Rayleigh-Ritz)の不等式

$$\sum_{n=0}^{N} \mu_n(T_1+T_2) \leq \sum_{n=0}^{N} \mu_n(T_1) + \sum_{n=0}^{N} \mu_n(T_2)$$

からわかる.

この節を終わるに当たって $\mathcal{A} = C_c^\infty(\mathbb{R}^n)$ 上の 2^+-総和可能 K-サイクルの構成を述べておく. これは超弦理論でよく使われる. Σ をリーマン面, ψ を $\Sigma \to \mathbb{R}^n$ の滑らかな写像とすると, Σ 上のスピノルと準同型 $\psi^* : \mathcal{A} \to C^\infty(\Sigma)$ で $f \in \mathcal{A}$ に $f \circ \psi \in C^\infty(\Sigma)$ となるものとで K-サイクル $(\mathfrak{H}, D)$ を構成できる. こうして ψ が埋め込みでなくても (Σ, ψ) を特徴づける, $\mathcal{A}$ 上の 2^+-総和可能 K-サイクルが構成できた.

5.2 ディクスミエのトレースと対数的発散

場の摂動論にあらわれる発散は, ファインマン図式のループの摂動級数への寄与のように典型的な対数発散である. これは, モーメント空間で積分が有効に働くと, $E > \Lambda$ となるエネルギー E は無視する, つまり, 積分を $|p| \leq \Lambda$ に制限し(ただし Λ は「カット・オフ」パラメータである), 有限量を得るが, Λ が無限にいく極限で, $O(\log \Lambda)$ となる発散が出るということである. もちろん, そのためには, より高次の, ゲージ不変性に適合しない, 表面的な発散をなんとかしなければならない. さらにコンパクトではない空間では, 赤外発散の問題を回避するため, モーメント空間を離散化しておくと, グリーン関数から構成される粒子の自由場の空間上の作用素 T のトレース $\mathrm{Trace}(T)$ のように, ループのあるファインマン図形の寄与を簡単に書き下せる. よって $\mathrm{Trace}(T) = \sum \lambda_n(T)$ が「カット・オフ」Λ の関数として典型的に対数発散する. N を $|T|$ の固有値の数として数えていくと, エネルギーのカットオフ $E \leq \Lambda$ により, $N \sim \Lambda^d$ となることをみるのは難しいことではない.

作用素 T で通常のトレースが対数発散するものの存在を見てきたが, この発散で $\mathrm{Log}\, N \sim d\,\mathrm{Log}\, \Lambda$ という係数を定義する.

まさにこの問題こそ, 1966 年にディクスミエが解き, 科学アカデミー紀要 (*Comptes rendus*)に発表されたものである. 動機は次のような数学的問題であった.

「通常のトレースはヒルベルト空間の有界作用素の環で一意的なものであるか?」

この論文を引用する[1].

関数解析. 非正規トレースの存在. ジャック・ディクスミエ氏のノート[2], ガストン・ジュリア(Gaston Julia)による.

$\mathfrak{H}$ をヒルベルト空間とする. $\mathfrak{H}$ 上の正作用素の集合の上の, 正値, 加法的, 斉次, ユニタリ不変な関数をトレースと呼ぶ. すべての正規トレース(つまり完全加法的なもの)は通常のトレースの定数倍である. 古典的な問題として, すべての有界トレース f は通常のトレースの定数倍になっているかどうかを知るということがある. この論文で, 否定的解決を見る.

1. $\mathbb{R}$ を実数の集合, B_1 を $\mathbb{R}$ 上の実数値有界関数のなすベクトル空間とする. G を $\mathbb{R}$ 上のアフィン変換 $x \mapsto ax + b$ $(a, b \in \mathbb{R}, a \neq 0)$ のなす群とおく. G は B_1 に構造の輸送として作用する. B_1 上の正線形形式 m で, G 不変かつ $m(1) = 1$ となるものが存在する*. m の正値性と不変性はコンパクト台の f に対し $m(f) = 0$ であることによる.

2. **補題** B を有界無限実数列 $s = (s_1, s_2, \cdots)$ のなすベクトル空間とする. B 上に, 線形形式 $s \mapsto \mathrm{Lim}\, s$ が存在して, 次の各条件を満たす.

 1) $s \geq 0$ に対して $\mathrm{Lim}\, s \geq 0$
 2) $\mathrm{Lim}(1, 1, \cdots) = 1$
 3) $\mathrm{Lim}(s_1, s_2, s_3, \cdots) = \mathrm{Lim}(s_1, s_1, s_2, s_2, s_3, s_3, \cdots)$
 4) $s, t \in B$ で, $n \to +\infty$ のとき $s_n - t_n \to 0$ ならば $\mathrm{Lim}\, s = \mathrm{Lim}\, t$

1. の記号を使う. $s = (s_1, s_2, \cdots) \in B$ に対して $f_s \in B_1$ を次のようにして定義する.

$$f_s(x) = s_i \qquad x \in [i-1, i) \cup (-i, -i+1]$$

$\mathrm{Lim}\, s = m(f_s)$ であることをみよう. 性質1), 2)は直接的である. 関数 f_s は相似によって, $f_{(s_1, s_1, s_2, s_2, \cdots)}$ に帰着され, 3)がでる. Lim の正値性から一様収束のノルムで連続がわかる. s が台有界なら $\mathrm{Lim}\, s = 0$ であるから, $n \to +\infty$ で $\mathrm{Lim}\, s = 0 (s_n \to 0)$ より, 4)がでる.

---

1 *Comptes rendus de l'Académie des Sciences*, Paris, t. 262, p.1107-1108 (16 mai 1996). 引用認可済. ディクスミエ自身の注は後につける.
2 1966年5月9日

3. $\mathfrak{H}$ を無限次元可分ヒルベルト空間とする．k を $\mathfrak{H}$ 上の正値コンパクト作用素の集合とする．すべての $A \in k$ に対して，$\lambda_1(A), \lambda_2(A), \cdots$ を A の固有値の多重度を込めた増大列とする．(A がランク有限ならこの数列には 0 を補う．)

4. 収束正数列 $(a_1, a_2, \cdots)$ で次を満たすものを固定して考える．

$$a_n \to \infty, \quad a_1 \geq a_2 - a_1, \quad a_{n+1} - a_n \geq a_{n+2} - a_{n+1} \quad n \geq 1$$

かつ $a_n^{-1} a_{2n} \to 1$ $(n \to +\infty)$．P を $A \in k$ の集合で，

$$\lambda_1(A) + \lambda_2(A) + \cdots + \lambda_n(A) = O(a_n) \quad n \to +\infty$$

を満たすものとする．もし $A \in P$ かつ U が $\mathfrak{H}$ 上の作用素であると，$UAU^{-1} \in P$ となる．$A \in P$ かつ B が $\mathfrak{H}$ 上の正の作用素で，A に押さえられていると，$B \in P$ である(というのも，$B \in k$ がわかっており，すべての n に対し，$\lambda_n(B) \leq \lambda_n(A)$)．もし $A, B \in P$ ならば，

(1) $$\lambda_1(A+B) + \cdots + \lambda_n(A+B)$$
$$\leq \lambda_1(A) + \cdots + \lambda_n(A) + \lambda_1(B) + \cdots + \lambda_n(B)$$

(レイリー - リッツの不等式)となり，これより $A, B \in P$ ならば $A + B \in P$ がでる．

5. $A \in P$ に対して，

$$s_n(A) = a_n^{-1}(\lambda_1(A) + \cdots + \lambda_n(A))$$

および，

$$f(A) = \mathrm{Lim}(s_n(A)) \in [0, +\infty)$$

とおく．
$A \in P$ かつ U が $\mathfrak{H}$ 上のユニタリ作用素ならば，$f(UAU^{-1}) = f(A)$ である．A として $\lambda_1(A) = a_1$ かつ $\lambda_i(A) = a_i - a_{i-1}$ $(i > 1)$ とおくと，$f(A) = 1$ となり，f は恒等的に 0 ではない．もし $\lambda \geq 1$ かつ $A \in P$ ならば，$f(\lambda A) = \lambda f(A)$ である．不等式 (1) は $A, B \in P$ ならば $f(A+B) \leq f(A) + f(B)$ といっている．ランク有限な A に対しては $f(A) = 0$．

6. $a_n^{-1} a_{n+1} \to 1$ より，すべての $A \in P$ に対し

$$s_n(A) - s_{n+1}(A) = (a_n^{-1} a_{n+1} - 1) s_{n+1}(A) - a_n^{-1} \lambda_{n+1}(A) \to 0$$

を得る．よって

$$f(A) = \mathrm{Lim}(s_2(A), s_2(A), s_4(A), s_4(A), s_6(A), s_6(A), \cdots)$$

であり，したがって，補題 2 より
(2) $$f(A) = \text{Lim}(s_2(A), s_4(A), s_6(A), \cdots)$$
となる．

$A, B \in k$ に対して，
(3) $$\lambda_1(A) + \cdots + \lambda_n(A) + \lambda_1(B) + \cdots + \lambda_n(B)$$
であることは知られている[**]ので，$A, B \in P$ ならば，
$$f(A) + f(B) \leq \text{Lim}(a_n^{-1}(\lambda_1(A+B) + \cdots + \lambda_{2n}(A+B)))$$
$$= \text{Lim}(a_{2n}^{-1}(\lambda_1(A+B) + \cdots + \lambda_{2n}(A+B)))$$
となる．よって(2)より $f(A) + f(B) \leq f(A+B)$ である．したがって，f は加法的である．

$A \geq 0$ かつ $A \notin P$ に対して，$f(A) = +\infty$ と定義すると，f は集合 P 上の通常のトレースの定数倍ではないトレースとなり，f は有限[***]となる．

[*] J. von Neumann, Fundamenta Mathematicae, 3, 1929, p.73-116(とくに p.90 と p.95)
[**] J. Hersch, *Comptes rendus*, 252, 1961, p.1714 et 2496. E_n を H 上のランク n の直交射影の集合とする．最大最小原理から，$\lambda_1(A) + \cdots + \lambda_n(A) = \sup_{P \in E_n} \text{Tr}(PAP)$. (Hersh のアイデアによる)
[***] M. N. Aronszajn は，私が $\text{Lim}(n\lambda_n(A))$ を研究していたのに，私に $\text{Lim}((\log n)^{-1}(\lambda_1(A) + \cdots + \lambda_n(A))$ を研究するよう示唆した．

ディクスミエの論文は十分に短くて詳細なので，これを書き直すかわりに，彼の解答と，物理でいうところの「くりこみ群の不動点」の発想の関係を**線形**の枠組みの中で，したがって簡単に示してみたいと思う．

この微妙な発想は，正値作用素 $T \in \mathcal{L}^{1+}(\mathfrak{H})$ の上に汎関数 φ を次の式で定義する．

$$\varphi(T) = \lim_{N \to \infty} \frac{1}{\text{Log } N} \sum_{n=0}^{N} \mu_n(T)$$

ただし，μ_n は減少方向に並べた固有値である．$T \in \mathcal{L}^{1+}(\mathfrak{H})$ という仮定から，$(1/\text{Log } N) \sum_{n=0}^{N} \mu_n(T) = a_N$ で定義される数列は**有界**となる．

問題はこの数列が一般には収束せず，収束すると仮定してもそれで両側イデアルが定義できるわけではないということである．わかっていることはといえば，数列 (a_n) は T をユニタリ同値な作用素で置き換えても変化しない，つま

り $a_N(UTU^*) = a_N(T)$ （なぜなら $\mu_n(UTU^*) = \mu_n(T)$ であるから）ということと，次の不等式だけである．

$$(*) \quad \sum_{n=0}^{N} \mu_n(T_1 + T_2) \leq \sum_{n=0}^{N} \mu_n(T_1) + \sum_{n=0}^{N} \mu_n(T_2) \leq \sum_{n=0}^{2N} \mu_n(T_1 + T_2)$$

つまり $\quad a_N(T_1 + T_2) \leq a_N(T_1) + a_N(T_2) \leq a_{2N}(T_1 + T_2) \times \dfrac{\text{Log } 2N}{\text{Log } N}$

よって，トレースを得るには，Lim_w で表される，すべての有界実数列 (a_N) に対し，線形な実数 $\text{Lim}_w(a_N)$ を次の条件のもとで対応させる極限操作を用いればよい．

$$(**) \quad \text{Lim}_w(a_{2N}) = \text{Lim}_w(a_N) \qquad a_N \geq 0 \Longrightarrow \text{Lim}_w(a_N) \geq 0$$

もちろん，この手法は非退化，たとえば $\text{Lim}_w(1) = 1$ であることを要請しておく．

条件 $(**)$ はまさにこの汎関数 $\psi = \text{Lim}_w$ が**スケール不変**，つまりスケール変換の群の作用 $\Lambda \to \lambda\Lambda$ （モーメント空間での拡大縮小）での不動点であることを示している．ディクスミエはこの極限操作の構成に三角行列 $\begin{bmatrix} a & b \\ 0 & a^{-1} \end{bmatrix}$ の群のアメナブル性を使った．（さらに $(**)$ は $N \to \infty$ で $a_{N+1} - a_N \to 0$ ならば入り込む余地がない．）彼の論文では，上にあげた $\text{Log } N$ よりも一般的な列を使ったが，$\text{Log } N$ を $N^\alpha \geq 0$ に替えることは，$(2N)^\alpha/N^\alpha$ が $N \to \infty$ で，1 に収束しないのならばできない．

正値作用素 $T \geq 0$, $T \in \mathcal{L}^{1+}(\mathfrak{H})$ に対し

$$\text{Tr}_w(T) = \text{Lim}_w \frac{1}{\text{Log } N} \sum_{n=0}^{N} \mu_n(T)$$

で与えられるディクスミエトレース Tr_w に関して，もう一つの本質的な点は，群がアメナブルであるかどうかが極限操作に依存するということである．これにより，そのような操作には，不安定な N 上の超有向族のような存在，つまり群 $(\mathbb{Z}/2)^\mathbb{N}$ の**非可測指標**が存在することが考えられる．実際には，それはなんでもない，というのは，このことは条件

$$\mathrm{Lim}_w(a_N b_N) = \mathrm{Lim}_w(a_N)\mathrm{Lim}_w(b_N)$$

を考えに入れていないということなのだが,これは(**)に適合しないからである.さらに(**)が汎関数 $\mathrm{Lim}_w = \psi$ に関する**線形**の条件であるように,モコボトスキー(G. Mokobodski)のすばらしい結果 [163] は,(連続の仮定をいれて)さらに Lim_w が数列 (a_N) の関数として**普遍可測**であり,しかも**積分と可換**

$$\mathrm{Lim}_w\left(\int a_N(\alpha)\mathrm{d}\mu(\alpha)\right)_N = \int \mathrm{d}\mu(\alpha)\mathrm{Lim}_w(a_N(\alpha))$$

という性質を示した.ただし $(a_N(\alpha))_N$ は添数付き有界数列の測度空間 (X,μ) による加法族である.

5.3　K-サイクルのコホモロジー次元と対数的発散の必要性

巡回コホモロジーの出発点は環 $\mathcal{A}$ 上の K-サイクル $(\mathfrak{H},D)$(および $\mathfrak{H}$ の $\mathbb{Z}/2$-次数付け γ で,$\gamma a = a\gamma$ ($a \in \mathcal{A}$)かつ $\gamma D = -D\gamma$ を満たすもの)が与えられたときに,多様体の微分形式の微分積分を次のようにまねることができることであった.作用素 D(簡単のため可逆とする)の符号 $F = D|D|^{-1}$ によってすべての $a \in \mathcal{A}$ 微分演算 $\mathrm{d}a = [F,a]$ を定義することができる.性質 $F^2 = 1$ によって $\mathrm{d}(\mathrm{d}a) = 0$(ただし $X \in \mathcal{L}(\mathfrak{H})$ に対して,$X\gamma = -\gamma X$ で,$\mathrm{d}X = i(FX - XF)$ ではなく,$\mathrm{d}X = i(FX + XF)$ とおく)である.すると複体 $\mathcal{A} \xrightarrow{\mathrm{d}} \Omega^1(\mathcal{A}) \xrightarrow{\mathrm{d}} \Omega^2(\mathcal{A})\cdots$ が得られる.ただし,$\Omega^k(\mathcal{A})$ は $\omega = a^0 \mathrm{d}a^1 \cdots \mathrm{d}a^k$ ($a^j \in \mathcal{A}$)の線形結合のなすベクトル空間である.$\mathfrak{H}$ 上の作用素の合成法則から作用素形式の積について $\omega_1 = \Omega^{k_1}$,$\omega_2 = \Omega^{k_2}$ として $\omega_1\omega_2 = \Omega^{k_1+k_2}$,$\mathrm{d}(\omega_1\omega_2) = (\mathrm{d}\omega_1)\omega_2 + (-1)^{\partial \omega_1}\omega_1 \mathrm{d}\omega_2$ と定義できる.K-サイクル $(\mathfrak{H},D)$ が d^+-総和可能ならば,作用素形式 $\omega = \Omega^d(\mathcal{A})$ は次のような性質を持つ.$\sum \mu_n(\omega)^p < +\infty$ が $p > d/k$ について成立する.ただし $\mu_n(\omega)$ は作用素 ω の固有値を表す.(より精密には,$\Omega^k \subset \mathcal{L}^p$,$p > d/k$ として p 乗可積分作用素のシャッテンイデアルを得る.)

　この性質によって十分に,作用素形式 $\omega = \Omega^d(\mathcal{A})$($d$ は**偶数**とする)に対して次の式で積分の類似を定義できそうである.

5.3 K-サイクルのコホモロジー次元と対数的発散の必要性

$$\int \omega = \mathrm{Trace}(\gamma\omega)$$

この公式は意味がない，というのは $\omega = \Omega^d$ に対して $\sum \mu_n(\omega)^p < +\infty$ は $p > 1$ についてのみ成り立つからである．しかし $\mathrm{Trace}(\gamma\omega)$ を $\mathrm{Tr}_w = 1/2\,\mathrm{Trace}(\gamma F(F\omega + \omega F))$ で置き換えるという大変に単純な方法で，うまくいくようにできる．$F\omega + \omega F \in \Omega^{d+1}$ なので，これ以上何も問題にはならない．これから，ストークス (Stokes) の定理の類似

$$\int d\omega = 0 \qquad \forall \omega \in \Omega^{d-1}(\mathcal{A})$$

および積分での交換関係

$$\int \omega_1 \omega_2 = (-1)^{\delta_1 \delta_2} \int \omega_2 \omega_1$$

が証明できる．ただし ω_1, ω_2 はそれぞれ次数 δ_1, δ_2 で $\delta_1 + \delta_2 = d$ である．

この定式化は巡回コホモロジーを直接導くが，高次の非可換な場合でも，**微分位相的証明の拡張は成功する**（第2章参照）．

環 $\mathcal{A}$ 上の巡回コサイクル τ の概念は，トレースの概念の類似である．環 $\mathcal{A}$ 上のトレース τ_0 は $\mathcal{A}$ 上の線形形式で，次の性質を満たすものである．

$$(***) \qquad \tau_0(x^0 x^1) - \tau_0(x^1 x^0) = 0 \qquad \forall x^0, x^1 \in \mathcal{A}$$

環 $\mathcal{A}$ 上の n-巡回コサイクル τ_n は $\mathcal{A}$ 上の $(n+1)$ 重線形形式で，次を満たすものである．

$(***)_n$
$$\tau(x^0 x^1, \cdots, x^{n+1}) - \tau(x^0, x^1 x^2, \cdots, x^{n+1}) + \cdots$$
$$+ (-1)^j \tau(x^0, \cdots, x^j x^{j+1}, \cdots, x^{n+1}) + \cdots$$
$$+ (-1)^{n+1} j\tau(x^{n+1} x^0, \cdots, x^n) = 0$$

$\lambda_n \qquad \tau(x^1, \cdots, x^n, x^0) = (-1)^n \tau(x^0, \cdots, x^n) \qquad \forall x^j \in \mathcal{A}$

上のような $\mathcal{A}$ 上の K-サイクル $(\mathfrak{H}, D)$ によるホモロジーの情報は次の d-巡回コサイクルとなる指標で捉えられる．

$$\tau(x^0, x^1, \cdots, x^d) = \int x^0 \mathrm{d}x^1 \cdots \mathrm{d}x^d = (-1)^{d/2} \mathrm{Tr}_s(x^0 [f,x] \cdots [f, x^d])$$

$\mathcal{A}$ を多様体 M 上の関数の環とすると,すべての n 次 ($n \in \{0, 1, \cdots, \dim M\}$) 閉ド・ラームカレント C は $\mathcal{A}$ 上の巡回コサイクル τ_C を次の式で定義する.

$$\tau_C(f^0, \cdots, f^n) = \langle C, f^0 \mathrm{d}f^1 \wedge \cdots \wedge \mathrm{d}f^n \rangle \qquad \forall f^j \in \mathcal{A}$$

およびチャーン指標の構成

$$\mathrm{ch} : K^*(M) \to H^*(M, \mathbb{C})$$

は,接続と曲率によって M 上のすべての複素ベクトル束 E に複素係数コホモロジー類 $\mathrm{ch}(E)$ を付随させるが,これは,次の結果の特別な場合で,$\mathcal{A}$ の可換性はもはや必要とされない.

補題 3 $\mathcal{A}$ を一般の環,τ_{2m} を $\mathcal{A}$ の巡回コサイクルとする.次の等式で $K_0(\mathcal{A})$ から $\mathbb{C}$ への加法的写像が定義される.

$$\langle e, \tau_{2m} \rangle = \tau_{2m}(e, \cdots, e) \qquad \forall e \in \mathrm{Proj}\, M_k(\mathcal{A})$$

ここで M 上の「複素ベクトル束」の概念は,M 上の関数環の**有限型射影加群**の概念と同一視されることをはっきりさせておかねばならない.束 E に付随した加群とは,E の切断に付随した加群のことである.さらに,(単位環)$\mathcal{A}$ 上のすべての有限型射影加群 $\mathcal{E}$ は,$\mathcal{E} = e\mathcal{A}^k$ の形をしている.ただし $e \in M_k(\mathcal{A})$ は射影子 ($e^2 = e$) である.

上で述べられているように,コサイクル τ を $\mathcal{A}$ 上の行列環 $M_k(\mathcal{A})$ に延長しなければならないが,これは次の等式によってなされる.

$$\tau(\mu^0 \otimes f^0, \cdots, \mu^{2m} \otimes f^{2m}) = \mathrm{Trace}(\mu^0 \cdots \mu^{2m}) \tau(a^0, \cdots, a^{2m})$$

ただし,$\mu^j \in M_k(\mathbb{C})$, $a^j \in \mathcal{A}$ である.

$\mathcal{A}$ が M 上の関数環で,τ が閉カレント C に付随する τ_C である特別な場合には,次が成り立つ.

$$\langle e, \tau_C \rangle = \langle \mathrm{ch}(e), C \rangle$$

これによって射影子 $e \in M_k(\mathcal{A})$ に付随する束 E のチャーン指標を一意に定める.

この $\mathcal{A}$ が可換ではない場合のカップリングのありがたみは,量子ホール効果(ベリサールの仕事)に関連して,第 4 章で詳しく解説した.

整数性は,量子ホール効果では決定的な役目を果すが,上のカップリングの

5.3 K-サイクルのコホモロジー次元と対数的発散の必要性

フレドホルム加群の指数に対する整数性の特別な場合であった.

命題 4 $\mathcal{A}$ を環, $(\mathfrak{H}, D, \gamma)$ をその上の d^+-総和可能な K-サイクルで, $d = 2m$ は偶数とし, τ_{2m} を $(\mathfrak{H}, D, \gamma)$ の指数とする. するとすべての $e \in \mathrm{Proj}\, M_k(\mathcal{A})$ に対し次が成り立つ.

$$\langle \tau_{2m}, e \rangle = \mathrm{Ind}(D_e^+) \in \mathbb{Z}$$

ただし D_e^+ は作用素

$$D^+ = \left(\frac{1-\gamma}{2}\right) D \left(\frac{1+\gamma}{2}\right)$$

を e の像に制限して得られるフレドホルム作用素.

K-サイクルの指数 τ_d の定義において, 偶数 d に課せられる唯一の条件は, K-サイクルが d^+-総和可能となっていること, つまり, $\sum_{n=1}^{N} \lambda_n^{-1} = O\left(\sum_{n=1}^{N} n^{-1/d}\right)$, ただし λ_n は $|D|$ の固有値. この条件は $d = 2m$ について成立すれば, $d = 2m + 2q$ $(q \in \mathbb{N})$ についても同様に成立することはあきらかである. ここで次の二つの問題が出てくる.

1) 巡回コサイクル τ_{2m+2q} と τ_{2m} をどう関連付けるか?
2) d を最小にとるにはどう決定すればよいか?

1)の解答は単純である. これは巡回コホモロジーの作用素 S のおおもとである. n-巡回コサイクルを消去することからはじめると, 等式 $\tau = b\psi$ によって得られる. ここで ψ は $\mathcal{A}$ 上の n 重線形形式で, 次の条件を満たすものである.

$$\lambda_{n-1}\psi(x^1, \cdots, x^{n-1}, x^0) = (-1)^{n-1}\psi(x^0, \cdots, x^{n-1}) \qquad \forall x^j \in \mathcal{A}$$

また, 同境作用素は次の等式で与えられる.

$$(b\psi)(x^0, \cdots, x^n) = \sum_j (-1)^j \psi(x^0, \cdots, x^j x^{j+1}, \cdots, x^n)$$
$$+ (-1)^n \psi(x^n x^0, \cdots, x^{n-1})$$

これより $b^2 = 0$, つまり, すべての ψ に対し $b(b\psi) = 0$. さらに ψ は λ_{n-1} を満たせば, $b\psi$ は λ_n を満たす. 任意の ψ に対し, 巡回コサイクル $b\psi$ はコホモロジーに含まれない. n-巡回コサイクルの空間を巡回コチェインの境界で割った, 巡回コホモロジー群 $HC^n(\mathcal{A})$ を導入することで, これを消去できる.

d^+-総和可能な K-サイクルの指標 τ_d と τ_{d+2k} の関係は,次のようにえられる.

定理5 $(\mathfrak{H}, D)$ を d^+-総和可能な K-サイクルとすると,すべての k に対して,$\tau_{d+2k} = S^k \tau_d \in HC^{d+2k}(\mathcal{A})$ で,ここに,S は次の等式で一般に定められる作用素.

$$S\varphi = \varphi \# \sigma \in HC^{n+2}(\mathcal{A}) \qquad \forall \varphi \in HC^n(\mathcal{A})$$

ただし σ は $HC^*(\mathbb{C})$ の生成元を表し,$\sigma(1,1,1) = 1$.

等式 $\mathcal{A} \otimes \mathbb{C} = \mathcal{A}$ と自然なテンソル積 $HC^n(\mathcal{A}) \times HC^m(\mathcal{B}) \to HC^{n+m}(\mathcal{A} \times \mathcal{B})$ の存在を使った(第2章付録2).上の定理は問題1)に完全に答えている.問題2)に答えるためには,周期作用素による像 $\mathrm{Im} S \subset HC^n(\mathcal{A})$ が特定されればよい.実際,d が最良でなければ,$d-2$ で置き換えられるはずで,定理5より $\tau_d \in \mathrm{Im} S$ となるからである.

巡回コホモロジーについて二番目に決定的な結果は,S の像についての次の特徴づけである.

定理6 $\varphi \in H^n(\mathcal{A})$ が S の像に入っているためには,ある $\mathcal{A}$ 上の n 重線形汎関数 ψ で(λ_{n-1} を満たしている必要はない),$b\psi = \varphi$ となるものが存在することが必要十分である.

もちろん ψ が $\mathcal{A}$ 上の n 重線形形式ならば,$b\psi$ は一般に λ_n を満たさず,巡回コサイクルでもない.$(n+1)$ 重線形形式の複体のコホモロジーは $\mathcal{A}$ の,双対加群 $\mathcal{A}^*$ に値を持つホッホシルトコホモロジー $H^n(\mathcal{A}, \mathcal{A}^*)$ と同一視される.定理6は次の完全系列があることを示している.

$$HC^{n-2}(\mathcal{A}) \xrightarrow{S} HC^n(\mathcal{A}) \xrightarrow{I} H^n(\mathcal{A}, \mathcal{A}^*)$$

ただし,I は巡回性 λ_n の「忘却」である.次を得る.

系7 $(\mathfrak{H}, D, \gamma)$ を環 $\mathcal{A}$ 上の,d^+-総和可能な K-サイクルとする.指標のホッホシルト類 $I(\tau_d)$ が 0 ではないとする.すると,整数 d は最良である.$I(\tau_d) = 0$ ならば,$\mathcal{A}$ 上の $(d-2)$-巡回コサイクル φ で $\tau_d = S\varphi$ となるものが存在する.

5.3 K-サイクルのコホモロジー次元と対数的発散の必要性

ホッホシルトコホモロジー $H^k(\mathcal{A}, \mathcal{A}^*)$ はホモロジー代数の要請で開発された道具 [159] によって直接計算することができる.たとえば,環 $\mathcal{A}$ が多様体 M 上の C^∞ 級関数の環 $C^\infty(M)$ で,考えているコチェインが連続とすると,$H^k(\mathcal{A}, \mathcal{A}^*) = \Omega_k$ を得る.ここで Ω_k は M 上の k 次元ド・ラームカレントの空間,つまり,M 上の k 次微分形式の空間 $C^\infty(M, \Lambda^j T^*)$ 上連続な線形形式の空間である.ド・ラームの境界作用素はとくに作用素 $B: H^k(\mathcal{A}, \mathcal{A}^*) \to HC^{k-1}(\mathcal{A})$ の場合で,巡回コホモロジー(第2章付録2)の計算のための主要な道具となる.

定理8 すべての環 $\mathcal{A}$ に対し,次の長完全系列が成立する.
$$\stackrel{B}{\to} HC^{n-2}(\mathcal{A}) \stackrel{S}{\to} HC^n(\mathcal{A}) \stackrel{I}{\to} H^n(\mathcal{A}, \mathcal{A}^*) \stackrel{B}{\to}$$
$$HC^{n-1}(\mathcal{A}) \stackrel{S}{\to} HC^{n+1}(\mathcal{A}) \stackrel{I}{\to} H^{n+1}(\mathcal{A}, \mathcal{A}^*) \stackrel{B}{\to}$$

こうして,ホッホシルトコホモロジーによって得られる S の像と,B の像によって得られる S の核を決定することで,問題1)2)の完全な解が得られる.あとは,d^+-総和可能な K-サイクルを与えて,ホッホシルト類 $I(\tau_d) \in H^d(\mathcal{A}, \mathcal{A}^*)$,つまり d を2ずつ減らすときの障害を計算するだけである.

まさにこの点が第2節で定義したディクスミエトレース Tr_w が入り込む決定的な点である.次の,非常に一般的な結果が得られる.

定理9 $(\mathfrak{H}, D, \gamma)$ を環 $\mathcal{A}$ 上の,$d = 2m$ 偶数として d^+-総和可能な K-サイクルとする.すべての w に対して,次の公式で $\mathcal{A}$ 上のホッホシルトコサイクルを定義する.
$$\psi_w(a^0, \cdots, a^d) = \mathrm{Tr}_w(\gamma a^0 [D, a^1] \cdots [D, a^1]|D|^{-d})$$
さらに $\mathcal{A}$ のホッホシルトコホモロジーがホッホシルトホモロジーの双対ならば,ψ_w は $I(\tau_d)$ に等しい.

よって,d を2ずつ減らす(系7)ことの障害は,ディクスミエトレースによって測られ,とくに,Tr_w が係数の**対数発散**は $I(\tau_d)$ の**非自明性**による.よって定理から,$\mathcal{A}$ の可換性の系として,対数発散は一般的なもので,ホッホシルトコサイクル $I(\tau_d)$ が非自明であることの結果であるということがわかる.このコサイクルは定理9から簡単に計算できる.とくに n 次元多様体 M 上の $-n$ 階の擬微分作用素 P のディクスミエトレースはアドラー-マニン-ウォジス

キー (Adler-Manin-Wodzicki) の留数に一致し，P の主表象 σ_p から次の公式で計算される．

$$\mathrm{Tr}_w(P) = \frac{1}{n}\frac{1}{(2\pi)^n}\int_{S^*M}\mathrm{trace}(\sigma_p)dv$$

ただし，S^*M は規準的接触構造を持つ，ファイバーが半直線の余接束である．これより第 1 節末の，楕円型作用素に付随した K-サイクルに対して $I(\tau_d)$ の計算を得る．たとえば $\mathcal{A} = C^\infty(\mathbb{R}^n)$ で $(\mathfrak{H}, D, \gamma)$ が $\mathbb{R}^d$ 上のリーマン面 Σ 上の ψ に付随した K-サイクルならば，$I(\tau_d)$ は，サイクル $\psi(\Sigma)$ 上の積分のド・ラームカレントである．このカレントは ψ が延長可能なら，$\mathbb{R}^d$ 上の Σ の像を定め，また逆にこれから定められる．

5.4 巡回コホモロジー理論における正値性とヤン‐ミルズの作用

第 3 節定理 9 によって，d^+-総和可能な K-サイクルのホッホシルトコホモロジーの類を適当な交換子の積のディクスミエトレースとして表示することができる．しかしディクスミエトレースは本質的な性質として**正値性**を持っている．

すべての作用素 A に対して $\mathrm{Tr}_w(A^*A) \geq 0$

これにより，d^+-総和可能な K-サイクルホッホシルト $(\mathfrak{H}, D, \gamma)$ の類には，実際次のホッホシルトコサイクルによって与えられる正値代表元があることがわかる．すべての $a^0, \cdots, a^d \in \mathcal{A}$ に対して，

$$(*) \qquad \phi_w(a^0, \cdots, a^d) = \mathrm{Tr}_w((1+\gamma)a^0[D, a^1]\cdots[D, a^d]D^{-d})$$

である．

定義により [58]，$\mathcal{A}$ 上の $d = 2m$ 次元ホッホシルトコサイクル ϕ が正とは，すべての $a^j, b^j \in \mathcal{A}$ に対して

$$\langle a^0 \otimes a^1 \cdots \otimes a^m, b^0 \otimes b^1 \cdots \otimes b^m \rangle = \phi(b^{0*}, a^0, a^1, \cdots, a^m, b^{m*}, \cdots, b^{1*})$$

という等式が，ベクトル空間 $\mathcal{A}^{\otimes(m+1)}$ 上で正値なスカラー積を定義することである．

$m = 0$ に対しては，$\mathcal{A}$ 上の正値線形形式の（もし $b\phi = 0$ ならばトレースの）よ

5.4 巡回コホモロジー理論における正値性とヤン - ミルズの作用

く知られた定義と同じになることがわかる．

一般に正のホッホシルトコサイクルは，ホッホシルトコサイクルのベクトル空間 Z^d 上の凸錐 $Z_+^d \subset Z^d = Z^d(\mathcal{A}, \mathcal{A}^*)$ をなす．

この正値性の概念に慣れるため，コンパクト多様体 M 上の C^∞ 関数の対合的環 $C^\infty(M)$ という特別な場合を考える．([50] にあるように連続多重線形形式だけを考える．)

$d = 0$ に対しては，空間 $A^0 = Z^0(\mathcal{A}, \mathcal{A}^*)$ は M 上の 0 次のカレントであり，錐 Z_+^0 は通常の意味の正測度の錐となる．

$d = 2$ に対しては，ホッホシルトコホモロジーの**類** C は，2次元のド・ラームカレントで特徴づけられる．このカレント自身はすべてのコサイクル $\phi \in C \subset Z^2$ に対し，次の式で得られる．

$$\langle C, f^0 \mathrm{d}f^1 \wedge \mathrm{d}f^2 \rangle = \frac{1}{2}(\phi(f^0, f^1, f^2) - \phi(f^0, f^2, f^1)) \quad \forall f^0, f^1, f^2 \in \mathcal{A}$$

f^1 と f^2 に関して反対称なコサイクル $\phi_c \in C$ が一意に存在する．このコサイクルは次で与えられる．

$$\phi_c(f^0, f^1, f^2) = \langle C, f^0 \mathrm{d}f^1 \wedge \mathrm{d}f^2 \rangle \quad \forall f^j \in \mathcal{A}$$

写像 $C \to \phi_C$ はド・ラームカレントとホッホシルトコサイクルを，コホモロジーを法として同一視するために使われる切断である．この切断は，しかし，重大な欠陥がある．ϕ_C が正ならば，すべての $f \in \mathcal{A}$ に対して，$\mathcal{A}$ 上の次の線形形式

$$L_f(g) = \langle C, g \mathrm{d}f \wedge \mathrm{d}\bar{f} \rangle \quad \forall g \in \mathcal{A}$$

もまた正である．

$L_{\bar{f}} = -L_f$ となるので，すべての f に対して $L_f = 0$ がいえて，よって $C = 0$ となる．こうして規準的表現 ϕ_C を使うと，正値性の概念はうまく働かないことがわかる．

ここでホッホシルト類 C の次元 2 の例を挙げておこう．これには正表現 $\phi_C \in C \cap Z_+^2$ が含まれる．$\Sigma \subset M$ を M のコンパクト**向き付き部分多様体**，C を M のカレントで Σ の基本類の $\sqrt{-1}$ 倍で

$$\langle C, f^0 \mathrm{d}f^1 \wedge \mathrm{d}f^2 \rangle = i \int_\Sigma f^0 \mathrm{d}f^1 \wedge \mathrm{d}f^2 \quad \forall f^j \in \mathcal{A}$$

であるものとする．

ホッホシルトコホモロジーの対応するクラス $C \in H^2(\mathcal{A}, \mathcal{A}^*)$ を考えよう．Σ 上の等角構造 g を一つ選ぶと，次の等式でクラス C にはいる正コサイクル ϕ^g が定義される．

$$\phi^g(f^0, f^1, f^2) = 2i \int_\Sigma f^0 \partial f^1 \wedge \bar{\partial} f^2$$

実際，

$$\frac{1}{2}(\phi^g(f^0, f^1, f^2) - \phi^g(f^0, f^2, f^1)) = i \int_\Sigma f^0 \mathrm{d}f^1 \wedge \mathrm{d}f^2$$

であること，および ϕ^g が，複素多様体 Σ 上の $(1,0)$ 型の微分形式上のスカラー積と同様に，正であることが証明できる．構成から ϕ^g は g の選び方により，コサイクル ϕ^g から Σ の複素構造を再構成することは容易である．このために，ϕ^g により $\mathcal{A} \otimes \mathcal{A}$ 上定義されたスカラー積から，$(1,0)$ 型微分形式の $\mathcal{A}$ 加群と微分 $\partial : \mathcal{A} \to \Omega^{(1,0)}$ を再構成すれば充分である．状況の概略を図21に示す．

双対錐 Z_+^2 で非退化なすべての元に対し，$G = \sum_{\mu,\nu}(\mathrm{d}x^\mu)^* g_{\mu\nu}\mathrm{d}x^\nu$，ただし，$x^\mu$ は $\mathcal{A}$ の元で，$(g_{\mu\nu})$ は要素が $\mathcal{A}$ にはいる正値行列，Z_+^2 上一意に一点 ϕ^g で最

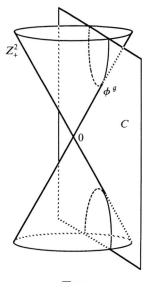

図 21

小をとる，ポリヤコフ(Polyakov)の作用の次のような類似になっている．ただし g は Σ 上に導入されたリーマン構造で，計量 $\sum_{\mu,\nu} g_{\mu\nu} \mathrm{d}\bar{x}^\mu \mathrm{d}x^\nu$ によって，

$$I(\phi) = \sum_{\mu,\nu} \phi(g_{\mu,\nu} x^\nu, (x^\mu)^*)$$

とかける．

$d=4$ に対しては $d=2$ の場合同様，ホッホシルトコホモロジーのクラス C は次のような次元 4 のカレント C によって特徴づけられる．すべての $\phi \in C$ に対して，

$$\langle C, f^0 \mathrm{d}f^1 \wedge \mathrm{d}f^2 \wedge \mathrm{d}f^3 \wedge \mathrm{d}f^4 \rangle$$
$$= \frac{1}{4} \sum (-1)^\sigma \phi(f^0, f^{\sigma(1)}, \cdots, f^{\sigma(4)}) \qquad \forall f^j \in \mathcal{A}$$

である．

さらに，$d=2$ の場合と同様に，クラス C 上唯一の反対称元である規準的コサイクル ϕ_c は絶対に正にならない．正の表現 $\phi \in C \cap Z_+^4$ を持つ 4 次元のホッホシルトの類の例を挙げるために，向きのついたコンパクト部分多様体 $\Sigma \subset M$ を考えよう．次が得られる．

> **補題 1**
> 1) g を Σ 上のリーマン構造(スピノル構造を考える)，D を，$\mathfrak{H}=L^2(\Sigma,S)$ での $\mathbb{Z}/2$-次数付け γ に関係するディラック作用素とする．次の $C^\infty(\Sigma)$ 上の正のホッホシルトコサイクルは類として Σ の基本類を持つ．
> $$\phi_w(f^0,\cdots,f^4) = 8\pi^2 \operatorname{Tr}_w((1+\gamma)f^0[D,f^1]\cdots[D,f^4]D^{-4})$$
> 2) コサイクル ϕ_w は w に依らず，Σ の等角構造にのみ依存し，
> $$\phi^g(f^0,\cdots,f^4) = \frac{1}{4} \int_\sigma \operatorname{tr}((1+\gamma)f^0 \mathrm{d}f^1 \mathrm{d}f^2 \cdots \mathrm{d}f^4) dv$$
> と書ける．

この表示の中で，tr は各点 $x \in \Sigma$ でのクリフォード環上の自然なトレースを表し，微分 $\mathrm{d}f^j$ はクリフォード環の束の切断と考える．点 $x \in \Sigma$ でのファイバーは，$\mathbb{C}$ 上の，ユークリッド空間 T_x^* のクリフォード環の複素化 $\operatorname{Cliff}_\mathbb{C}(T_x^*)$ である．すべてのベクトル $\xi \in T_x^*$ は元 $\gamma(\xi) \operatorname{Cliff}(T_x^*)$ を定義し，すべてのベクト

ル $(\xi_1 + i\xi_2) \in (T_x^*) \otimes_\mathbb{R} \mathbb{C}$ は元 $\gamma_1(\xi_1) + \gamma_2(\xi_2) \in \mathrm{Cliff}_\mathbb{C}(T_x^*)$ を定義する．よって，微分 $\mathrm{d}f$ ($f \in C^\infty(\Sigma)$) とクリフォード環の束の切断 $\gamma(\mathrm{d}f)$ を同一視できる．最後に $\mathrm{d}v$ はリーマンの体積要素である．この結果は [49] の 674 ページの定理 1 から簡単に導き出される．

ヤン‐ミルズの作用汎関数をベクトルポテンシャルの上で，ディラック作用素 D から上の補題のホッホシルトコサイクルを使って，どのように再構成できるかを示そう．唯一の困難はこの構成が，$\mathcal{A}$ の非可換性も使わず，ディラック作用素の特性も使わず，ただ $\mathcal{A}$ 上の K-サイクルの 4^+-総和可能性のみを使っていることを確認することである．さらに，得られた作用が，ベクトルポテンシャルのアフィン空間の上で四回対称，正値，ゲージ不変であることも確認しなければならない．

この汎関数の非自明性を保証するために，ベクトル束 E のチャーン類 $c_2(E)$ と，E 上の接続のヤン‐ミルズ作用の最小との間の不等式をわれわれの場合に適合させる（本節の定理 7 参照）．エルミートベクトル束の概念はわれわれの場合に適合する（たとえば [65] を見よ）．よって $\mathcal{A}$ 上の有限型射影加群 $\mathcal{E}$ がエルミート構造を持つ，つまり積 $\langle \xi, \eta \rangle \in \mathcal{A}$ ($\forall \xi, \eta$) が適当な条件を満たす [65] と仮定する．

この概念に慣れていない読者は，まず $\mathcal{E} = \mathcal{A}$ で
$$\langle a, b \rangle = a^* b \quad \forall a, b \in \mathcal{E} = \mathcal{A}$$
という特別な場合を考えればよいだろう．

ベクトルポテンシャルあるいは $\mathcal{E}$ 上の両立接続は，今後普遍ベクトルポテンシャルと呼ぶ，非局所な対象の同値類として得られる．

$\Omega^1(A)$ を $\mathcal{A} \otimes \mathcal{A}$ の部分環で，乗法 $m : \mathcal{A} \otimes \mathcal{A} \to \mathcal{A}$, $m(a \otimes b) = ab \in \mathcal{A}$ の核とする．これは次の演算で両側加群 $\mathcal{A} \otimes \mathcal{A}$ の部分両側加群である．
$$a_1(a \otimes b) a_2 = a_1 a \otimes b a_2 \quad \forall a_1, a_2, a, b \in \mathcal{A}$$
微分 $\mathrm{d} : \mathcal{A} \to \Omega^1(A)$ を次の等式で定義する [139]．
$$\mathrm{d}a = 1 \otimes a - a \otimes 1 \quad \forall a \in \mathcal{A}$$

定義 2 $\mathcal{E}$ を $\mathcal{A}$ 上のエルミート有限型射影加群とする．$\mathcal{E}$ 上の両立普遍接続 ∇ とは，$\mathcal{E}$ から $\mathcal{E} \otimes_\mathcal{A} \Omega^1$ への線形写像で次を満たすものをいう．

5.4 巡回コホモロジー理論における正値性とヤン-ミルズの作用

a) $\nabla(\xi a) = (\nabla \xi)a + \xi \otimes da$ $\quad (\forall \xi \in \mathcal{E}, a \in \mathcal{A})$
b) $\langle \nabla \xi, \eta \rangle + \langle \xi, \nabla \eta \rangle = d\langle \xi, \eta \rangle$ $\quad (\forall \xi, \eta \in \mathcal{E})$

このような接続はつねに存在する [50]. たとえば, $e \in M_k(\mathcal{A})$ を自己共役ベキ等元 $e^2 = e^* = e$ として $\mathcal{E} = e\mathcal{A}^n$ とすると, $\nabla \xi = ed\xi$ は $\mathcal{E}$ 上の次のエルミート構造に対する両立普遍接続である. この構造は $\mathcal{A}^n$ 上の構造

$$\langle \xi, \eta \rangle = \sum \xi_i^* \eta_i \in \mathcal{A} \qquad \forall \xi, \eta \in \mathcal{A}^n$$

を $\mathcal{E}$ に制限したものである.

構成から両立普遍接続の空間 $CC(\mathcal{E})$ は実アファイン空間で, 付随するベクトル空間は, $\text{Hom}_{\mathcal{A}}(\mathcal{E}, \mathcal{E} \otimes_{\mathcal{A}} \Omega^1)$ の反自己同型元の空間である. ここに, Ω^1 の対合 $*$ で $(adb)^* = (db^*)a^*$ $(\forall a, b \in \mathcal{A})$ となるものをいれておく. $\mathcal{E} = \mathcal{A}$ に対し, 両立普遍接続は, Ω^1 の元 ρ で $\rho^* = -\rho$ となるものである. $\Omega^*(\mathcal{A})$ を $\mathcal{A}$ 上の普遍次数付き微分環で, 条件 $d1 = 0$ がついたものである [139]. これは [50] の普遍次数付き微分環の, d1 により生成される両側イデアルでの商である. $\Omega^n(\mathcal{A})$ の元はすべて $a^0 da^1 \cdots a^n$ の線形結合の形をしていて, $\text{d}(a^0 da^1 \cdots a^n) = da^0 da^1 \cdots da^n = 1(a^0 da^1 \cdots a^n)$ となる. 上の対合は $\Omega^*(\mathcal{A})$ に次を満たすように延長される.

$$(a^0 da^1 \cdots a^n)^* = \text{d}(a^n)^* \cdots \text{d}(a^1)^* a^{0*}$$

とくに $\rho \in \Omega^1(\mathcal{A})$ に対しては, $\text{d}(\rho^*) = -(\text{d}\rho)^*$ となる. $\mathcal{E} = \mathcal{A}$ と, 両立普遍接続 $\rho = -\rho^* \in \Omega^1(\mathcal{A})$ に対しては, 曲率は Ω^2 の自己共役元によって

$$\theta = \text{d}\rho + \rho^2$$

と与えられる.

一般に [50], $\mathcal{E}$ 上の両立普遍接続 ∇ の曲率 θ は, 誘導加群 $\tilde{\mathcal{E}} = \mathcal{E} \otimes_{\mathcal{A}} \Omega^*(\mathcal{A})$ の自己準同型 ∇^2 である.

$\mathcal{E}$ のユニタリ自己準同型の群

$$\mathcal{U} = \{u \in \text{End}_{\mathcal{A}}(\mathcal{E});\ u^*u = uu^* = 1\}$$

は自然に両立普遍接続の空間に作用する. 作用を具体的に書くと

$$\gamma_u(\nabla)\xi = u\nabla(u^*\xi) \qquad \forall \xi \in \mathcal{E}$$

である.

$\mathcal{E} = \mathcal{A}$ に対しては, $\gamma_u(\rho) = u\mathrm{d}(u^*) + u\rho u^*$ ($\forall \rho \in \Omega^1$) である. さらに, $\gamma_u(\nabla)$ の曲率は $u\theta u^*$ に等しい. ここに θ は ∇ の曲率である.

補題3 $(\mathfrak{H}, D, \gamma)$ を $\mathcal{A}$ 上 4^+-総和可能な K-サイクルとする. 次の式で $\Omega^{偶}(\mathcal{A})$ 上の正値トレース τ を定義する.
$$\tau(a^0 \mathrm{d}a^1 \cdots \mathrm{d}a^4) = \mathrm{Tr}_w((1+\gamma)a^0[D, a^1] \cdots [D, a^4] D^{-4}) \qquad \forall a^j \in \mathcal{A}$$

構成から τ は上の等式 (*) で定義される正のコサイクル ϕ_w にのみ依存する.

対合環 $\Omega^*(\mathcal{A})$ から $\mathfrak{H}$ 上の有界作用素の環 $\mathcal{L}(\mathfrak{H})$ への準同型 π を次のように定義する.
$$\pi(a^0 \mathrm{d}a^1 \cdots \mathrm{d}a^4) = a^0 i[D, a^1] \cdots i[D, a^4] \qquad \forall a^j \in \mathcal{A}$$

π の像は, 正値線形形式の $\mathcal{L}(\mathfrak{H})$ 上の中心化群 Ψ で,
$$\Psi(T) = \mathrm{Tr}_w(TD^{-4}) \qquad \forall T \in \mathcal{L}(\mathfrak{H})$$
である.

$(1+\gamma)$ は D^{-4} と可換なので, Ψ の中心化群の中にあり, さらに, すべての $\rho \in \Omega^{偶}(\mathcal{A})$ に対し $\pi(\rho)$ とも可換である. 結果として $\tau(\rho) = \Psi((1+\gamma)\pi(\rho))$ は $\Omega^{偶}(\mathcal{A})$ の正トレースとなる.

命題4 $\mathcal{E}$ を $\mathcal{A}$ 上の有限型エルミート射影加群とする. 次の等式によって両立普遍接続のアフィン空間 $CC(\mathcal{E})$ 上のゲージ不変かつ正な作用汎関数を定義する.
$$I(\nabla) = \tau(\theta^2)$$

この式で, トレース τ が規準的に $\Omega^{偶}(\mathcal{A})$ から誘導加群 $\mathcal{E} \otimes_{\mathcal{A}} \Omega^{偶}(\mathcal{A})$ に延長された. 構成から, この作用汎関数は, 正コサイクル ϕ_w にしかよらない.

$\mathcal{E} = \mathcal{A}$ ならば作用 I は次で与えられる.
$$I(\rho) = \tau((\mathrm{d}\rho + \rho^2)^2) \qquad \forall \rho = -\rho^* \in \Omega^1(\mathcal{A})$$

$I(\rho)$ の値は, 中心化群にはいる作用素 $\pi(\rho)$ と $\pi(\mathrm{d}\rho)$ にしかよらない. Ψ がこの中心化群の正の有限トレースなので, $I(\rho)$ を計算するのに, $\pi(\rho)$ と $\pi(\mathrm{d}\rho)$ に対し古典的 L^p ノルム [76] が使える. とくに
$$\|\pi(\rho)\|_2^2 = \mathrm{Tr}_w(\pi(\rho^* \rho) D^{-4})$$
$$\|\pi(\mathrm{d}\rho)\|_2^2 = \mathrm{Tr}_w(\pi((\mathrm{d}\rho)^* \mathrm{d}\rho) D^{-4})$$

5.4 巡回コホモロジー理論における正値性とヤン-ミルズの作用

である.

この二つのノルムがどちらも 0 ならば, $I(\rho) = 0$ が得られる. ここで $\pi(\mathrm{d}\rho)$ は一般に $\pi(\rho)$ の関数としては計算できないことを注意しておこう. このことはすでに, $\mathcal{A}$ がコンパクトリーマン面上の C^∞ 関数 $C^\infty(M)$ のときで, $(\mathfrak{H}, D, \gamma)$ がディラック作用素に付随する K-サイクルの場合には見た. これから上の作用をヤン-ミルズの作用として見直すことにするが $\mathrm{d}\rho$ の項からは消去可能なガウス場を生じる. 簡単のため, M 上の自明な束をとる, つまり有限型射影加群として $\mathcal{E} = \mathcal{A}$ をとる. 双対加群 $\Omega^1(\mathcal{A})$ は, $M \times M$ 上の関数 $f(x,y)$ で対角線上 0 となるものの環 $\mathcal{A} = C^\infty(M)$ 上の双対加群と同一視される. 記号 $\sum a \mathrm{d}b$ は関数 $\rho = \sum a(x)(b(y) - b(x))$ を表す.

$\rho = \sum a \mathrm{d}b \in \Omega^1(\mathcal{A})$ に対して, 準同型 π による像は, $A = \sum a \mathrm{d}_M b$ によるクリフォード積によって $\mathfrak{H} = L^2(M, S)$ 上の作用素となる. ただし d_M はド・ラームの通常の微分である. これにより

$$\|\pi(\rho)\|_2 = \|A\|_2$$

を得る. ただし, 右辺のノルムはリーマン構造と体積要素からくる, ベクトルポテンシャルの通常の L^2 ノルムである. 同じ等式は $p \in [1, +\infty]$ に対して同様に L^p ノルムを考えることで成立する.

作用素 $\pi(\mathrm{d}\rho)$ は M 上の 2 形式である微分形式 $\mathrm{d}_M(A)$ よりも情報を持っている. 実際, $\rho = \sum a \mathrm{d}b$ に対し, $\pi(\mathrm{d}\rho) = \sum \pi(\mathrm{d}a)\pi(\mathrm{d}b) = \sum \gamma(\mathrm{d}_M a)\gamma(\mathrm{d}_M b)$ つまり, クリフォード環の束の切断 $\sum \mathrm{d}_M a \circ \mathrm{d}_M b$ による掛け算となる. 環 $\mathrm{Cliff}_\mathbb{C}(T_x^*)$ $(x \in M)$ の自然な次数付け [95] に対し, 付随する次数付き環は, 外積代数 $\bigwedge_\mathbb{C} T_x^*$ となる. しかし, クリフォード環がトレースによって定義されるスカラー積をもつように, ベクトル空間 $\bigwedge_\mathbb{C} T_x^*$ と $\mathrm{Cliff}_\mathbb{C}(T_x^*)$ を同一視することができる [95].

とくに $\bigwedge_\mathbb{C}^2 T_x^*$ は $\mathrm{Cliff}_\mathbb{C}(T_x^*)$ での直交と同一視される. $\xi, \eta \in T_x^* \otimes_\mathbb{R} \mathbb{C}$ に対し, $\gamma(\xi)\gamma(\eta)$ の, $\bigwedge_\mathbb{C}^2 T_x^*$ への射影は, $\frac{1}{2}(\gamma(\xi)\gamma(\eta) - \gamma(\eta)\gamma(\xi)) = \xi \wedge \eta$ となり, $\bigwedge_\mathbb{C}^0 T_x^* = \mathbb{C}$ への射影は, $(\xi, \eta) = \frac{1}{2}(\gamma(\xi)\gamma(\eta) + \gamma(\eta)\gamma(\xi))$ である. よって, $\sum \mathrm{d}_M a \circ \mathrm{d}_M b$ の $\bigwedge_\mathbb{C}^2 T_x^*$ への直交射影は, $\mathrm{d}A = \sum \mathrm{d}_M a \wedge \mathrm{d}_M b$ で, $\bigwedge_\mathbb{C}^0 T_x^*$ への直交射影は, $\alpha = \sum (\mathrm{d}_M a, \mathrm{d}_M b)$ である. よって

$$\pi(\mathrm{d}\rho) = \alpha + \mathrm{d}A$$

$$\|\pi(d\rho)\|_2^2 = \|\alpha\|_2^2 + \|dA\|_2^2$$

を得る．

$I(\rho)$ の作用は二つの部分にわかれる．

$$I(\rho) = \|d_M A + A \wedge A\|_2^2 + \|\langle A, A\rangle + \alpha\|_2^2$$

最初の部分はヤン–ミルズの通常の作用で，$A \wedge A$ の項は，これがより高い次元の束に対する積であることを示すために残してあり，また係数 $(8\pi^2)^{-1}$ は無視した．二番目の項はガウシアンで，最小値を $-\alpha = \langle A, A\rangle$ でとる．よって最小を α ととることで消去できる．

残されたのは，ラグランジアンのフェルミオン部分と，スピノル場 ψ とディラック作用素 $\partial\!\!\!/_A$ からなるベクトルポテンシャル A に係数を持つ $\bar{\psi}\partial\!\!\!/_A\psi$ の形をした項の定義をすることだけである．そのために次を用意する．

補題 5 $\mathcal{A}, \mathcal{E}, (\mathfrak{H}, D, \gamma)$ を上の通りとする．

1) テンソル積 $\mathcal{E} \otimes_\mathcal{A} \mathfrak{H}$ は次の積を持つヒルベルト空間である．

$$\langle \xi_1 \otimes \eta_1, \xi_2 \otimes \eta_2\rangle = \langle \eta_1, \langle \xi_1, \xi_2\rangle \eta_2\rangle$$

2) すべての両立普遍接続 $\nabla \in CC(\mathcal{E})$ に対し，次の等式はヒルベルト空間 $\mathcal{E} \otimes_\mathcal{A} \mathfrak{H}$ 上の自己共役作用素を定義する．

$$D_\nabla(\xi \otimes \eta) = \xi \otimes D\eta - i((1 \otimes \pi)\nabla \xi)\eta \quad \forall\ \xi \in \mathcal{E}, \eta \in \mathfrak{H}$$

$\mathcal{E} = \mathcal{A}$，かつ ∇ が $\rho = -\rho^* \in \Omega^1(\mathcal{A})$ に付随したものならば，上の作用素は，単に $D - i\pi(\rho)$ となる．$\rho = \sum adb$ とおくと，これは $D + \sum a[D, b]$ になる．同様に，$\gamma(\nabla)$ に付随する作用素は，すべての

$$u \in \mathcal{U}_\mathcal{E} = \{u \in \text{End}_\mathcal{A}(\mathcal{E});\ u^*u = uu^* = 1\}$$

に対して，$uD_\nabla u^*$ となる．

定理 6 定数 λ の任意の値に対して，次の式はゲージ不変（つまり，群 $\mathcal{U}_\mathcal{E}$ の作用で不変）である．

$$\mathcal{L}(\nabla, \psi) = I(\nabla) + \lambda \langle \psi, D_\nabla \psi\rangle$$

$\mathcal{A}$ として，ユークリッド時空上の関数環を，$(\mathfrak{H}, D, \gamma)$ として，ディラック作用素により得られる K-サイクルをとると，フェルミオンと組になるヤン–ミルズのラグランジアンが出る．この表現法は一般的意味を持ち，非可換幾何上

の物理になるであろうものの解析の出発点となる．$\mathcal{A}$ と D の選択の問題については次の節で議論する．

作用 $I(\nabla)$ が自明ではないことを保証するために，4 次元コンパクト多様体上のエルミート束のチャーン類と，E 上の接続上のヤン-ミルズの作用の値の間の不等式 $c_1(E)^2 + c_2(E) \leq YM(\nabla)$ の類似の不等式を証明する．

第 3 節の定理 9 によって，4^+-総和可能な K-サイクルの指標のホッホシルト類はホッホシルトコサイクルで得られることを思い出そう．

$$(**) \qquad \psi_w(a^0, \cdots, a^4) = \text{Tr}_w(\gamma a^0 [D, a^1] \cdots [D, a^4] D^{-4})$$

第 3 節の定理 8 の長完全系列は巡回コホモロジーの群 $HC^3(\mathcal{A})$ で $B\psi_w = 0$ であることを示していた．追加の条件 $B\psi_w = 0$ をおく．すると ψ_w のはいる類がうまく定義できる．

$$[\psi_w] \in HC^4(\mathcal{A}) = (\text{Ker}\, b \cap \text{Ker}\, B)/b(\text{Ker}\, B)$$

われわれの不等式は，一般に K-サイクル $(\mathfrak{H}, D, \gamma)$ のコホモロジーとは異なるこの類を使う．

定理 7 $\mathcal{A}$ を対合的環，$(\mathfrak{H}, D, \gamma)$ を $\mathcal{A}$ 上の 4^+-総和可能な K-サイクル，ψ_w をホッホシルトコサイクル $(**)$ とする．$B\psi_w = 0$ とする．$\mathcal{A}$ 上のすべてのエルミート有限型射影加群 $\mathcal{E}$ に対し，すべての両立接続 $\nabla \in CC(\mathcal{E})$ に対して

$$\langle [\mathcal{E}], [\Psi_w] \rangle \leq \frac{1}{2} I(\nabla)$$

である．

5.5　モデルの議論

第 4 節の定理 6 はユークリッド作用汎関数 $\mathcal{L}(A, \psi)$ を次のデータからどのように再構成するかを示している．

1) ユークリッド時空上の関数のなす対合的環 $\mathcal{A}$
2) ディラック作用素により与えられる $\mathcal{A}$ 上の K-サイクル

というデータから始めて，どのようにユークリッド作用素 $\mathcal{L}(A,\Psi)$ の再構成をするかを示している．さらにわれわれの構成は，任意の対合的環 $\mathcal{A}$ の可換性を使っているわけでもディラック作用素の特定の性質を使っているわけでもなく，ただ $\mathcal{A}$ 上の 4^+-総和可能な K-サイクルの定義だけである．これはすなわち，$\mathcal{A}$ が与えられたときに K-サイクル $(\mathfrak{H},D,\gamma)$ をどのように選ぶか，ユークリッド空間の座標系の可換性，あるいは空間の関数環，などということは場の理論の面白い出発点を定式化するための本質的な条件ではないということを示しているに過ぎない．二つの本質的な疑問が湧いてくる．

a) どのような条件によって，すでに得られている場の理論はくりこみ可能なのか？

b) 別に用意した空間を使うとどのような利点があるのか？

しばらく，a)については忘れて，b)のみ古典的レベルで扱うことにする．

これらの考えを確かめるために，素粒子論のうまく構成されている部分，電弱相互作用の統一理論のグラショウ–ワインバーグ–サラム（Glashow-Weinberg-Salam）モデルにしぼって考えることにする．私の目的はユークリッド時空の古典的構造を変えて新しい時空を得ることで（図22），この時空は（第4節の定理6 により）上に述べた一般的な枠組みで，ワインバーグ–サラムモデルを作用汎関数により再構築する．これが出発点で，私自身は標準模型の「ブラックボックス」，ヒッグス機構に注意を集中した．

得られる結果は通常空間とは質的に異なる描像で，M と M' という非常に近い二つのユークリッド時空の複写からなる．各点 $x \in M$ に対しもう一方の複写の点 $x' \in M'$ はすべて 10^{-16}cm 程度の距離にある．

こうしてカルーツァ–クラインモデルのできる限り単純なもの，つまり空間の各点上のファイバーが**二点空間**であるモデルを問題にする．もちろん通常の微分幾何学はこのような二点空間に対し，まったく有用なものをもたらさないが，非可換ではそうではない．実際，考えている環 $\mathcal{A}$ が可換であろうと，作用素的なデータのために局所座標を捨てることで，非常に自由度の高い取り扱いができる．よって，ヒッグス場は量子化微分，つまり $X = M \cup M'$ の上の関数 f に対し，$\dfrac{f(x') - f(x)}{\ell}$ の形の有限の差分に現れる．ただし，ℓ は二つの複写の距離である．ファイバーが**非連結**(二点)であるという性質によって，非自明

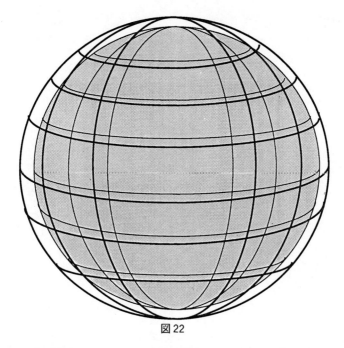

図 22

なベクトル束が存在する.そのために,M では n 次元,M' では異なる n' 次元のファイバーを考えればよい.もっとも単純な場合が $n = 1$, $n' = 2$ である.これはゲージ群 $U(1) \times U(2)$ にほかならない.群 $U(1) \times SU(2)$ にもトレース 0 条件とともに触れるが,この性質は今後あきらかにされるべきものである.

あきらかに,これから議論するモデル(モデル I と II)は,現実的な物理的意義を得るためには,まだ改善されなければならないものである.しかし,時空の二重化によってワインバーグ-サラムモデルを純ゲージのモデルにしたことは著しい成果である.モデル II については簡単に,古典的値,ワインバーグ角(弱混合角)は $\theta = 30°$,またヒッグスボゾンの質量 $m_\sigma = 2M_w \sim 160$ GeV が得られることを述べる.

モデル I は不適格なものであるが,ここでは通常の微分から,ヒッグスポテンシャルに関連する有限差分の形で生成される,量子微分への置き換えがどのように行われるかが示されている.モデル I と II では**可換**対合環 $\mathcal{A}$ だけを使った.この場合でも,非可換幾何には大変大きな柔軟性がある.作用素の**距離**の

意味を理解するために $(\mathfrak{H}, D, \gamma)$ を $\mathcal{A}$ 上の K-サイクルで, $\mathcal{A}$ のスペクトル X の上に次のような距離を考えてみる. (つまり $\mathcal{A}$ の要素は X 上の複素数値関数である).

$$d(p,q) = \sup\{|f(p) - f(q)|;\ f \in \mathcal{A},\ \|[D, f]\| \leq 1\}$$

ただし $p, q \in X$ である.

$X = M$ をリーマン多様体, $D = \displaystyle{\not}\partial_M$ をディラック作用素とすると, この距離は M 上の測地線距離と同じになる. しかしながら, このやり方でほかの興味深い距離空間が出る可能性はあり, K-サイクル $(\mathfrak{H}, D, \gamma)$ でわれわれの問題に適合するものを選ぶために, 距離空間 (X, d) の選択が案内をしてくれそうである. よって各モデルの議論を, ユークリッド空間を置き換える距離空間 (X, d) の話から始める. 赤外発散の問題が出るのを避けるため, 空間 X がコンパクトな場合に制限して考える.

モデル I

M をコンパクトでスピノルの入った4次元リーマン多様体, L を M の直径の大きさのある緯線で固定する. **距離空間** (X, d) を次のように考える. $X = M \cup \{v\}$ は M と M 上にない点 v の合併集合とする. 距離 d は次の条件で一意に定まる.

$$d(v, p) = L \qquad \forall p \in M$$
$$d(p, q) = \inf(d_M(p, q), 2L) \qquad p, q \in M$$

(ここで d_M は M 上の測地線距離を表す). この空間 (X, d) は当然コンパクトで, $\mathcal{A}$ は X 上の C^∞ 級関数の環である. $\mathcal{A}$ のすべての元 $a \in \mathcal{A}$ は, f を a の $M \subset X$ への制限とし, $\lambda = a(v)$ として $a = (f, \lambda)$ の形である.

[50] 第一部で定義されている, $\mathcal{A}$ 上の K-サイクルで付随する計量が d であるものを記述しよう. $\mathfrak{H} = L^2(M, S)$ とし, 環 $\mathcal{A}$ が対合的表現 $a = (f, \lambda) \to \begin{bmatrix} f & 0 \\ 0 & \lambda \end{bmatrix}$ により $\mathfrak{H}$ に作用しているとする. 作用素 D は, $\displaystyle{\not}\partial_M$ をディラック作用素, $\mu = 1/L$, σ_j をパウリの 2×2 行列として, $D = \displaystyle{\not}\partial_M \otimes \sigma_3 + \mu \otimes \sigma_1$, $\gamma = \gamma_M \otimes \sigma_3$ で与えられる.

5.5 モデルの議論

補題 1 $(\mathfrak{H}, D, \gamma)$ は $\mathcal{A}$ 上の 4^+-総和可能な K-サイクルで付随する計量が d であるものである.

$D^2 = (\partial\!\!\!/_M^2 + \mu^2) \otimes 1$ であり,これから D^2 が 4^+-総和可能であることがわかる.ベクトルポテンシャルと作用汎関数を正確に決めるために,第 4 節の一般的公式を適用しよう.$\mathcal{E}$ として自明な有限型射影加群 $\mathcal{E} = \mathcal{A}$ をとると,$\mathcal{E}$ 上の接続 ∇ は $\Omega^1(\mathcal{A})$ の元 $\rho = -\rho^*$ で与えられる.第 4 節の記号をそのまま使うと,作用素は次のように定義できる.

$$\pi(\rho) = \sum a_j i[D, b_j], \qquad \pi(\mathrm{d}\rho) = \sum i[D, a_j] i[D, b_j]$$

ただし,ρ は $\Omega^1(\mathcal{A})$ の,$\sum a_j \mathrm{d} b_j$ $(a_j, b_j \in \mathcal{A})$ の形の元.作用 $I(\rho) = \mathrm{Tr}_w((1 + \gamma)\theta^2 D^{-4})$ を計算しなければならない.ここで $\theta = \pi(\mathrm{d}\rho) + \pi(\rho)^2$ である.

次に,クリフォード環の束の切断と,$L^2(M, S)$ 上の対応する作用素を同一視しよう.計算により次の等式が得られる.

$$\pi(\rho) = \begin{bmatrix} A & i\mu\phi \\ i\mu\bar{\phi} & 0 \end{bmatrix}$$

$$\pi(\mathrm{d}\rho) = \begin{bmatrix} \mathrm{d}A + \psi - \mu^2(\phi + \bar{\phi}) & i\mu(A + \mathrm{d}\phi) \\ i\mu(A - \mathrm{d}\bar{\phi}) & -\mu^2(\phi + \bar{\phi}) \end{bmatrix}$$

ただし A, ϕ, ψ はそれぞれ,M 上の通常のベクトルポテンシャル,M 上の複素スカラー場,および,実スカラー場である.さらに,通常の微分形式 $\mathrm{d}A$ は,$\bigwedge^2 T_x^*$ と,部分空間 $\mathrm{Cliff}^{(2)}(T_x^*)$ の直交空間を同一視する埋め込み写像 $\bigwedge^2 T_x^* \subset \mathrm{Cliff}(T_x^*)$ によって,クリフォード環の束の切断として考えられる [95].$a_j = (f_j, \lambda_j)$,$b_j = (g_j, \mu_j)$ と置くと A, ϕ, ψ に関する次の公式が得られる.

1) $A = \sum f_j \mathrm{d} g_j \in A^1(M)$
2) $\phi = -\sum f_j (g_j - \mu_j)$
3) $\psi = \dfrac{1}{2} \sum (\mathrm{d} f_j, \mathrm{d} g_j)$

ρ の選択の任意性から,A, ϕ, ψ が独立に動くことがわかる.よってすべての三つ組 A, ϕ, ψ に対し,$A^* = -A$,$\psi = \psi^*$ がいえる.

擬微分作用素のディクスミエトレースの一般的な計算から, $\mathrm{Tr}_w((1+\gamma)\theta^2 D^{-4})$ の値は w によらないことがわかる. 位相の項として $\mathrm{Tr}_w(\gamma\theta^2 D^{-4})$ は恒等的に 0 で, この値 $I(\rho)$ は, 次のクリフォード環を要素とする 2×2 行列のヒルベルト-シュミットノルムの二乗の, 多様体 M 上の積分である.

$$\theta = \pi(\mathrm{d}\rho) + \pi(\rho)^2$$
$$= \begin{bmatrix} \mathrm{d}A + A^2 + \psi - \mu^2(\phi\bar{\phi} + \phi + \bar{\phi}) & i\mu(A + A\phi + \mathrm{d}\phi) \\ i\mu(A + A\bar{\phi} - \mathrm{d}\bar{\phi}) & -\mu^2(\phi\bar{\phi} + \phi + \bar{\phi}) \end{bmatrix}$$

実スカラー場 ψ は $I(\rho)$ とその複製に, ガウス分布として現れる. よって ψ は A と ϕ を固定して $I(\rho)$ の最小値をとることで消去できる. よって次を得る.

命題 2 ψ が消去されると, $I(\rho)$ の作用は次のように書ける.

$$I(\rho) = (8\pi^2)^{-1} \int \mathcal{L}(A, \phi)$$

$$\mathcal{L}(A,\phi) = |\mathrm{d}A + A\wedge A|^2 + 2\mu^2|(\phi+1)A + \mathrm{d}\phi|^2 + \mu^4(\phi\bar{\phi} + \phi + \bar{\phi})^2$$

私は $A\wedge A$ の項を, $\mathcal{E} = A$ を $\mathcal{E} = A^k (k > 1)$ に変更したことを示すために残した. 変数を $\phi' = \phi + 1$ に変更するとヤン-ミルズ-ヒッグス (Yang-Mills-Higgs) のラグランジアンが得られる. 二番目の項は最小カップリング $|\mathrm{d}_A \phi'|^2$ であり, 最後の項はヒッグスポテンシャル $|(\phi+1)^2 - 1|^2 = (|\phi'|^2 - 1)^2$ である.

すべてここまでうまくいっているようだが, このモデルには取引停止になるほどの欠点がある. よいフェルミオンセクターがない. 実際, $\mathcal{A}$ の $\mathfrak{H}$ への作用は X 上の束に関係し, その M への制限はスピノル束ではあるが, 点 $v \in X$ でのファイバーは無限次元となる. これはヒルベルト空間 $L^2(M, S)$ である. この事実が示すのは, ゲージ変換は $L^2(M, S)$ の複製には作用しないということで, これはモデルとして許し難い.

モデル II

もしモデル I で出てきた距離空間 $X = M \cup \{v\}$ に $M \subset X$ への距離 d の制限がリーマン計量 d_M であってほしいと願うと $L \geq M/2$ の直径としなければならない. この下限は, グロモフ [101] によって定義された距離空間の集合上の

距離に関係している.

二つの距離空間 (M,d_M), (N,d_N) と直和 $X = M \cup N$ を考えよう. d が「許容である」とは, M への制限が d_M に等しく, N への制限が d_N に等しいことをいう. (M,d_M) と (N,d_N) との距離 $\mathrm{dist}(M,N)$ を次の等式で定義することができる.

$$\mathrm{dist}(M,N) = \mathrm{Inf}\{\delta_d(M,N);\ d \text{ を } M \cup N \text{ 上許容な距離}\}$$

ただし, δ_d は距離空間の二つの部分のハウスドルフの距離, つまり $\delta_d(A,B) = \mathrm{Sup}\{d(x,B),d(y,A);\ x \in A, y \in B\}$ を示す. よって, $\mathrm{dist}(M,N) < \varepsilon$ となるためには, $X = M \cup N$ 上すべての $x \in M$ が N との距離 $< \varepsilon$ で, すべての $x \in N$ が M との距離 $< \varepsilon$ であるような許容な距離が存在することが必要十分である.

もし N が一点 $\{v\}$ に縮むと, すべての距離空間 (M,d_M) に対し, $\mathrm{dist}(M,\{v\}) = $ (M の直径の半分) が得られる. これは $L \geq$ (M の直径の半分) を意味し, L のこの下限をさけるためにはモデル I の $N = \{v\}$ を $N = M$ と取り直せばよい. 実際, $\mathrm{dist}(M,M) = 0$ で, モデル II の構成は対応する距離空間上になされる.

ℓ を与えられた長さとしよう. $X = M \cup M'$ を M と M の複製による空間(図 22)で次の距離を持つものとする.

$$\begin{aligned} d(x,y) &= d_M(x,y) & \forall x,y \in M \\ d(x',y') &= d_M(x',y') & \forall x',y' \in M' \\ d(x,y') &= d_M(x,y') + \ell & \forall x \in M,\ y' \in M' \end{aligned}$$

ただし, 記号は濫用気味で, M' で M の複製を表している.

$\mathcal{A}$ を X 上の (C^∞ 級) の関数のなす対合環とする. すべての $\mathcal{A}$ の元は $a = (f,f')$ という M 上の関数の組であり, f は a の M への制限, f' は M' への制限である. X 上の K-サイクルで距離が d に等しいものとする. 三つ組 $(\mathfrak{H}, D, \gamma)$ はモデル I と同じとし, 違いは $\mathcal{A}$ の作用だけで, $\mathfrak{H} = L^2(M,S) \otimes \mathbb{C}^2$ 上 $a \to \begin{bmatrix} f & 0 \\ 0 & f' \end{bmatrix}$

で与えられる.

補題 3 $(\mathfrak{H}, D, \gamma)$ は $\mathcal{A}$ 上の 4^+-総和可能な K-サイクルで付随する計量が d であるものである.

これを確かめるためには, $a = (f,f') \in \mathcal{A}$ に対して, 作用素 $\pi(\mathrm{d}a) = i[D,a]$

を計算すればよい．この作用素は，次のような，クリフォード環の 2×2 行列束の切断によって与えられる．

$$\pi(\mathrm{d}a) = i[D, a] = \begin{bmatrix} \mathrm{d}f & i\mu(f'-f) \\ i\mu(f-f') & \mathrm{d}f' \end{bmatrix}$$

ただし $\mu = 1/\ell$ である．

この結果 $|||[D,a]||| \leq 1$ という条件は定数倍を除き，$|f(x) - f(y)| \leq d_M(x, y)$, $|f'(x) - f'(y)| \leq d_M(x, y)$, $|f(x) - f'(y)| \leq \ell$ がすべての $x, y \in M$ に対して成立することと同値である．

作用汎関数

$$I(\nabla) = \mathrm{Tr}_w((1+\gamma)\theta^2 D^{-4})$$

を計算しよう．しかし，今度は空間 $X = M \cup M$ 上の**非自明な**束 E を使う．はじめの複製 M への制限をすると，この E が自明で（複素）次元は 1 となる．二番目の複製 M' への制限はやはり自明だが，この次元は 2 となる．したがって全体の空間は，

$$(\mathbb{C} \times M) \cup (\mathbb{C}^2 \times M')$$

である．

これはファイバー $\mathbb{C}^2$ の自明な束 $\mathbb{C}^2 \times X$ の部分束であり，E の切断の有限型の射影加群 $\mathcal{E}$ は次のように書かれる．

$$\mathcal{E} = e\mathcal{A}^2, \quad e = \begin{bmatrix} (1,1) & 0 \\ 0 & (0,1) \end{bmatrix} \in M_2(\mathcal{A})$$

$K_0(\mathcal{A}) = K^0(M) \times K^0(M)$ を計算するのは難しくはないし，また M と M' への制限のファイバーの次元の差 $n - n'$ により，E が非自明であることが確かめられる．ベキ等元 $e \in M_2(\mathcal{A})$ は $\mathcal{E}$ 上の平坦接続を与えない，というのはこの接続の曲率 $\pi(e\mathrm{d}e\mathrm{d}e)$ は次のようになるからである．

$$\pi(e)\pi(\mathrm{d}e)^2 = \begin{bmatrix} 1 & 0 & 0 & 0 \\ 0 & 1 & 0 & 0 \\ 0 & 0 & 0 & 0 \\ 0 & 0 & 0 & 1 \end{bmatrix} \begin{bmatrix} 0 & 0 & 0 & 0 \\ 0 & 0 & 0 & 0 \\ 0 & 0 & 0 & i\mu \\ 0 & 0 & -i\mu & 0 \end{bmatrix}^2$$

5.5 モデルの議論

$$= \begin{bmatrix} 0 & 0 & 0 & 0 \\ 0 & 0 & 0 & 0 \\ 0 & 0 & 0 & 0 \\ 0 & 0 & 0 & \mu^2 \end{bmatrix}$$

$\mathcal{E}$ 上のすべての両立普遍接続 ∇（第4節参照）は次の形をしている．

$$\nabla \xi = ed\xi + \rho \xi$$

ただし，$\rho = -\rho^*$ は $M_2(\Omega^1(\mathcal{A}))$ の元で $e\rho = \rho e$ を満たすものである．$\rho = \begin{bmatrix} \rho_{11} & \rho_{12} \\ \rho_{21} & \rho_{22} \end{bmatrix}$ と書くと，条件は次のように書き直される．

a）$\rho_{11} = -\rho_{11}^*$, $\rho_{22} = -\rho_{22}^*$, $\rho_{21} = -\rho_{12}^*$

b）$(0,1)\rho_{21} = \rho_{21}$, $(0,1)\rho_{22} = \rho_{22} = \rho_{22}(0,1)$

上の接続による曲率 $\theta = \nabla^2$ は次のようになる．

$$\theta = eded e + ed\rho + \rho^2$$

われわれがやるべきことは $\pi(\rho)$, $\pi(ed\rho)$, $\text{Tr}_w((1+\gamma)\theta^2 D^{-4})$ の計算である．各 $\pi(\rho_{kl})$ は 2×2 行列で，$\pi(\rho)$ は 4×4 行列となる．しかし $e\rho = \rho = \rho e$ であって，

$$\pi(e) = \begin{bmatrix} 1 & 0 & 0 & 0 \\ 0 & 1 & 0 & 0 \\ 0 & 0 & 0 & 0 \\ 0 & 0 & 0 & 1 \end{bmatrix}$$

であるので，$\pi(e)$ と $\pi(ed\rho)$ のどちらも 第3行と第3列が0であることがわかる．したがって，これらの行列は 3×3 と考えてよい．計算によって次の公式を得る．

$$\pi(\rho) = \begin{bmatrix} A_1 & i\mu\bar{\phi}_1 & i\mu\bar{\phi}_2 \\ i\mu\phi_1 & -A_1' & W^* \\ i\mu\phi_2 & -W & -A_2 \end{bmatrix}$$

ただし，A_1, A_1', A_2 は通常のベクトルポテンシャル，つまり，M 上の 1-形式 A で $A^* = -A$ となるものである．また W は複素1-形式（つまり W^* に条件がつかない）で，ϕ_1, ϕ_2 は複素スカラー場である．記号を

$$\rho_{k\ell} = \sum a_{k\ell j} \mathrm{d} b_{k\ell j}$$

$$a_{k\ell j} = (f_{k\ell j}, f'_{k\ell j}) \qquad b_{k\ell j} = (g_{k\ell j}, g'_{k\ell j})$$

とおくと

$$A_1 = \sum f_{11j} \mathrm{d} g_{11j} \qquad A'_1 = \sum f'_{11j} \mathrm{d} g'_{11j}$$
$$A_2 = \sum f'_{22j} \mathrm{d} g'_{22j} \qquad W = \sum f'_{21j} \mathrm{d} g'_{21j}$$
$$\bar{\phi}_1 = \sum f_{11j}(g'_{11j} - g_{11j}) \qquad \phi_2 = \sum f'_{21j}(g_{21j} - g'_{21j})$$

を得る.

同様に $\pi(\mathrm{ed}\rho)$ を得る.

$$\pi(\mathrm{ed}\rho) = \begin{bmatrix} \mathrm{d} A_1 + \psi_1 - \mu^2(\phi_1 + \bar{\phi}_1) & & \\ i\mu(A_1 - A'_1 - \mathrm{d}\phi_1) & \mathrm{d} A'_1 + \psi'_1 - \mu^2(\phi_1 + \bar{\phi}_1) & \\ -i\mu(W + \mathrm{d}\phi_2) & -\mu^2 \phi_2 + \mathrm{d} W + \psi & \mathrm{d} A_2 + \psi_2 \end{bmatrix}$$

ただし $\pi(\mathrm{ed}\rho)$ が自己共役なので,一部分しか書いていない.ここで,ϕ_1, ϕ_2, ϕ_3 は実スカラー場,ϕ は複素スカラー場で,次の式で与えられる.

$$\psi_1 = \frac{1}{2} \sum (\mathrm{d} f_{11j}, \mathrm{d} g_{11j}) \qquad \psi'_1 = \frac{1}{2} \sum (\mathrm{d} f'_{11j}, \mathrm{d} g'_{11j})$$
$$\psi_2 = \frac{1}{2} \sum (\mathrm{d} f'_{22j}, \mathrm{d} g'_{22j}) \qquad \psi = \frac{1}{2} \sum (\mathrm{d} f'_{21j}, \mathrm{d} g'_{21j})$$

モデル I のときと同様,これらの場は相互に独立している.$\theta = \pi(\mathrm{edede}) + \pi(\mathrm{ed}\rho) + \pi(\rho)^2$ の (3×3) 行列の要素,$\theta = (\theta_{ij})$ はクリフォード環の束の切断である.次が得られる.

$$\theta_{11} = \mathrm{d} A_1 + A_1^2 + \phi_1 - \mu^2(\phi_1 \bar{\phi}_1 + \phi_1 + \bar{\phi}_1 + \phi_2 + \bar{\phi}_2)$$
$$\theta_{12} = i\mu((A_1 - A'_1)(\bar{\phi}_1 + 1) - \phi_2 W + \mathrm{d}\bar{\phi}_1), \qquad \theta_{21} = \theta_{12}^*$$
$$\theta_{13} = i\mu(W^*(\bar{\phi}_1 + 1) + (A_1 - A_2)\phi_2 + \mathrm{d}\bar{\phi}_2), \qquad \theta_{31} = \theta_{13}^*$$
$$\theta_{22} = \mathrm{d} A'_1 + A'^2_1 - WW^* + \phi'_1 - \mu^2(\phi_1 \bar{\phi}_1 + \phi_1 + \bar{\phi}_1)$$
$$\theta_{23} = -\mathrm{d} W^* - A_1 W^* + A'^2_1 - WW^* + \phi'_1 + \bar{\phi} - \mu^2 \phi_2(\phi_1 + 1), \qquad \theta_{32} = \bar{\theta}_{23}$$
$$\theta_{33} = \mathrm{d} A_2 + A_2^2 - WW^* + \phi_2 + \mu^2(1 - \phi_2 \bar{\phi}_2)$$

$I(\rho) = \mathrm{Tr}_w((1+\gamma)\theta^2 D^{-4})$ の値は θ_{ij} のヒルベルト-シュミットノルムの二乗和の M 上の積分である.出てくるすべての項は,クリフォード環の自然な次数付けで,次数 2 を越えない.相互に直交した三つの部分空間 $\mathrm{Cliff}^{(0)} = \mathbb{C}$,

$\mathrm{Cliff}^{(1)} = T_{\mathbb{C}}^*$, $\mathrm{Cliff}^{(2)} = \bigwedge^2 T_{\mathbb{C}}^*$ を区別してやることで，$I(\rho)$ は，次数 $0, 1, 2$ の三つの部分からの寄与の和になっていることがわかる．

次数 2 の項　行列 θ の次数 2 の項のみを考えると，行列は

$$\begin{bmatrix} \mathrm{d}A_1 & 0 & 0 \\ 0 & \mathrm{d}A_1' - W^* \wedge W & -\mathrm{d}W^* - (A_1' - A_2) \wedge W^* \\ 0 & \mathrm{d}W + W \wedge (A_1' - A_2) & \mathrm{d}A_2 - W \wedge W^* \end{bmatrix}$$

と表される．

この各項のラグランジアンへの寄与は通常の接続 A_1 と $T = \begin{bmatrix} A_1' & -W^* \\ W & A_2 \end{bmatrix}$ の曲率のノルムの二乗の和である．この項は，$\mu = 0$ と選ぶ，つまり M と M' を二つの非連結，独立な多様体と見る場合，一定である．

次数 1 の項　今度は θ の次数 1 の項，いいかえるとクリフォード環の奇数次の部分を考えよう．行列 θ は

$$\begin{bmatrix} 0 & \theta_{12} & \theta_{13} \\ \theta_{21} & 0 & 0 \\ \theta_{31} & 0 & 0 \end{bmatrix}$$

となるが，これらの項の $I(\rho)$ への寄与は $2\mu^2 |\mathrm{d}_X \phi|^2$ で与えられる．ただし，ϕ はダブレット $(\phi_1 + 1, \phi_2)$ であり，$\mathrm{d}_X \phi$ は共変微分 $\mathrm{d}_X \phi = \mathrm{d}\phi + X\phi$ である．ここで $X = T - A_1 \mathbf{1}$ は 2×2 行列

$$X = \begin{bmatrix} A_1' - A_1 & -W^* \\ W & A_2 - A_1 \end{bmatrix}$$

である．

ここで，ワインバーグ – サラム ([24] 287 ページ) のラグランジアンのボゾンセクターに出てくる二つの項を比較してみよう．こちらのモデルでは第一空間のゲージ群として $U(2) \times U(1)$ をとったが，ワインバーグ – サラムモデルでは $SU(2) \times U(1)$ である．問題を私の枠組みのなかでユニタリ群から群 SU に変えて議論するかわりに，作用汎関数を次の条件を満たすベクトルポテンシャルに制限することで我慢する．

$$(*) \qquad A_1 = A_1' + A_2$$

この条件は, $U(1) \times U(2)$ の部分群 G

$$G = \{(u,v) \in U(1) \times U(2);\ u = \det(v)\}$$

に値をとる二重空間のゲージ変換により不変である.

次の変数変換をして [24] の記号にあわせよう.

$$(**) \qquad iA_1 = B_1,\ iA' = \frac{g}{2}A^3 + \frac{g_1}{2}B,\ iA_2 = -\frac{g}{2}A^3 + \frac{g_1}{2}B,$$
$$W = g(A^1 - iA^2),\ \phi = \frac{g}{\sqrt{2}\mu}\tilde{\phi}$$

よって $I(\rho)$ への上の二つの寄与は次で与えられる.

$$g_1^2\left(1 + \frac{1}{2}\right)|dB|^2 + \frac{1}{2}g^2|G|^2 + g^2|\partial_{(A^a,B)}\tilde{\phi}|^2$$

ただし dB はベクトルポテンシャル B の微分, G はリー環 $SU(2)$ に値をとるヤン - ミルズ場の曲率で, A^1, A^2, A^3 を成分として持つ. $|dB|^2$ の前の二番目の係数 $\frac{1}{2}$ は $|dA_1' - W^* \wedge W|^2 + |dA_2 + W^* \wedge W|^2$ からきているが, これには $2\frac{g_1^2}{4}|dB|^2$ が入っている. この同じ項の $|dA_3|^2$ の係数は $2\left(\frac{g}{2}\right) = \frac{g^2}{2}$ である.

よって, ワインバーグ - サラムのボゾンラグランジアンのスカラー倍 $g^2 \mathcal{L}_B$ を得るために, この項で $g^2 = 3g_1^2$ という関係がなければならない. これから, 次の等式で定義される([24] 286 ページ)ワインバーグ角は $\theta_w = 30°$ でなければならない.

$$\sin(\theta_W) = g_1/\sqrt{g^2 + g_1^2} = \frac{1}{2}$$

この値は実験値によく符合する([24] 292 ページ参照).

$\partial_{(A^a,B)}\tilde{\phi}$ の項は共変微分で

$$\left(\partial_\mu - \frac{ig}{2}\tau \cdot A_\mu + \frac{ig_1}{2}B_\mu\right)\tilde{\phi}$$

である. ここで τ_j をパウリ行列として, $\tau = (\tau_1, \tau_2, \tau_3)$ (記号は [24] 307 ページ参照)である. ([24] 287 ページ公式(5)での符号の間違いを訂正し, 共変微分の式で $i\frac{g_1}{2}B_\mu$ を使った.)

5.5 モデルの議論

等式 $I = g^2 \mathcal{L}_B$ を得るために $\tilde{\phi} = \sqrt{2}\dfrac{\mu}{g}\phi$ とおいた．これによって，パラメータ $\mu = 1/\ell$ と，$\mathcal{L}_B$ の最後の項 $(\lambda/4)(|\tilde{\phi}|^2 - \eta^2)$ に出てくる η の間の次の関係がわかる．

$$\eta = \sqrt{2}\frac{\mu}{g}$$

よって $\mu = M_W$，中間子ボゾン W の質量である．これから，距離 ℓ は 10^{-16} cm 程度であることがわかる．

次数 0 の項 あと残されているのは，$I(\rho)$ に対する，クリフォード環の次数 0 の項の寄与の計算である．行列 θ の次数 0 の項はまとめると次のように分けられる．

$$\begin{bmatrix} A_1^2 + \psi_1 \\ -\mu^2(\phi_1\bar{\phi}_1 + \phi_1 + \bar{\phi}_1 + \phi_2 + \bar{\phi}_2) & 0 & 0 \\ 0 & \begin{matrix}(A_1'^2 - W^*W)_0 + \psi_1' \\ -\mu^2(\phi_1\bar{\phi}_1 + \phi_1 + \bar{\phi}_1)\end{matrix} & 0 \\ 0 & \begin{matrix}(W^*(A_1' - A_2))_0 \\ +\bar{\psi} - \mu^2\bar{\phi}_2(1+\phi_1)\end{matrix} & \begin{matrix}(A_2^2 - WW^*)_0 + \psi_2 \\ +\mu^2(1 - \phi_2\bar{\phi}_2)\end{matrix} \end{bmatrix}$$

ただし $()_0$ はクリフォード環の元の次数 0 の部分を表す．たとえば

$$(A_2^2 - W^*W)_0 = A_2^2 - \frac{1}{2}(WW^* + W^*W)$$

である．

μ のべき級数として，上の行列のヒルベルト–シュミットノルムの二乗和での μ^4 の項の係数について注目してみる．

$$(|\phi_1 + 1|^2 + |\phi_2|^2 - 1)^2 + (|\phi_1 + 1|^2 - 1)^2 + 2|\phi_2|^2|\phi_1 + 1|^2 + (1 - |\phi_2|^2)^2$$
$$= 2(|\phi_1 + 1|^2 + |\phi_2|^2 - 1)^2 + 1$$
$$= 2(|\phi|^2 - 1)^2 + 1$$

ここで，以前使った記号 $\phi = (\phi_1 + 1, \phi_2)$ を使った．

よって，もし他の項を無視することができるのであれば，ワインバーグ–サラムモデルでの完全なボゾンセクターを次の λ の値とともに得ることができる．

$$2\mu^4 \left(\frac{g}{\sqrt{2}\mu}\right)^4 = g^2\frac{\lambda^2}{4} \quad \text{つまり} \quad \lambda = \sqrt{2}g$$

これにより古典的レベルで，ヒグスボゾンの質量について $m_\sigma = 2M_W \sim$

160 GeV という値が出る.

この値がふたたび実験値と合致することはあきらかである.しかし(μの級数の部分ではない)他の項を消去する納得できる理由がなかった.場 $\psi_1, \psi'_1, \psi_2, \psi$ の選択の自由度から,$I(\rho)$ の作用が最小となるようにそれらをとると,μ^4 の項からの寄与が完全に消えてしまう.これはモデル II の深刻な不都合であったが,これを消す一つの方法がロト [62] によって得られた.この方法では,数世代にわたる重さの異なるフェルミオンを導入する.

モデル II とワインバーグ-サラムモデルのフェルミオンセクターを比較しよう.第4節での記号を使うと,ヒルベルト空間 $\mathcal{E} \otimes_\mathcal{A} \mathfrak{H}$ は $L^2(M,S)$ の三つの複製の直和になっていて,与えられた接続 $\nabla = ed + \rho$ に対して,対応する $\mathcal{E} \otimes_\mathcal{A} \mathfrak{H}$ 上の作用素 D_∇ は,次の $L^2(M,S)$ 上の 3×3 行列となる.

$$D_\nabla = \begin{bmatrix} \partial\!\!\!/_M & \mu & 0 \\ \mu & -\partial\!\!\!/_M & 0 \\ 0 & 0 & -\partial\!\!\!/_M \end{bmatrix} + \frac{1}{i}\pi(\rho)$$

さらに $\mathbb{Z}/2$ による次数付けは次の行列による.

$$\gamma = \begin{bmatrix} \gamma_M & 0 & 0 \\ 0 & -\gamma_M & 0 \\ 0 & 0 & -\gamma_M \end{bmatrix}$$

これは,$\mathfrak{H}$ の $\mathbb{Z}/2$ による次数付け $\gamma_M \otimes \sigma_3 = \begin{bmatrix} \gamma_M & 0 \\ 0 & -\gamma_M \end{bmatrix}$ と $\mathcal{E} = e\mathcal{A}^2$ の構成の結果である.

フェルミオンのヒルベルト空間の右部分 $\frac{1+\gamma}{2}(\mathcal{E} \otimes_\mathcal{A} \mathfrak{H})$ は次の形になる.

1) 右カイラルのスピノル $R = \frac{1+\gamma_5}{2}\xi$

2) 左カイラルのダブレット $L = \frac{1-\gamma_5}{2}\begin{bmatrix} \xi \\ \eta \end{bmatrix}$

これは [24] 289 ページにあるものである.

よって $\mathfrak{H}' = \frac{1+\gamma}{2}(\mathcal{E} \otimes_\mathcal{A} \mathfrak{H})$ のすべての元は

$$\begin{bmatrix} R \\ L \end{bmatrix} = \begin{bmatrix} \xi_+ \\ \xi_- \\ \eta \end{bmatrix}$$

の形に書くことができる．

公式 $\dfrac{1}{i}\pi(\rho) = \begin{bmatrix} -iA_1 & \mu\bar{\phi}_1 & \mu\bar{\phi}_2 \\ \mu\phi_1 & iA_1' & -iW^* \\ \mu\phi_2 & iW & iA_2 \end{bmatrix}$ から次を得る．

$$D_\nabla = \begin{bmatrix} \partial\!\!\!/_M - iA_1 & \mu(1+\bar{\phi}_1) & \mu\bar{\phi}_2 \\ \mu(1+\phi_1) & -\partial\!\!\!/_M + iA_1' & -iW^* \\ \mu\phi_2 & iW & -\partial\!\!\!/_M + iA_2 \end{bmatrix}$$

同様にラグランジュ多様体のフェルミ部分は，M 上の局所座標で $\partial\!\!\!/ = \dfrac{1}{i}\gamma^\mu \partial_\mu$ と書くことで，

$$\mathcal{L} = -i\bar{R}(x)\gamma^\mu(\partial_\mu - ig_1 B_\mu)R(x)$$
$$+ i\bar{L}(x)\gamma^\mu\Big(\partial_\mu - \dfrac{ig}{2}\tau \cdot A_\mu - \dfrac{ig_1}{2}B_\mu\Big)L(x)$$
$$+ \dfrac{g}{\sqrt{2}}(\bar{R}(x)(\tilde{\phi}^*(x)L(x)) + (\bar{L}(x)\tilde{\phi}(x))R(x))$$

これは [24] 289 ページにあるものに，湯川の結合定数として値 $G = \dfrac{g}{\sqrt{2}}$ をとったものである．よってフェルミオンの質量として得られるのは，$m = \eta \dfrac{G}{2} = \sqrt{2}\dfrac{\mu}{g}\dfrac{g}{2\sqrt{2}} = \dfrac{1}{2}M_W \sim 40\,\text{GeV}$ であるが，これはレプトンの質量としては大きすぎる (もっとも重い τ でも 1.8 GeV 前後である)．まとめると，このモデル II は次の二点を含むいくつかの欠点がある．

1) $(|\phi|^2 - 1)^2$ の係数の消失
2) フェルミオンの世代が一つしか出ず，しかもレプトンとしては質量が大きすぎる．

この二つの欠点についてはロトとの共同作業 [62] で修正され，古典的レベルでのスタンダードモデルの概念の理解につながった．

5.6 量子空間，量子群を弁護する

この最後の節は，これまでよりもさらに思弁的である．第 1 章ではじめに定式化した問題—— 物理的意味での時空間は集合か？に戻ることにする．

量子力学のレベルでのこの質問に関する議論については，読者にはアンリ・バクリー (Henri Bacry) の論文 [16] を薦めておく．

ある意味で，相対論的量子力学を造るときに出会うパラドクス，とくに粒子の局所化が対を自動的につくらない限り不可能であることの原因は場の量子論にある．よって議論は直接，場の理論のレベルでなされるべきであろう．

一般的方法で時空の性質について論議するかわりに，次の質問に答える，妥当な脚本を書くことにする．

(ユークリッド)時空を非可換空間に取り替えることによって，どのような利点があるか？

私の抗弁は，つねに発見的かつ思弁的方法によるものだが，次の通りである．

時空間を適切な非可換空間に取り替えることで，自然な「カット・オフ」の導入ができ，ボゾンセクターでの紫外発散を消去できる．

私の書く脚本は，時空の量子化の方法について，非常に制限のきつい条件を課す．

これまで純ゲージ理論を可換とは限らない対合環 $\mathcal{A}$ と，その上の 4^+-総和可能な K-サイクル $(\mathfrak{H}, D, \gamma)$ から定式化した．

これらの情報を変形し $\mathcal{A}_\chi$, $(\mathfrak{H}_x, D_x, \gamma_x)$ を考え，ためしに使ってみる．ここで χ はプランク定数と同程度である．$\chi = 0$ で環 $\mathcal{A}_0$ は通常のユークリッド空間の上の関数環で，また $(\mathfrak{H}_0, D_0, \gamma_0)$ は，ディラック作用素によって作られる K-サイクルであるとする．さらに，$\mathcal{A}_\chi$ 上の有限型エルミート射影加群 $\mathcal{E}_\chi$ を考えよう．$\mathcal{E}_\chi$ の次元が，$\chi = 0$ に対応する純ゲージ理論が**漸近的自由**であるほどに大きいとする．このことはユークリッドモーメントの「カット・オフ」のパラメータ Λ のことばでいえば，ゲージ場の有効な結合定数 g_λ が漸近的に

$$g_\Lambda^2 \sim \frac{1}{\alpha \operatorname{Log} \Lambda}$$

ただし α は具体的な数値を持った定数，となっていることを示している．

第4節の結果から，ヤン-ミルズのラグランジアンに対し

$$g^2 \mathcal{L}_B(A) = \operatorname{Tr}_w((1+\gamma)\theta^2 D_\nabla^{-4})$$

という式が得られた．ここで g は結合定数，A はポテンシャルベクトル，θ は，古典部分が gA となっているポテンシャルベクトル $\rho \in \Omega^1(\mathcal{A}_0)$ に作用する曲

率である．

よって次の式

$$\mathcal{L}_B(A) = \frac{1}{g^2}\operatorname{Tr}_w((1+\gamma)\theta^2 D_\nabla^{-4})$$

およびカット・オフ Λ をパラメータとして，

$$\mathcal{L}_B^\Lambda(A) = \frac{1}{g_\lambda^2}\operatorname{Tr}_w((1+\gamma)\theta^2 D_\nabla^{-4})$$

を得る．
$\frac{1}{g_\Lambda^2} \sim \alpha \operatorname{Log}\Lambda$ およびディクスミエトレースが $\frac{1}{\operatorname{Log}\Lambda}\sum_{n=0}^{\Lambda}\mu_n$（ただし μ_n は考えている作用素の固有値）の適切な極限として定義されるように，発見的等式を書く．

$$\mathcal{L}_B^\Lambda(A) = \alpha\operatorname{Trace}^\Lambda((1+\gamma)\theta^2 D_\nabla^{-4})$$

ただしカット・オフは両側からなされる．

これが示唆するところは，汎関数積分

$$\int e^{L_{\mathcal{C}_B}(A)}\mathcal{D}a$$

で発散を起こすヤン－ミルズのラグランジアンの代わりに，無限だがカット・オフ Λ の後に作用させると意味があって，形式的によりなめらかな汎関数積分を定義するラグランジアンを使うということである．

このラグランジアンは単純に

$$\mathcal{L}'_B(A) = \operatorname{Trace}((1+\gamma)\theta^2 D_\nabla^{-4})$$

と表わされ，構成から，ゲージ不変である．

問題は，時空の量子化，つまり，可換な $\mathcal{A}_0$ を非可換な変形 $\mathcal{A}_x$ に置き換えることによって，なぜ式 $\operatorname{Trace}((1+\gamma)\theta^2 D_\nabla^{-4})$（あるいは Z を $Z - (1+\gamma)\theta^2 D_\nabla^{-4}$ がトレース族に入る作用素としたときの，同様の式 $\operatorname{Trace}(Z)$ すべて）の発散が打ち消されるのかを理解することにある．

第3節の定理9によって式 $\operatorname{Trace}((1+\gamma)\theta^2 D_\nabla^{-4})$ の対数発散の原因がたいへん精密に特定された．この発散は，K-サイクル $(\mathfrak{H}, D, \gamma)$ の指標 τ のホッホシルト次元が4以上になると必然的に現れる．よってこの第一の障害を回避する

きわめて簡単な方法がある．$\chi > 0$ の場合には変形環 $\mathcal{A}_\chi$ のホッホシルト次元は 4 を越えないとすれば十分である．

これはまさに次のような変形の例の場合に現れる．ホッホシルト次元が $\chi > 0$ に対して 0 となるシンプレクティック多様体の変形 [155]．あるいは $SU_\mu(2)$ のようなコンパクトリー群の，$\mu \neq 1$ のときホッホシルト次元が下がる変形 [91]．

もちろん，よいモデルを見つけるという仕事はまだ終わったわけではなく，可能なモデルを制限するためには，対称性の原理が決定的役割を果さねばならない．通常の幾何学でリー群が果した本質的役割は，量子群の世界では非可換幾何学が受け持つ [160]．よって，できるなら単純な，リー群 G 上の等質空間となっているユークリッド的な宇宙論のモデルを探して，この G を，たとえば G_χ で表される量子群で置き換えることを示している．

あとやらねばならないことは，G_χ に対応する「等質空間」に対して，つまり環 $\mathcal{A}_\chi$ に対して $\mathcal{A}_0$ 上のディラック K-サイクルの変形 $(\mathfrak{H}_0, D_0, \gamma_0)$ を見つけることである．

これらはすべて，思弁的な状態にとどまったままであるが，この本で紹介した非可換リーマン幾何の初歩を精密化する動機付けにはなるはずである．

参考文献

1. C. Akemann and P. Ostrand, On a tensor product C^*-algebra associated with the free group of two generators, *J. Math. Soc. Japan* **27** (1975), 589-599.
2. H. Araki, Relative entropy of states on a von Neumann algebra I, II. *Publ. RIMS*, Kyoto Univ. **11** (1976), 809-866 and **13** (1977), 173-192.
3. H. Araki and E.J. Woods, A classification of factors, *Publ. Res. Inst. Math. Sci.*, Kyoto Univ. **4** (1968), 51-130.
4. H. Araki, Relative hamiltonian for faithful normal states of a von Neumann algebra, *Publ. RIMS*, Kyoto Univ. **9** (1973), 165-209.
5. D. Arnal, J.C. Cortet, P. Molin and C. Pinczon, Covariance and Geometrical invariance in $*$-quantization, *J. Math. Phys.* **24** (1983), 276-283.
6. W. Arveson, Notes on extensions of C^*-algebras, *Duke Math. J.* **44** n° 2 (1977), 329-355.
7. W. Arveson, Subalgebras of C^*-algebras, *Acta Math.* **123** (1969), 141-224.
8. W. Arveson, The harmonic analysis of automorphism groups, Operator algebras and applications, *Proc. Symposia Pure Math.* **38** (1982) part I, 199-269.
9. M.F. Atiyah, Transversally elliptic operators and compact groups, *Lecture Notes in Math.* **401** Berlin-New York, Springer-Verlag (1974).
10. M.F. Atiyah, Global theory of elliptic operators, *Proc. Internat. Conf. on Functional Analysis and Related Topics*, Tokyo, Univ. of Tokyo Press (1970), 21-30.
11. M.F. Atiyah, K-theory, W.A. Benjamin, Inc. New York-Amsterdam (1967).
12. M.F. Atiyah, *Geometry of Yang-Mills Fields*, Academia dei Lincei, Pisa (1979).
13. M.F. Atiyah and I. Singer, The index of elliptic operators I and III, *Ann. of Math.* **87** (1968) 484-530 and 546-609.
14. M.F. Atiyah and I.M. Singer, The index of elliptic operators IV, *Ann. of Math.* **93** (1971), 119-138.
15. S. Baaj et P. Julg, Théorie bivariante de Kasparov et opérateurs non bornés dans les C^*-modules hilbertiens, *C.R. Acad. Sci. Paris*, Série I, **296** (1983), 875-878.
16. H. Bacry, Localisability and space in quantum physics. *Lecture Notes in Physics*, **308** (1988).
17. P. Baum and A. Connes, Geometric K-theory for Lie groups and Foliations, Preprint *I.H.E.S.* (1982).
18. P. Baum and A. Connes, Leafwise homotopy equivalence and rational Pontr-

jagin classes, *Adv. Stud. Pure Math.* **5**, North Holland, Amsterdam-New York (1985).
19. P. Baum and R. Douglas, K-homology and index theory, Operator algebras and applications, *Proc. Symposia Pure Math.* **38**, part I, Amer. Math. Soc., Providence, R.I. (1982) 117-173.
20. F. Bayen, M. Flato, C. Fronsdal, A. Lichnerowicz and D. Sternheimer, Deformation theory and quantization I, II, *Ann. Phys.* **111** (1978), 61-151.
21. F. Bayen, M. Flato, C. Fronsdal, A. Lichnerowicz and D. Sternheimer, Quantum mechanics as deformation of classical mechanics, *Lett. Math. Phys.* **1** (1977), 521-530.
22. J. Bellisard, K-theory of C^*-algebras in solid state physics, statistical mechanics and field theory, mathematical aspects, *Lecture Notes in Physics* **257** (1986), 99-156.
23. J. Bellisard, *Ordinary quantum Hall effect and non-commutative cohomology*, Proc. of Localization of disordered systems, Bad Schandau 1986, Teubner Publ. Leipzig (1988).
24. N.N. Bogoliubov and D.V. Shirkov, *Quantum Fields,* Benjamin, Reading, MA (1983).
25. J.-B. Bost, Principe d'Oka, K-théorie et systèmes dynamiques non commutatifs, *Invent. Math.* **101** (1990), 261-333.
26. R. Bott, On characteristic classes in the framework of Gel'fand-Fuchs cohomology, *Astérisque,* **32/33** (1976), 113-139.
27. O. Bratteli, Inductive limits of finite dimensional C^*-algebras, *Trans. Am. Math. Soc.* **171** (1972), 195-234.
28. L.G. Brown, R. Douglas and P.A. Fillmore, Extensions of C^*-algebras and K-homology, *Ann. of Math.* **105** (1977), 265-324.
29. D. Burghelea, The cyclic homology of group rings, *Comment. Math. Helv.* **60** (1985), 354-365.
30. R. Carey and J.D. Pincus, Almost commuting algebras, K-theory and operator algebras, *Lecture Notes in Math.* **575**, Berlin-New York, Springer (1977).
31. H. Cartan and S. Eilenberg, *Homological algebra,* Princeton Univ. Press (1956).
32. P. Cartier, Homologie cyclique, Exposé 621, *Séminaire Bourbaki* (février 1984).
33. M. Choi and E. Effros, Separable nuclear C^*-algebras and injectivity, *Duke Math. J.* **43** (1976), 309-322.
34. F. Combes, Poids associé à une algèbre hilbertienne à gauche, *Compos. Math.* **23** (1971), 49-77.
35. A. Connes, Sur la classification des facteurs de type II, *C.R. Acad. Sci.* Paris, **281** (1975), 13-15.

36. A. Connes, Almost periodic states and factors of type III_1, *J. Funct. Analysis* **16** (1974), 415-445.
37. A. Connes, Une classification des facteurs de type III, *Ann. Scient. Ecole Norm. Sup.*, 4e Série, tome **6** fasc. 2 (1973), 133-252.
38. A. Connes, Classification of injective factors, *Ann. of Math.* **104** (1976), 73-115.
39. A. Connes, Outer conjugacy classes of automorphisms of factors, *Annales Scient. Ecole Norm. Sup.* 4e Série tome **8** (1975), 383-420.
40. A. Connes, The von Neumann algebra of a foliation, *Lecture Notes in Physics* **80** (1978) 145-151, Berlin-New York, Springer.
41. A. Connes, On the cohomology of operator algebras, *J. Funct. Analysis* **28** n°2 (1978), 248-253.
42. A. Connes, A factor of type II_1 with countable fundamental group, *J. Operator Theory* **4** (1980), 151-153.
43. A. Connes, Sur la théorie non commutative de l'intégration, Algèbres d'opérateurs, *Lecture Notes in Math.* **725**, Berlin-new York, Springer (1979).
44. A. Connes, A survey of foliations and operator algebras, Operator algebras and applications, *Proc. Symposia Pure Math.* **38** (1982) Part I, 521-628.
45. A. Connes, Classification des facteurs, Operator algebras and applications, *Proc. Symposia Pure Math.* **38** (1982) Part II, 43-109.
46. A. Connes, C^*-algèbres et géométrie différentielle, *C.R. Acad. Sci.* Paris, Série I, **290** (1980), 599-605.
47. A. Connes, Cyclic Cohomology and the Transverse Fundamental Class of Foliation. *In* Geometric methods in operator algebras. H. Haraki and E.G. Effros (Ed.), *Pitman Research Notes in Mathematics* **123**, Longman Scientific & Technical and John Wiley & Sons, Inc., New York (1986), 52-144.
48. A. Connes, Spectral sequence and homology of currents for operator algebras, *Math. Forschungsinstitut Oberwolfach Tagungsbericht* 41/81, *Funktionalanalysis und C^*-Algebren*, 27-9/3-10 (1981).
49. A. Connes, The action functional in non-commutative geometry, *Comm. Math. Phys.* **117** (1988), 673-683.
50. A. Connes, Non-commutative differential geometry, Part I, The Chern character in K-homology, Part II, de Rham homology and non-commutative algebra, *Preprint IHES* (1983).
51. A. Connes, Feuilletages et algèbres d'opérateurs, *Séminaire Bourbaki* (février 1980) 551-61.
52. A. Connes, An analogue of the Thom isomorphism for crossed products of a C^*-algebra by an action of $\mathbb{R}$, *Advances in Mathematics* **39** (1981) n°1, 31-55.
53. A. Connes, Entire cyclic cohomology of Banach algebras and characters of θ-

summable Fredholm modules, *K-theory* **1** (1988), 519-548.
54. A. Connes, Compact metric spaces, Fredholm modules and hyperfiniteness, *Erg. th. and Dynam. sys.* n° 9 (1989), 207-220.
55. A. Connes, Cohomologie cyclique et foncteur Ext^n, *C.R. Acad. Sci.* Paris, **296** (1983).
56. A. Connes, Entropie de Kolmogoroff-Sinai et mécanique statistique quantique, *C.R. Acad. Sci.* Paris, **301** Série I, n° 1 (1985), 1-6.
57. A. Connes, Essay on Physics and non-commutative geometry, *The interface of Mathematics and Particle Physics,* Clarendon Press, Oxford (1990).
58. A. Connes and J. Cuntz, Quasi-homomorphismes, cohomologie cyclique et positivité, *Comm. Math. Phys.* **114** (1988), 515-526.
59. A. Connes, J. Feldman and B. Weiss, Amenable equivalence relations are generated by a single transformation, *Ergodic theory and dynamical systems,* **1** Part 4 (1981), 431-450.
60. A. Connes and M. Karoubi, Caractère multiplicatif d'un module de Fredholm, *K-theory* **2** (1988), 431-463.
61. A. Connes and W. Krieger, Measure space automorphisms, the normalizer of their full groups and approximate finiteness, *J. Funct. Analysis* **29** (1977), 336.
62. A. Connes and J. Lott, Particle models and non-commutative geometry, *Nuclear Physics* B **18B**(1990), 29-47.
63. A. Connes and H. Moscovici, Cyclic cohomology, the Novikov conjecture and hyperbolic groups, *Topology* **29** (1990), no. 3, 345-388.
64. A. Connes, H. Narnhofer and W. Thirring, Dynamical entropy of C^*-algebras and von Neumann algebras, *Comm. Math. Phys.* **112** (1987), 691-719.
65. A. Connes and M. Rieffel, Yang-Mills for non-commutative two tori, *Contemp. Math. Operator Algebras and Math. Physics* **62** (1987), 237-266.
66. A. Connes and G. Skandalis, The longitudinal index theorem for foliations, *Publ. R.I.M.S.,* Kyoto **20** n° 6 (1984), 1139-1183.
67. A. Connes and E. Størmer, Homogeneity of the state space of factors of type III_1, *J. Functional Analysis* **28** (1978) n° 2, 187-196.
68. A. Connes and E. Størmer, Entropy for automorphisms of II_1 von Neumann algebras, *Acta Math.* **134** (1975), 289-306.
69. A. Connes and M. Takesaki, The flow of weights on factors of type III, *Tôhoku Math. J.* **29**, n° 4 (1977), 473-575.
70. A. Connes and E.J. Woods, A construction of approximately finite-dimensional non-ITPFI factors, *Canad. Math. Bull.* **23** (1980), 227-230.
71. J. Cuntz, K-theoretic amenability for discrete groups, *J. Reine Angew. Math.* **344** (1983), 180-195.

72. J. Cuntz, A new look at KK-theory, K-theory **1** (1987), 31-51.
73. J. Cuntz and W. Krieger, A class of C^*-algebras and topological Markov chains, *Invent. Math.* **56** (1980), 251-268.
74. M. De Wilde and P.B. Lecomte, Existence of star-products and of formal deformations of the Poisson Lie algebra of arbitrary symplectic manifolds, *Lett. Math. Phys.* **7** (1983), 487-496.
75. J. Dixmier, Formes linéaires sur un anneau d'opérateurs, *Bull. Soc. Math. France* **81** (1953), 9-39.
76. J. Dixmier, *Les algèbres d'opérateurs dans l'espace Hilbertien*, 2e édition, Paris, Gauthier-Villars (1969).
77. J. Dixmier, *les C^*-algèbres et leurs représentations*, Paris, Gauthier-Villars (1967).
78. J. Dixmier, Existence de traces non normales, *C.R. Acad. Sci.* Paris **262** (1966), 1107-1108.
79. R. Douglas, C^*-algebra extensions and K-homology, *Annals of Math. Studies* **95**, Princeton Univ. press (1980).
80. R. Douglas and D. Voiculescu, On the Smoothness of sphere extensions, *J. Operator Theory* **6** (1) (1981), 103.
81. V.G. Drinfeld, Quantum groups, *Proc. Int. Congr. Math.*, Berkeley (1986) Vol. 1, 798-820.
82. M. Dubois Violette, R. Kerner and J. Madore, Non-commutative geometry and new models of gauge theory, *Preprint Orsay* (1989).
83. D. McDuff, Central sequences and the hyperfinite factor, *Proc. London Math. Soc.*, XXI (1970), 443-461.
84. H. Dye, On groups of measure preserving transformations, I, *Amer. J. Math.* **81** (1959), 119-159; II *ib.* **85** (1963), 551-576.
85. E.G. Effros, D.E. Handelman and C.L. Shen, Dimension groups and their affine representations, *Amer. J. Math.* **102** (1980), 385-407.
86. E.G. Effros and C. Lance, Tensor products of operator algebras, *Adv. in Math.* **25** (1977), 1-34.
87. G. Elliott, On the classification of inductive limits of sequences of semi-simple finite dim. algebras, *J. of Algebra* **38** (1976), 29-44.
88. G.A. Elliott, On totally ordered groups and K_0, Ring Theory Waterloo 1978, *Lecture Notes in Math.* **734** (1979), 1-34.
89. G. Elliott and E.J. Woods, The equivalence of various definitions for a properly infinite von Neumann algebra to be approximately finite dimensional, *Proc. Amer. Math. Soc.* **60** (1976), 175-178.
90. M. Enock and J.M. Schwartz, Une dualité dans les algèbres de von Neumann.

Suppl. Bull. Math. France, Mémoire n° 44 (1975), 1-144.
91. L.D. Faddeev, N.Y. Reshetikhin and L.A. Takhtajan, Quantization of Lie groups and Lie algebras, *Preprint LOMI* (1987).
92. J. Feldman and C. Moore, Ergodic equivalence relations, cohomology and von Neumann algebras I, II, *Trans. Amer. Math. Soc.* **234** (1977), 289-324 and 325-359.
93. H. Furstenberg, Recurrence in ergodic theory and combinatorial number theory, *Princeton Univ. Press,* Princeton, N.J. (1981).
94. J. Gel'fand and D. Fuchs, The cohomology of the Lie algebra of formal vector fields, *Izv. Ann. SSSR* **34** (1970), 327-342.
95. E. Getzler, Pseudodifferential operators on supermanifolds and the Atiyah-Singer index theorem, *Comm. Math. Physics* **92** (1983), 163-178.
96. E. Getzler and A. Szenes, On the Chern character of a theta summable Fredholm module, *J. of Funct. Analysis* **84** Vol. 2 (1989), 343-357.
97. T. Giordano and V. Jones, Anti-automorphismes involutifs du facteur hyperfini de type II_1, *C.R. Acad. Sci.*, Série A, **290** (1980).
98. C. Godbillon and J. Vey, Un invariant des feuilletages de codimension un, *C.R. Acad. Sci.* Paris **273** (1971).
99. V. Ya. Golodets, Cross products of von Neumann algebras, *Y. Math. N.* 26, n° 5 (1971) 3-50; see A. Connes, P. Ghez, R. Lima, D. Testard and E.J. Woods: Review of a paper of Golodets.
100. F. Goodman, P. de la Harpe and V.F.R. Jones, Coxeter Graphs and towers of algebras, *MSRI Publications* **14**, Springer-Verlag (1989).
101. M. Gromov, Groups of polynomials growth and expanding maps, *Publ. Math. IHES* **53** (1981), 53-78.
102. M. Gromov, *Hyperbolic groups*, In Essays in group theory, S.M. Gersten (Ed.); Mathematical Sciences Research Institute *Publications* **8**, 75-264, Springer-Verlag, New York (1987).
103. A. Grothendieck, Produits tensoriels topologiques et espaces nucléaires, *Memoirs of the AMS* **16**, Amer. Math. Soc. (1955).
104. B. Grünbaum and G.C. Shephard, *Tilings and Patterns,* Freeman and Company, New York (1987).
105. U. Haagerup, Normal weights on W^*-algebras, *J. Funct. Analysis* **19** (1975), 302-317.
106. U. Haagerup, The Grothendieck inequality for bilinear forms on C^*-algebras, *Adv. in Math.* **56** (1985) n° 2, 93-116.
107. U. Haagerup, All nuclear C^*-algebras are amenable, *Invent. Math.* **74** (1983) n° 2, 305-319.

108. U. Haagerup, A new proof of the equivalence of injectivity and hyperfiniteness for factors on a separable Hilbert, space, *J. Funct. Anal.* **62** (1985), 160-201.
109. U. Haagerup, Connes' bicentralizer problem and uniqueness of the injective factor of type III_1, *Acta Math.* **158** (1987), 95-148.
110. U. Haagerup, An example of non-nuclear C^*-algebra which has the metric approximation property, *Inv. Math.* **50** (1979), 279-293.
111. A. Haefliger, Differentiable cohomology, *Cours donné au C.I.M.E.* (1976).
112. J. Hakeda and J. Tomiyama, On some extension properties of von Neumann algebras, *Tôhoku Math. J.* **19** (1967), 315-323.
113. E.H. Hall, On a new action of the magnet on electric currents, *Amer. J. of Math.* **2** (1879), 287.
114. D. Handelman, Positive matrices and dimensions groups affiliated to topological Markov chains, *Proc. Sympos. Pure Math.* **38** (1982), 191-194.
115. P. de la Harpe, Sur les algèbres d'un groupe hyperbolique, *C.R. Acad. Sci.*, Paris, to appear.
116. W. Heisenberg, *The physical principles of the quantum theory*, New York Dover Publ. Inc. (1969).
117. J. Helton and R. Howe, Integral operators, commutators, traces, index and homology, Proc. of Conf. on operator theory, *Lecture Notes in Math.* **345**, Berlin-New York, Springer (1973).
118. J. Helton and R. Howe, Traces of commutators of integral operators, *Acta Math.* **135** (1975), 271-305.
119. M. Hilsum and G. Skandalis, Morphismes K orientés d'espaces de feuilles et fonctorialité en théorie de kasparov, *Ann. Sci. ENS*, 4e série, **20** (1987), 325-390.
120. G. Hochschild, B. Kostant and A. Rosenberg, Differential forms on regular affine algebras, *Ann. de l'Institut Fourier, Grenoble* **33** Fasc. 3, (1983), 201-208.
121. L. Hörmander, On the index of pseudodifferential operators, *Elliptische Differentialgleichungen Band II*, Koll, Berlin (1969).
122. L. Hörmander, The Weyl calculus of peusdodifferential operators, *Comm. Pure Appl. Math.* **32** (1979), 359-443.
123. S. Hurder and A. Katok, Secondary classes and transverse measure theory of a foliation, *Bull. Amer. Math. Soc.* (N.S.) **11** (1984), n°2, 347-350.
124. S. Hurder and A. Katok, Ergodic theory and Weil measures for foliations, *Annals of Math.* **126** (1987), 221-275.
125. A. Jaffe, A. Lesniewski and K. Osterwalder, Quantum K-theory: the Chern character, *Comm. Math. Phys.* **118** n°1 (1988), 1-14.
126. B. Johnson, Cohomology in Banach Algebras, *Mem. A.M.S.* **127** (1972).

127. B. Johnson, Introduction to cohomology in Banach algebras, in *Algebras in Analysis*, Ed. Williamson, New York, Academic Press (1975) 84-99.
128. B. Johnson, R.V. Kadison and J. Ringrose, Cohomology in operator algebras III, *Bull. Soc. Math. France* **100** (1972), 73-96.
129. P. Jolissaint, Les fonctions à décroissance rapide dans les C^*-algèbres réduites de groupes, *Thèse Univ. de Genève* (1987).
130. V.F.R. Jones, Actions of finite groups on the hyperfinite II_1 factor, *Mem. Amer. Math. Soc.* **28** n° 237 (1980).
131. V.F.R. Jones, Index of subfactors, *Invent. Math.* **72** (1983), 1-25.
132. V.F.R. Jones, A polynomial invariant for knots via von Neumann algebras, *Bull. Amer. Math. Soc.* **12** (1985), 103-112.
133. P. Julg and A. Valette, K-moyennabilité pour les groupes opérant sur les arbres, *C.R. Acad. Sci.* Paris, Série I, **296** (1983), 977-980.
134. R.V. Kadison, Irreducible operator algebras, *Proc. Nat. Acad. Sci. U.S.A.* **43** (1957), 273-276.
135. R.V. Kadison and J.R. Ringrose, *Fundamentals of the theory of operator algebras*, Vol.I, II, Academic Press, New York (1983).
136. D.S. Kahn, J. Kaminker and C. Schochet, Generalized homology theories on compact metric spaces, *Michigan Math. J.* **24** (1977), 203-224.
137. M. Karoubi, Connexions, courbures et classes caractéristiques en K-théorie algébrique, *Canadian Math. Soc. Proc.*, Vol.2, Part I (1982), 19-27.
138. M. Karoubi, K-theory, An introduction, *Grundlehren der Math. Wis.* Springer Verlag, Bd. 226 (1978).
139. M. Karoubi, Homologie cyclique et K-théorie, *Astérisque* **149** (1987).
140. M. Karoubi and O. Villamayor, K-théorie algébrique et K-théorie topologique I, *Math. Scand.* **28** (1971), 265-307.
141. G. Kasparov, Operator K-functor and extensions of C^*-algebras, *Izv. Akad. Nauk. SSSR, Ser. Mat.* **44** (1980), 571-636.
142. G. Kasparov, Hilbert C^*-modules: Theorems of Stinespring and Voiculescu, *J. Operator Theory* **4** (1980), 133-150.
143. G. Kasparov, Lorentz groups: K-theory of unitary representations and crossed products, *Dokl. Akad. Nauk. S.S.S.R.* **275** (1984), 541-545; *Soviet Math. Dokl.* **29** (1984), 256-260.
144. G. Kasparov, Equivariant KK-theory and the Novikov conjecture, *Invent. Math.* **91** (1988), 147-201.
145. C. Kassel, Cyclic homology, comodules and mixed complexes, *J. Algebra* **107** (1987), 195-216.
146. D. Kastler, *Cyclic cohomology*, Hermann, Paris (1988).

147. D. Kastler, Cyclic cocycles from graded KMS functionals, *Comm. Math. Phys.* **121** (1989), 345-350.
148. K. von Klitzing, G. Dorda and M. Pepper, Realization of a resistance standard based on fundamental constant, *Phys. Rev. Letters* **45** (1980), 494-497.
149. H. Kosaki, Interpolation theory and the Wigner-Yanase-Dyson-Lieb concavity, *Comm. Math. Phys* **87** (1982), 315-329.
150. B. Kostant, Graded manifolds, graded Lie theory and prequantization, *Lecture Notes in Math.* **570**, Berlin-New York, Springer (1975).
151. W. Krieger, On the Araki-Woods asymptotic ratio set and non-singular transformations of a measure space, *In* Contributions to ergodic theory and probability, *Lecture Notes in Math.* **160** (1970).
152. W. Krieger, On ergodic flows and the isomorphism of factors, *Math. Ann.* **223** (1976), 19-70.
153. R. Kubo, Statistical-mechanical theory of irreversible processes, I. General theory and simple applications to magnetic and conduction problems, *J. Phys. Soc. Japan* **12** (1957), 570-586.
154. H. Kunz, Quantized currents and topological invariants for electrons in incommensurate potentials, *Phys. Rev. Letters* **57** (1986), 1095.
155. A. Lichnerowicz, Déformations d'algèbres associées à une variété symplectique (les $*_\nu$-produits), *Ann. Inst. Fourier* **32** 1 (1982), 157-209.
156. E.H. Lieb, Convex trace functions and the Wigner-Yanase-Dyson conjecture, *Adv. in Math.* **11** (1973), 267-288.
157. J.L. Loday and D. Quillen, Cyclic homology and the Lie algebra of matrices, *C.R. Acad. Sci.* Paris, Série I, **296** (1983), 295-297.
158. G. Luke, Pseudodifferential operators on Hilbert bundles, *Journal of Differential Equations* **12** (1972), 566-589.
159. S. Mac Lane, *Homology*, Berlin-New York, Springer (1975).
160. Y.I. Manin, Quantum groups and non-commutative geometry, *CRM*, Université de Montréal (1988).
161. O. Maréchal, Une remarque sur un théorème de Glimm, *Bull. Soc. Math. France*, 2e Série **99** (1975), 41-44.
162. P.C. Martin and J. Schwinger, Theory of many-particle systems, I, *Phys. Rev.* **115** (1959), 1342-1673.
163. P.A. Meyer, Limites médiales d'après G. Mokobodski, Exposé au Sém. Probabilités P.A. Meyer, Univ. de Strasbourg 1971-1972, *Lecture. Notes in Math.* **321** (1973), 198-204.
164. J. Milnor, Introduction to algebraic K-theory, *Annals of Math. Studies* **72**, Princeton Univ. Press (1971).

165. J. Milnor, *Topology from the differentiable viewpoint*, Univ. Press Va, Charlottesville (1965).
166. J. Milnor and D. Stasheff, Characteristic classes, *Annals of Math. Studies* **76**, Princeton Univ. Press.
167. J. Milnor, Morse theory, *Annals of Math.* **51** (1963) Princeton University Press, New Jersey.
168. A.S. Mishchenko, Infinite dimensional representations of discrete groups and higher signatures, *Math. SSSR Izv.* **8** (1974), 85-112.
169. A.S. Mishchenko, Homotopy invariants of non-simply connected manifolds, rational invariants I, *Izv. Akad. Nauk. SSSR* **34** (1970) n° 3, 501-514.
170. A.S. Mishchenko, C^*-algebras and K-theory, Algebraic Topology, Aarhus 1978, *Lecture Notes in Math.* **763**, Springer (1979).
171. C. Moore and C. Schochet, Global analysis of foliated spaces, *MSRI Publications*, n° **9**, Springer-Verlag (1988).
172. F.J. Murray and J. von Neumann, On rings of operators, *Ann. of Math.* **37** (1936), 116-229.
173. F.J. Murray and J. von Neumann, On rings of operators, II, *Trans. Amer. Math. Soc.* **41** (1937), 208-248.
174. F.J. Murray and J. von Neumann, On rings of operators, IV, *Ann. of Math.* **44** (1943), 716-808.
175. J. von Neumann, On rings of operators, III, *Ann. of Math.* **41** (1940), 94-161.
176. J. von Neumann, On rings of operators: Reduction theory, *Ann. of Math.* **50** (1949), 401-485.
177. S.P. Novikov, Magnetic Bloch function and vector bundles, *Sov. Math. Dokl.* **23** (1981), 298-303.
178. A. Ocneanu, Actions des groupes moyennables sur les algèbres de von Neumann, *C.R. Acad. Sciences*, Paris, Série A, **291**, n° 6 (1980), 399.
179. A. Ocneanu, Quantized group string algebras and Galois theory for algebras, *in* Operators, algebras and applications, vol. 2, London, *Math. Soc. Lect. Note Series* **136** (1988), 119-172.
180. D. Ornstein and B. Weiss, Ergodic theory of amenable group actions I, The Rohlin lemma, *Bull. A.M.S.* **2**, n° 1 (1980), 161.
181. J. Oxtoby and S. Ulam, Measure preserving homeomorphisms and metrical transitivity, *Ann. of Math.* **42**, n° 4 (1941).
182. G. Pedersen, Measure theory for C^*-algebras, *Math. Scand.* **19** (1966), **22** (1968) and **25** (1969).
183. G. Pedersen, C^*-*algebras and their automorphism groups*, New York, Academic Press (1979).

184. M. Penington, K-theory and C^*-algebras of Lie groups and Foliations, *D. Phil. thesis*, Oxford, Michaelmas, Term (1983).
185. M. Penington and R. Plymen, The Dirac operator and the principal series for complex semi-simple Lie groups, *J. Funct. Analysis* **53** (1983), 269-286.
186. J. Phillips, Automorphisms of full II_1 factors, with applications to factors of type III, *Duke Math. J.* **43** (1976) n°2, 375-385.
187. M. Pimsner and S. Popa, Entropy and Index for subfactors, *Ann. Sci. ENS*, Paris, Ser. 4, **19** (1986), 57-106.
188. M. Pimsner and D. Voiculescu, Exact sequences for K-groups and Ext groups of certain cross-product C^*-algebras, *J. of Operator Theory* **4** (1980), 93-118.
189. M. Pimsner and D. Voiculescu, Imbedding the irrational rotation C^*-algebra into an AF algebra, *J. of Operator Theory* **4** (1980), 201-211.
190. M. Pimsner and D. Voiculescu, K-groups of reduced crossed products by free groups, *J. of Operator Theory* **8** (1) (1982), 131-156.
191. S. Popa, A short proof of injectivity implies hyperfiniteness for finite von Neumann algebras, *J. Operator theory* **16** (1986), 261-272.
192. S. Popa, Classification of subfactors: The reduction to commuting squares, *Invent. Math.* **101** (1990) no.1, 19-43.
193. R.T. Powers, Representations of uniformly hyperfinite algebras and their associated von Neumann rings, *Ann. of Math.* **86** (1967), 138-171.
194. W. Pusz and S. Woronowicz, Form convex functions and the WYDL and other inequalities, *Lett. Math. Phys.* **2** (1978), 505-512.
195. D. Quillen, Superconnections and the Chern character, *Topology* **24** (1985), 89-95.
196. D. Quillen, Algebra cochains and cyclic cohomology, *Publ. Math. IHES* **68** (1989), 139-174.
197. D. Quillen, Chern Simons forms and cyclic cohomology, *The interface of Mathematics and Particle Physics*, Clarendon Press, Oxford (1990).
198. M. Reed and B. Simon, *Fourier analysis, Self-adjointness*, New York, Academic Press (1975).
199. J. Renault, A groupoïd approach to C^*-algebras, *Lecture Notes in Math.* **793** Springer Verlag (1980).
200. M. Rieffel, C^*-algebras associated with irrational rotations, *Pacific J. of Math.* **95** (2) (1981), 415-429.
201. M.A. Rieffel, Morita-equivalence for C^*-algebras and W^*-algebras, *J. Pure Appl. Algebra* **5** (1974), 51-96.
202. M.A. Rieffel, Deformation quantization of Heisenberg manifolds, *Comm. Math. Phys.* **122** n°4 (1989), 531-562.

203. J. Roe, An index theorem for open manifolds I, *J. Diff. Geometry* **27** (1988), 87-113, II, *J. Diff. Geometry* **27** (1988), 115-136.
204. J. Rosenberg, C^*-algebras, positive scalar curvature and the Novikov conjecture, *Publ. Math. I.H.E.S.* **58** (1983), 197-212.
205. W. Rudin, *Real and complex analysis*, McGraw-Hill, New York (1966).
206. D. Ruelle, *Thermodynamic formalism*, Addison-Wesley, Reading, Mass. (1978).
207. D. Ruelle, *Statistical mechanics*, Benjamin inc., New York (1969).
208. S. Sakai, Automorphisms and tensor products of operator algebras, *American Journal of Math.* **97** (1975) n° 4, 889-896.
209. S. Sakai, On automorphism groups of type II factors, *Tôhoku Math. J.* **26** (1974), 423-430.
210. S. Sakai, C^* and W^* algebras, *Ergebnisse der Mathematik und ihrer Grenzgebiete*, Band 60.
211. J.L. Sauvageot, Semi-groupe de la chaleur transverse sur la C^*-algèbre d'un feuilletage Riemannien, *J. Funct. Anal.* **142** (1996), no.2, 511-538.
212. P. Schields, *The theory of Bernouilli shifts*, University of Chicago Press (1973).
213. J. Schwartz, Two finite, non-hyperfinite, non-isomorphic factors, *Comm. Pure Appl. Math.* **16** (1963), 19-26.
214. I. Segal, A non-commutative extension of abstract integration, *Ann. of Math.* **57** (1953), 401-457.
215. I. Segal, Quantized differential forms, *Topology* **7** (1968), 147-172.
216. I. Segal, Quantization of the de Rham complex, Global Analysis, *Proc. Symp. Pure Math.* **16** (1970), 205-210.
217. G. Segal and G. Wilson, Loop groups and equations of KdV type, *Publ. Math. I.H.E.S.* **61** (1985), 5-65.
218. B. Simon, Trace ideals and their applications, *London Math. Soc. Lecture Notes* **35**, Cambridge Univ. Press (1979).
219. I.M. Singer, Future extensions of index theory and elliptic operators, *Prospects in Math.*, Princeton Unversity Press (1973), 171-185.
220. I.M. Singer, Some remarks on operator theory and index theory, *Lecture Notes in Math.* **575** 128-138; (1977), Springer-Verlag, Berlin-Heidelberg-New York.
221. E.K. Sklyanin, The quantum version of the inverse scattering method, *Zap. Nauchn. Sem. LOMI* **95** (1980), 55-128 (ロシア語).
222. J. Stern, Le problème de la mesure, *Séminaire Bourbaki*, Vol. 1983/84, Exposé n° 632.
223. M.H. Stone, A general theory of spectra, I, *Proc. Nat. Acad. Sci. U.S.A.* **26** (1940), 280-283.
224. E. Størmer, Real structure in the hyperfinite factor, *Duke Math. J.*, **47** (1980),

n° 1, 145-153.
225. M. Takesaki, On the cross norm of the direct product of C^*-algebras, *Tôhoku Math. J.* **16** (1964), 111-122.
226. M. Takesaki, Tomita's theory of modular Hilbert algebras and its applications, *Lecture Notes in Math.* **128**, Springer-Verlag New York-Heidelberg-Berlin (1970).
227. M. Takesaki, Duality in cross products and the structure of von Neumann algebras of type III, *Acta Math.* **131** (1973), 249-310.
228. M. Takesaki, *Theory of operator algebras*, Springer, New York-Heidelberg-Berlin (1979).
229. M. Takesaki, *Theory of operator algebras II*, to appear.
230. J.L. Taylor, Topological invariants of the maximal ideal space of a Banach algebra, *Advances in Math.* **19** (1976), 149-206.
231. N. Teleman, The index of signature operators on Lipschitz manifolds, *Publ. Math. I.H.E.S.* **58** (1983), 39-78.
232. D. Thouless, Localization and the two-dimensional Hall effect, *J. of Phys.* C-14 (1982), 3475-3480.
233. D. Thouless, M. Kohmoto, M. Nightingale and M. den Nijs, Quantized Hall conductance in two-dimensional periodic potential, *Phys. Rev. Letters* **49** (1982).
234. J. Tomiyama, On the projection of norm one in W^*-algebras, *Proc. Japan Acad.* **33** (1957), 608-612.
235. A.M. Torpe, K-theory for the leaf space of foliations by Reeb components, *J. Funct. Analysis* **61** (1985), 15-71.
236. B.L. Tsygan, Homology of matrix Lie algebras over rings and Hochschild homology, *Uspekhi Math. Nauk.* **38** (1983), 217-218.
237. A. Valette, K-theory for the reduced C^*-algebra of semi-simple Lie groups with real rank one and finite center, *Quart. J. Math.*, Oxford, Série 2, **35** (1984), 341-359.
238. J. Vesterstrom, Quotients of finite W^*-algebras, *J. Funct. Analysis* **9** (1972), 322-335.
239. J. Vey, Déformation du crochet de Poisson sur une variété symplectique, *Comment. Math. Helv.* **50** (1975), 421-454.
240. D. Voiculescu, Some results on norm ideal perturbations of Hilbert space operators, I. *J. Op. Theory* **1** (1979), 3-37; II. *ib.* **5** (1981), 77-100.
241. D. Voiculescu, A non-commutative Weyl-von Neumann theorem, *Rev. Roumaine Math. Pures Appl.* **21** (1976), 97-113.
242. A. Wasserman, Une démonstration de la conjecture de Connes-Kasparov pour les groupes de Lie linéaires connexes réductifs, *C.R. Acad. Sci.* Paris **304**, série

I (1987), 559-562.
243. A. Wasserman, Ergodic actions of compact groups on operator algebras, *Invent. Math.* **93** (1988), 309-355.
244. H. Wenzl, On sequences of projections, *C.R. Math. Rep. Acad. Sci.*, Canada **9** (1987), 5-9.
245. E. Winkelkemper, The graph of a foliation, *Ann. Global Anal. and Geom.* **1** n° 3 (1983), 53-75.
246. R. Wood, Banach algebras and Bott periodicity, *Topology* **4** (1965-1966), 371-389.
247. S.L. Woronowicz, Twisted SU(2)-group, An example of a non-commutative differential calculus, *Publ. RIMS*, Kyoto Univ. **23** n° 1 (1987), 117-665.
248. S.L. Woronowicz, Compact matrix pseudogroups, *Comm. Math. Phys.* **111** (1987), 613-665.
249. F.J. Yeadon, A new proof of the existence of a trace on a finite von Neumann algebra, *Bull. Amer. Math. Soc.* **77** (1971), 257-260.
250. R. Zekri, A new description of Kasparov's theory of C^*-algebra extensions, *CPT* 86/P (1986) Marseille-Luminy.
251. R. Zimmer, Hyperfinite factors and amenable ergodic actions, *Invent. Math.* **41** (1977), 23-31.
252. R. Zimmer, *Ergodic theory of semi-simple groups*, Boston, Birkhäuser (1984).

補遺（訳者）

ここで日本の読者のために，とくに比較的手にしやすい，日本人による日本語の文献を補っておく．集合と位相，代数幾何，微分幾何の教科書的なものについては触れない．

第1章に関連してはまず，いわずと知れた名著ではあるが，

[1] 朝永振一郎：『量子力学 I』第二版，みすず書房(1969)

をあげておく．また，第1章，第2章，第3章，第5章を通じた物理的視点の教科書としては

[2] 荒木不二洋：『量子場の数理』第二刷，岩波講座 現代の物理学 21, 岩波書店(1996)

がある．第二刷になって一つ章が付け加わっている．物理関連の総合的な文献に関しては，これらの本の文献も参照されたい．

第4章の量子ホール効果に関してもいろいろな本があるが，この段階ではベリサールの理論を扱っているものはないと思われる．次の本が翻訳時には最新であった．

[3] 吉岡大二郎：『量子ホール効果』新物理学選書，岩波書店(1998)

また第2章，第5章に出てきたディラック作用素に対しては

[4] 吉田朋好:『ディラック作用素の指数定理』共立講座21世紀の数学22, 共立出版(1998)
が数学的観点から詳しく書いてある.

前後するが, 第2章の付録3の他の手紙を日本語で読みたい人のために

[5] 田中尚夫:『選択公理と数学——発生と論争, そして確立への道』, 遊星社(1987)
をあげておく. 訳者は他に出版されている日本語訳を見つけられなかったが, この本の訳
には一部おかしなところがあるので注意されたい.

作用素環についての日本人の貢献は, この本を読んでいただいてもわかる通り, 大変大
きなものであるのだが, 実は, 日本語の本はそれほど多いとはいえない. とくに初心者に
入門などといえる本はないといってよい.

[6] 竹崎正道:『作用素環の構造』岩波書店(1983)

III$_1$型因子環の一意性が証明される前の出版であるが, 分類理論を学ぶのであれば, この
本をまず参照されるのが良いと思われる. また, 各章の解説には, この分野の第一人者な
らではの生々しいまでの研究エピソードが載っている. 続巻が待たれるところである.

新しいところでは確率論の視点から捉えた

[7] 伊藤雄二・浜地敏弘:『エルゴード理論とフォンノイマン環』数学叢書31, 紀伊國屋
    書店(1992)

がある. また双対定理の重要性はあきらかであるが, 同じシリーズから, より基本的な双
対概念の教科書として

[8] 辰馬伸彦:『位相群の双対定理』数学叢書32, 紀伊國屋書店(1994)

がでており, 得るところが大きいと思われる.

ちなみに非可換環の研究には欠かせないと思われる巡回コホモロジーについては日本
語はおろか, 英語でも入門といえるものはいまだにない. 残念なことである.

最後に, 最近の雑誌での作用素環, 数理物理の最先端に関わる人たちによる軽い読み物
をいくつか挙げておく. 次はまさにこの本のテーマについて書かれたもの.

[9] 中神祥臣・夏目利一:「非可換幾何学とは?」研究風信, 数学のたのしみ No.4, 1997,
    日本評論社

次はこの本の翻訳作業中にちょうど連載されていて, 訳語の選択の参考にもさせていた
だいた.

[10] 河東泰之他:「作用素環のはなし」数学スナップショット, 数学セミナー1998年10
    月号~1999年5月号, 日本評論社

出典と謝辞

第1章は1985年1月11日におこなったコレージュ・ド・フランスでのはじめての講義をもとにしている．教授会会長で，この原稿に使うことを認めてくれたイヴ・ラポルト(Yves Laporte)氏に感謝する．

第3章の6節を除く1節から8節まではほぼ私の論文「因子環の分類」Classification des factuers (*Proceedings of Symposia in Pure Mathematics* (1982),vol.38 Part 2, 43-109)によっている．使用を許してくれたアメリカ数学会に感謝する．

第4章はフランス数学会およびフランス応用数学会主催のコロキウム「数学の未来・西暦2000年の数学者たちは?」(Mathématiques à venir : quels mathématiciens pour l'an 2000?)において1987年12月10日におこなった講演に端を発する．

セシル・クルグ(Cecile Courgues)には私が何回も書き換えた原稿の清書をしてくれたことに，ミシェル・デュノー(Michel Duneau)には原著の表紙のペンローズタイリングのイラストを作成してくれたことに，そしてR．L．グラハム(R. L. Graham)にはいろいろ忠告してくれたことに，それぞれ心から感謝する．

本文の図版を作成してくれたマリークロード・ヴェルニュ(Marie-Claude Vergne)に．そしてマルチン・ウィズニッツアー(Martine Wiznitzer)に，彼がいなければこの本が世に出ることはなかっただろう．ありがとう．

訳者あとがき

　この本は，数学のノーベル賞ともいわれるフィールズ賞の受賞者であるアラン・コンヌのフランス語版原著 *Géométrie non commutative* (1990 年) の全訳である．

　ことわっておくと，この本には「英訳」*Non Commutative Geometry*(1994 年)がある．フランス語版は一般書として数学に興味のあるすべての人向けといった風情もあり，また非可換幾何学紹介，さらに，やってやるぞ，という雰囲気(翻訳でうまく表現できたであろうか？)があるのに対し，この「英訳」はコンヌ自身の手で細かい内容，章立てが書き換えられて，原著比「3.8 倍」の厚さになってしまい，まさに専門家向けの辞書的なものになってしまった．もちろん，新しい結果，とくに標準模型(スタンダードモデル)に関する発展が付け加わっているのでしかたがないのだが，ただでさえ高めの敷居が，さらに高くなってしまった感は否めない．この「英訳」を読まれる方のためにも，この日本語訳が多少の役に立てば幸いである．

　この本の出版前後の数理物理関係の進展について簡単に述べておく．1988 年，コンヌは，非可換幾何学のゲージ理論が電弱相互作用と関係していることを指摘した．この時点で，いわゆる対称性の自発的破れと非可換幾何学が結びつけられたのである．この本はちょうどそういう時期に書かれた．まさに最先端をいっていたわけである．さらにコンヌとロトは 1990 年にこのゲージ理論から素粒子物理の標準模型が出てくることを示した．第 5 章の脚本はある意味でみごとにあたったのである．この手法はヒッグス場に対する解釈が優れているという点で注目されているが，しかし，いまだに数多くある素粒子理論の主流となってはいないようである．もしかするとそれは，数学的基礎の部分である作用素環がむずかしいということがあるのかもしれない．その意味では理論の流れを追うことのできるこの本は，(多少冗長ではあるが)読みやすいかもしれ

ない.

　第4章のベリサールの理論であるが，実は現在ではあまり評価されているようには見えない．というのも整数比ではない，分数量子ホール効果に理論を適合させることが，うまくできなかったからである．もっとも最近でも位相的不変量により分数量子ホール効果を説明する試みは続いているようなので，今後評価がどうなるかはわからない．ごく私的な思い出になるが，訳者がパリに留学したはじめての年には，ベリサールが高等師範でC^*環と量子ホール効果の講義をしていて，何回か出席したが，そのときにははっきりいってあまりよくわからなかった．

　はじめに述べたような理由も手伝い，日本語題は『非可換幾何学入門』とした．訳語に関しては『岩波数学辞典第三版』を主として，日本語の参考文献にあげたものを参考にさせていただいた．原著のあきらかな間違い(といってもミスプリントのたぐいであるが)は訂正した．それにしても身につまされたのは，数学関係者との会話で，定着した訳があるものも含めて，いかに英米単語をそのまま使っていたかという点であった．新しい訳語になりそうなものも含め，気をつけて訳したつもりであるが，識者のご意見をいただければ幸いである．

　数学を便宜上，代数，幾何，解析と分類することが多い．世の中には，これらが分野として切り離されて存在していると思い込んでいる人がいるようであるが，相互に無関係でいられるほど数学は単純なものではない．逆に，代数と解析が共に集うところに自然に幾何が入り込み，それらが組み合わさって美しい理論となることが多い．この本で見られるように作用素環論はもちろん，その源流たる表現論，あるいは多変数関数論，代数解析学などはよい例であろう．さらには解析数論を挙げてもよいかもしれない．日本語文献 [6] の序文に，作用素環理論は「現代の数論」とあるのだが，コンヌも似たような考えでこの本を書いたような気がする．コンヌ本人は「英訳」に素数分布に関する章を付け加えているし(すでにこの本にもζ関数が出てくるが)，その後，リーマン予想に関連した仕事もしている．

　最後になってしまったが，謝意を表したい．作用素環の若手，増田俊彦氏には訳を読んで有益な助言をいただいた．また訳者が多少なりとも作用素環につ

いて知っていられるのは小松(彦三郎)セミナーの先輩である河東泰之氏のおかげである．今回も細かい点について相談にのっていただいた．岩波書店の吉田宇一氏，宮部信明氏には訳出の最終段階の遅れでご迷惑をおかけしたが，この本があるのは両氏のおかげである．ここに感謝する．

1999年7月

丸 山 文 綱

[追記]

この本の初版が出てすでに十余年が過ぎた．「十年一昔」という言葉のとおり，いろいろなことが変化している．この本に関しても，部分的には修正したり，説明を付け加えたりしたほうがいい点もあると思うが，今回もそのまま版を重ねることをお許しいただきたい．

著者のコンヌのホームページからは英語版がPDFファイルとしてダウンロードできるようになっている(http://www.alainconnes.org/docs/book94bigpdf.pdf)が，実に膨大な量なので閲覧する際には注意されたい．

コンヌ自身はリーマン予想への挑戦を続けている．昨年(2010年)にも来日し，第8回高木レクチャー(詳しくは高木レクチャーのホームページを参照)でも講義している．その講義からもわかることだが，最近盛んな絶対数学と呼ばれる分野(日本語の成書としては『絶対数学』黒川信重，小山信也著，日本評論社などがある)に対しては，あまり好意的な立場にはいないようである．少々古い文献だが『数学の最先端 21世紀への挑戦3』(シュプリンガー・ジャパン社)のコンヌの論文も参照されたい．

また，この10年の間に出た日本語の文献として次はあげておくべきだと思う．

　生西明夫，中神祥臣：作用素環入門，I巻－関数解析とフォン・ノイマン環，II巻－C^*環とK理論，岩波書店，2007年

この2冊が出たことで，作用素環を比較的初歩から勉強することができるよ

うになったことは，日本の学生，研究者にとって大変喜ばしいことである．

　この補遺を書いている時点(2011年春)には，理論物理，素粒子物理分野での話題が多い．大型ハドロン衝突型加速器(LHC)の実験によりヒグス粒子が見つかるかもしれないといわれていることや，またクオーク6個からなる「H-ダイバリオン」のシミュレーション結果など．非可換幾何学もまた，新しい役割を与えられることになると期待しながら，このあとがきを終える．

　2011年5月

訳者記す

索　引

記号・英字

*-環　95
C^* 環　107
GNS 構成 (法)　109
K-理論　17,53
KMS 条件　10

ア行

アイソタイプ　98
亜群　6
アティヤ－シンガーの指数公式　65
アドラー－マニン－ウォジスキーの留数　200
アメナブル　151
荒木－ウッズ因子環　121
位相空間　21
位相的指数　59
一般化トレース　127
因子環　98
ウィグナー－柳瀬－ダイソン予想　132
エルゴード流　46
エルゴード理論　117
エントロピー　131
エントロピー欠損　133
沿葉　43
黄金比　32
横断的測度　43
重み　111

カ行

解析的指数　58
外部共役　142
カイラル　222
核型　148
可算軌道　117
加算機変換　119
荷重の流れ　46
可測空間　21
カット・オフ　182
カディソン予想　69
可微分多様体　21
可分　93
カルタン部分環　120
カレント　17,49
還元理論　99
完全正値　133
カントール集合　36,175
規格化条件　9
帰納的極限　36
脚本　20
強森田同値　34
局所的　139
曲率　166
距離空間　21
キレンの超接続　74
擬微分作用素　63
ギブスの正準的集合　8
擬リーマン構造　61
空間の同型　97
クォーク　185
久保の公式　177
久保－マーチン－シュウィンガーの条件　10,115
グラショウ－ワインバーグ－サラムモデル　210
グラスマン接続　52
くりこみ群の不動点　192

248　　　　　　　　　索　引

くりこみ理論　182
クロネッカー葉層　15
ゲージ群　186
ゲージ不変性　182
ゲージボゾン　182
ゲルファントの定理　33
ゲルファント‐フックス類　61
原子スペクトル　2
剛性　162
固体量子物理　165
ゴドビヨン‐ベイ類　46
コホモロジー　17
コルモゴロフ‐シナイの定理　133

サ 行

サイクル　79
作用汎関数　184
時空の二重化　211
次元　187
紫外発散　182
二乗可積分関数　22
指数　157
次数付きトレース　83
次数付き微分環　83
指標　80
指名する　87
射影子　27
種数　168
主表象　63
障害因子　140
弱(作用素)位相　93
弱同値　118
巡回コサイクル　28
巡回コホモロジー　28,53
準周期的　30
順序群　37
純粋状態　110
スタインスプリング‐カスパロフの定理　134
ストーン‐ワイエルシュトラスの定理　23

スピノル　222
スペクトル　107
スペクトル測度　14
整　72
正　109
性質 P　146
性質 Γ　106
整数性　165
正則　109
正値性　9,200
整列可能　87
赤外発散　212
接合積　81
前共役　95
漸近作用素　74
漸近周期　139
漸近中心化環　138
選択公理　22
双曲群　62
相空間　4
相転移　9
総和可能　72

タ 行

対称性の破れ　184
代数的同型　98
「大統一」理論　184
第二量子化　19
タイリング　30
タウバー型定理　188
楕円型作用素　29,63
多重線形形式　80
畳み込み代数　6
ダブレット　222
単射的　147
単純 C^* 環　41
チャーン指標　27
超弱位相　95
超積　138
超フィルター　138
超有限　144

超有限型　13
直積分　100
ディオファントス近似　175
ディクスミエのトレース　189
ディラック作用素　186
手紙　85
電弱相互作用　210
同型　118
等長表現　110
トータル　111
統計力学　8
凸錐　110
トポス　42
トム同型　61
トレース　102,111

ナ 行

内部自己同型　45
二重可換子環　14
二重変形 K-理論　57
二点空間　210
ニュートン力学　3
ねじれ　76
ノビコフ予想　17
ノルム位相　93

ハ 行

ハイゼンベルクの行列力学　6
半離散的　149
非周期的　130
非推移的　155
ヒッグスボゾン　211
ヒルベルト環　112
フェルミ準位　171
フォンノイマン環　11,95
プラトー　171
フレドホルム加群　29
並進　177
ベキ等元　27
ヘルダー連続　28
ベルヌーイのずらし　142

ポーランド空間　137
ポストリミナル　111
ボゾンセクター　221
保存量　5
ボットの周期性定理　26
ホッホシルト次元　225
ホロノミー　50

マ 行

マックスウェルの電磁気学　3
結び目不変量　161
メンデレーフの周期律表　1
モジュラ自己同型群　12,114

ヤ 行

有界　99
有限　102
有限型射影加群　27
有限ボレル測度　22
湯川の結合定数　223
ユニタリ表現　97
ユニモジュラ　113
ユリゾーンの補題　33
葉層のグラフ　54

ラ 行

ラグランジアン　182
ラドン-ニコディムの定理　13
ランダム形式　124
ランダム作用素　99
リーマン多様体　21
リッツ-リュドベリーの合成の原理　3
リュドベリーの定数　2
量子力学　1
両立普遍接続　204
レプトン　223
レプトンセクター　184
連続幾何　39
連続次元　16,40
連絡　162
ローレンツ力　169

ロホリンの定理　130

ワ 行

ワインバーグ角　211

■岩波オンデマンドブックス■

非可換幾何学入門　　　　　　A. コンヌ著

　　　1999 年 8 月27日　第 1 刷発行
　　　2011 年 6 月24日　第 4 刷発行
　　　2017 年 2 月10日　オンデマンド版発行

訳　者　　まるやまふみつな
　　　　　丸山文綱

発行者　　岡 本　厚

発行所　　株式会社　岩波書店
　　　　　〒 101-8002　東京都千代田区一ツ橋 2-5-5
　　　　　電話案内　03-5210-4000
　　　　　http://www.iwanami.co.jp/

印刷／製本・法令印刷

ISBN 978-4-00-730579-5　　Printed in Japan